奄美的森林（金作原）

最新被指定为国家公园，也有望收录进世
界遗产名录的奄美群岛。森林旺盛的再生
能力支撑着在这里栖息的生物（提供者：
环境省）

从佐吕别原野的角度看利尻岳

壮丽的风景与人类生活交织在一起的利尻礼文佐吕别国家公园。利尻茂盛的虾夷萱草和残雪。享受有深度的风景
（提供者：NPO 法人 SAROBETSU ECO NETWORK
屿崎晓启）

上高地和梓川

作为日本山岳风景代表的中部山岳国家公园，自 1920 年
代指定为国家公园以来，公园推行了良好的管理制度，是
国家公园制度的优秀实践范本（提供者：环境省）

山原的 TA* 瀑布
比奄美早一步被指定为国家公园的冲绳岛北部地区（即
山原）。亚热带地区少有的丰沛降水量孕育了多样化的
生态系统（提供者：环境省）

* "TA" 一个意思是日语 "高" 的谐音，落差10米；另一个意思是冲绳岛本地语言，有两股很大的瀑布的意思

北京林业大学国家公园研究中心研究文库

日本国家公园巡礼：
80年发展历程的回顾与反思

（日）国家公园研究会　自然公园财团　编

张玉钧　段克勤　刘笑非　陈咏梅　译

张玉钧　窦　婉　审校

中国建筑工业出版社

著作权合同登记图字：01–2022–5702 号

审图号：GS 京（2023）0733 号

图书在版编目（CIP）数据

日本国家公园巡礼：80 年发展历程的回顾与反思 / 日本国家公园研究会，日本自然公园财团编；张玉钧等译 . —北京：中国建筑工业出版社，2022.10

ISBN 978–7–112–28077–3

Ⅰ. ①日… Ⅱ. ①日… ②日… ③张… Ⅲ. ①国家公园—管理—日本—文集 Ⅳ. ① S759.993.13–53

中国版本图书馆 CIP 数据核字（2022）第 203463 号

原　著：国立公園論—国立公園の80年を問う（初版出版：2017年3月）

编著者：国立公園研究会·自然公園財団

本书由日本国一般财团法人自然公园财团授权我社独家翻译出版发行

责任编辑：李玲洁　刘文昕　杜　洁

责任校对：姜小莲

日本国家公园巡礼：80年发展历程的回顾与反思

（日）国家公园研究会　自然公园财团　编

张玉钧　段克勤　刘笑非　陈咏梅　译

张玉钧　窦　婉　审校

＊

中国建筑工业出版社出版、发行（北京海淀三里河路 9 号）

各地新华书店、建筑书店经销

北京海视强森文化传媒有限公司制版

北京中科印刷有限公司印刷

＊

开本：880 毫米 × 1230 毫米　1/32　印张：9⅜　插页：2　字数：382 千字

2023 年 5 月第一版　　2023 年 5 月第一次印刷

定价：**69.00** 元

ISBN 978–7–112–28077–3

（39629）

译者序

在日本，国家公园的主要任务是对具有代表性的自然风景资源进行严格保护、合理利用和限制开发，同时为人们提供欣赏、利用和亲近自然的机会，以及必要的信息和利用设施。简言之，国家公园建立在《自然公园法》的基础上，接受日本环境省的指定与管理。截至2017年，日本已建立34处国家公园。追溯到1931年出台的《国家公园法》，标志着日本国家公园制度的创立。1934年建立了第一批国家公园，包括濑户内海、云仙、雾岛等。1948年日本厚生省成立国家公园部。1957年《国家公园法》全面修订，并在此基础上制定了《自然公园法》，确定了日本的自然公园体系。随后日本经历了经济快速发展，自然资源过度开发的阶段。1971年设立环境省，实施对自然资源进行严格保护，并开始接管国家公园。随后，由于长期过度严格的保护政策又导致了人们对利用的轻视。经过长期探讨研究，在20世纪80年代后期，自然环境保护审议会将"野外体验型"作为自然公园的主要利用方式，并开始探索如何在自然公园内开展生态旅游。自此，基于保护和利用的各种制度相继完善细化，为国家公园的管理提供了便利。日本的自然公园体系维护着日本国土景观，由国家公园、国定公园和都道府县立自然公园三部分构成，其中国家公园等级最高。《自然公园法》明确，国家公园是自然公园体系中最能代表日本优美的自然风景资源（海域景观地在内）的区域。

日本国家公园的设立和选定，主要包括地域选定、范围圈定、界限确定三个标准：在整个国土内该地域的重要性；依据该地域的资源禀赋特点和实际情况确定范围；依据明显地标确定边界。最终由环境大臣根据《自然公园法》第

5条第1项的规定来确定。国家公园选定的具体依据有四个方面：景观、要素、保护及道路。景观主要考虑的是特殊性和典型性，例如濑户内海、阿寒、大雪山等；要素则是指非常突出的地形地貌、森林温泉等自然要素；保护主要是指自然保护的必要性，将已受到或极有可能受到破坏的自然生态系统进行严格保护，例如钏路湿地；道路是借鉴美国风景道（parkway）的思想，利用风景道确定公园的范围或分区，例如阿苏和伊豆半岛公园。

　　日本国家公园主要有两个基本特征：首先它属于地域制自然公园。日本国土狭窄，人口稠密，国家公园的土地权属非常复杂，同时还长期存在多种农林等产业的经济活动，像美国和澳大利亚等国家那样对国家公园的土地全面专用根本无法实现。这种复杂的土地所有制成分和经济活动的存在，使得公园的管理者无法拥有全部的公园土地所有权和使用权。因此，日本采用了不论土地所有权的地域制自然公园制度，即通过相应法律对权益人的行为进行规范和管理。环境省和地方政府制定详细且全面的管理计划，与公园各类土地所有者合作管理，以达到既能有效保护国家公园资源，又能兼顾当地居民生活生产活动的目的；其次就是对自然风景资源的保护。日本国家公园保护的风景资源经历了从最初的名胜、史迹、传统胜地和自然山岳景观，到休闲度假地域、滨海风景资源、陆地海洋生态系统、生物多样性，以及大范围的湿地环境的改变。景观资源的尺度越来越大、概念范围也越来越广，保护的风景资源从点到面再到系统，逐渐发展成为对自然环境的整体性保护。因为人们感受到的风景不只是视觉风景，还包含基于五官的所感，即所谓五感景观或五感风景。这种全面整体性的保护理念，是对自然的全面认识，以及对自然环境保护和生物多样性保护的贡献；此外，国家公园的活动有着特殊规定。《自然公园法》第1条规定，在保护优美自然风景区的同时，也要追求其利用价值的提高，并完成为国民提供保健、休养、教化等目的。因此，国家公园承担着保护与游憩的双重任务，是人们接触自然、扩展自然知识和康体游憩的重要场所。日本国家公园内的活动以体验自然为主题，形式多样，如登山、徒步、滑雪、野营、皮划艇、潜水、观鸟、自然观察等。针对这些自然体验活动，国家公园建设一系列的配套设施，这些设施均以不破坏核心资源为前提进行最简化设计。例如，尾濑国家公园的住宿设施主要是山地小屋，屋内一律不用肥皂和牙膏，并采用严格的预约制度，以控制游客数量和避免对生态环境的破坏。此外，国家公园还时常开展自然观察等活动，让游客在认识自然的基础上，热爱自然，从而保护自然。

日本国家公园的规划分为"分区规划"和"事业规划"两部分。第一，分区规划又分为保护分区规划和利用限制规划：保护分区规划是通过分区来设定不同限制强度的行为规范，使开发和利用服从于保护。分区规划的目的是保护自然景观，对无序的开发和利用加以限制。按照生态系统完整性、资源价值等级、游客可利用程度等指标，将海域公园分为海域公园地区和普通地域两大类；陆域划分为特别地域和普通地域两大类，其中特别地域又划分为特别保护区、一类、二类和三类保护区。特别保护区是自然公园中最核心的区域，禁止一切可能对自然环境造成影响的活动，未经允许不得变更地形地貌、新建或改建建筑物。国家公园中有 13.2% 的区域为特别保护区；国定公园中有 4.9% 的区域为特别保护区；都道府县立自然公园没有特别保护区。而利用限制规划是指利用者的增加或行为的不当会导致国家公园原始性的丧失，风景资源和生物多样性也会受到严重威胁。因此，为了确保生态系统的可持续发展，有必要在国家公园中设置利用调整区，并制定利用限制规划。利用限制规划由环境大臣或都道府县知事限定利用者的人数上限和驻留天数上限，达到维护国家公园良好的自然景观的最终目的。另外，事业规划是为保护公园的生态系统和景观环境，制定的一系列生态系统保护和恢复措施；以及为了游客使用的安全性与舒适度，设置的一系列必要基础设施和服务设施。第二，事业规划分为设施规划和生态系统保护恢复规划两大部分：设施规划包括为了合理利用公园的可用资源、恢复被破坏的自然环境、保障游客安全而规划的设施及措施。其中，道路、公共厕所、植被恢复等公共事业的设施一般由国家或地方自治体投资建设，宾馆等营利性的设施由民间企业投资建设；生态系统保护恢复规划是为保护生态系统而实施的一系列科学措施。

例如，鹿和长棘海星等外来动植物会对乡土自然植被和珊瑚群造成侵害，从而引发生态系统受损。当采用传统的限制手法已经远远不能保证对当地自然风景地的保护时，国家、地方公共团体、民间团体等就要通力合作来捕获、或通过预防性和适应性等措施来驱除鹿和长棘海星，从而保护自然植被和珊瑚群免受食害影响。

日本国家公园是由环境省的自然保护局进行行政管理，下属的国家公园课负责具体工作，北海道东部地区、北海道西部地区、关东南部地区等10处地方设置自然保护事务所，执行《自然公园法》并落实实施细则，同时也有部分私营和民间机构参与公园的建设与管理。按照规定，每个国家公园都要有自己的管理计划书。管理计划书的内容主要是基于自然景观的保护原则来规定各个分区的性质、建筑物的色彩以及对动植物保护的注意事项，并以此为基准来合理设置公园内的设施，从而推进自然环境的保护和利用。这里涉及四个方面：（1）对自然的保护：在日本现有的34处国家公园中，有200多处特别保护区。保护对象包括原始自然生态系统及其周边环境，具备完整生态系统的河流源头，反映植被系统性的自然区域，具备明显的植被垂直分布特征的山体，新的熔岩流上的植被迁移地等类型；（2）自然恢复项目：自然再生项目的原则是恢复健全的生态系统，对国家公园的特别区域实行严格保护，确保野生动物迁徙廊道的通畅和生物空间的稳定。包括恢复城市临海区域的海滩、森林恢复、变直线型河流为自然型蜿蜒河流等具体措施。这些措施在实施时不仅是单纯地改善景观或维护特定的植物群落，而是最大限度地提高整个生态系统的质量，力求全面恢复该地区的生物多样性；（3）风景地保护协议：由于日本国家公园内存在较多社区，土地所有权复杂，加之其对土地的使用不当，可能出现对国家公园风景资源保护不到位的问题。在这种情况下，环境大臣可以与地方公共团体或公园土地所有者管理团体签署自然风景区保护协议，来代替土地所有者保护、管理自然风景区。签订风景地保护协议的土地所有者将享受税收优惠的福利；（4）私有地收购事业：日本国家公园和国家指定的鸟兽保护区等常包含许多私有土地，这些私有地中有很多自然风景资源优美的区域。为了统一保护和管理国家公园内的自然资源，环境省可以在土地所有者提出申请的前提下购买这些土地。

　　梳理日本国家公园的发展脉络，对我们有多方面的启示。首先，就是它的地域制。根据日本《自然公园法》的规定，《自然公园法》的执行由国家公园管理者、公园其他工作人员、地方政府官员会同公园的各类土地所有者合作完成，这种地域制管理在客观上是对复杂土地权属的对策，但不是一种有效的社区参与形式。我国大部分的保护地内不可避免的会有社区存在，土地权属也多有集体成分，这与日本的国家公园是相似的。因此，中国国家公园的管理和运营应充分调动当地社区居民，构建长效的社区参与机制。根据社区参与者的不同角色，国家公园的社区参与模式可概括为以下三类：（1）协议保护者角色：社区居民是国家公园的自然保护者，也是依托于资源生活的利用者。国家公园宜采取协议保护的技术手段，增强社区居民的身份认同感，提高其自发保护生态环境、积极参与公园管理建设的积极性与主动性。在不改变土地所有权的前提下，通过协议的方式，将土地附属资源的保护权作为一种权利移交给承诺保护的一方，确定资源所有者和保护者之间的责、权、利。构建由国家公园管理局、社区村委会、NGO 组织和当地民间环保组织组成的多方合作协议保护模式。（2）决策参与者角色：国家公园的建设影响的不仅是居民的居住空间，其生存、谋生环境可能在国家公园的发展下发生改变，因此国家公园的各项建设计划和决策，都应听取社区的意见，主要包括：①国家公园规划的编制；②国家公园的管理模式；③国家公园生态旅游发展的方向；④生态旅游及周边产业的经营方向及策略；⑤生态旅游发展利益分配机制等。参与形式有访谈、座谈会（咨询会议）、说明会、听证会、问卷调查、参与性策略管理、开放空间论坛等。（3）国家公园和相关服务业从业人员角色：根据社区居民所具备的不同技能和教育程度，国家公园可为其安排相应的工作岗位。例如，社区居民可作为投资者参与国家公园相关项目的经营投资、参股，还可作为经营者售卖特色商品。此外，还可参与国家公园管护员、服务员、向导等岗位。其次，就是公益性的保障。日本建立国家公园的初衷，除了是自然保护的需要，同时也是为国民提供欣赏风景的场所和游憩机会。

纵观世界上国家公园的发展史，总结概括起来，国家公园的核心思想无非两点：（1）公益，国民无论是什么身份都可以领略到国家最精华的景观；（2）平等，人类与万类生物的平等，当代公众与子孙后代拥有平等享受公园的权利。这两点皆说明，国家公园也是国家的一种精神象征，是要在资源保护的前提下，让更多的人有机会欣赏、了解、热爱国家最具代表性和典型性的高品质资源，让每一位公众都有享受公共资源的权利。实现这一使命的途径就要依靠以探索人和自然和谐共处模式为宗旨的生态旅游。国家公园的生态旅游功能应包括三方面：（1）向游客及居民宣扬国家公园自然保育理念，保护当地自然生态系统、传承发扬地域文化；（2）促进国家公园社区产业结构的调整，降低居民对传统资源利用型产业的依赖，缓解传统产业与国家公园生态保护之间的矛盾；（3）增强社区居民文化身份认同感，保障园区自然和文化景观的永续保存。中国国家公园生态保育、科研监测、自然教育、生态旅游和社区发展这几大功能中，生态保育是首要任务和宗旨，自然教育是国家公园使命的传播工具，而生态旅游则是公众平等与公益体现的主要方式。

（本文原载于《2015~2016 年中国旅游发展分析与预测》）

2023 年 3 月 25 日

为什么是国家公园？

在日本，让自然保护这一思想得以实现的契机是国家公园的建立。从自然风景这个全新的视角出发，依照 1931 年出台的《国家公园法》实施的保护措施，使得对更大面积的自然的保护成为可能。

在此之前，日本自然保护并没有受到关注，即便有也是蜻蜓点水。1920 年历尽艰辛出台的《史迹名胜天然纪念物保存法》，使得对名胜古迹及自然风景的保护措施得以实施。但该法的保护对象仅仅局限于部分特殊的自然景观，而且保护面积也相对较小。

时至今日，日本国家公园对于其自然保护而言，依然非常重要。以 1934 年成立的 8 处国家公园为起点，经过了经济高速发展等各个时期，国家公园的数量增加到现在的 33 处。

从 20 世纪 20 年代初到 21 世纪的今天，国家公园走过了近一个世纪的时光之旅。日本在这段时期经历了诸多巨变——大萧条、两次世界大战、第二次世界大战后复兴、高度经济增长、泡沫经济及其破裂。在这种动荡的历史背景之下，一路走来的国家公园也受到了强烈的影响。

近代赶超型日本社会始终优先考虑经济发展，自然保护的理念非常容易被忽略。即便如此，国家公园始终秉持自然保护的理念，逐渐扩大自然保护区域，发挥了其社会作用。

目前，日本国家公园有 33 处，共计 215 万公顷，占国土面积的 5.7%（这里仅指陆地面积，被指定为国家公园的海洋面积为 149 万公顷）。在以土地开发来解决一切问题的日本社会，这是一个巨大的成果，也是当初那些以保护自然风景为初衷、希望通过旅游业促进地方经济发展，因而产生了地域制公园制度的智慧结晶。

《国家公园法》出台至今已经 86 年之久，最初的光环逐渐暗淡，最近更有批评说国家公园背离了设立的初衷。经历高速经济增长之后，人们开始更加关注自然保护，保护区域的面积逐渐扩大，与之对应的各种新制度相继出台。另外，伴随着申请世界遗产等参与国际惯例行动的增加，国家公园自身的价值在一定程度上被掩盖了。

然而，从现有的日本自然保护制度中不难看出，时至今日没有哪个制度能超越国家公园的相关制度。也就是说，国家公园仍是考量日本自然保护的核心内容。

从国家公园的实践角度看

本书记载了北起大雪山南至西表等国家公园的实践案例，也涉及了围绕国家公园的相关主题研究，如岛屿与国家公园、人口减少与国家公园等主题。

我们把有关国家公园的基本数据放在本书最后章节供大家参考。希望大家能通过本书的介绍了解日本国家公园的全貌。

本书作者有曾在国家公园现地工作过的环境省自然环境局的职员，有现场工作经历的前辈等。选择这些有实践经验的作者，是因为我们希望本书不是只停留在抽象的理论上，而是从国家公园现场的实践案例分析中展开论述。

在位于霞之关的中央政府各部门当中，自然环境局是个与众不同的部门。一张委任状往返于国家公园现场和霞之关总部，一个人往往身兼数职。在当地由一个人组成的国家公园办公室并不少见。这个人可能今天还在国家公园里和当地的老人探讨问题，明天就出现在国会为政府预算工作加班加点。在如此生动的背景之下探讨国家公园这一话题，也是本书的目的所在。

如果只在政府官员和相关人士中进行讨论，视野会比较狭窄。为了避免这一缺陷，我们也采访了学者、新闻从业人员以及政府其他部门里有行政经验的人利用各种形式让他们也能参与进来。我们共进行了6次访谈及座谈会，并将相关内容收录到本书中。

2014年1月至2016年4月在《国家公园》月刊杂志上连载、跨越了3年时间整理出的22篇文章，成为本书的主要内容。

为了使在杂志上连载的国家公园相关议题更加深入，2013年秋我们开始举办每月一次的"国家公园研究会"。研究会成员主要是在国家公园方面有行政经验的人，但也会有年轻学者和记者参与讨论。讨论的成果每月刊登在《国家公园》这本历史悠久的自然保护杂志上。研究会的召开与杂志连载同时进行，伴随着连载的结束，研究会的讨论内容便换成了本书的出版编辑企划，并一直延续到2016年冬。

研究会原则上以作者拟定的初稿为中心，围绕自然保护展开讨论，有时也会涉及政治行政等其他话题。每次的参会人数大约5～10人，自然环境局的年轻人也来参与讨论。每一次经过两个多小时的讨论之后，几乎都会移步到神保町的中华料理店里继续探讨。

有行政经验的人通常会把"平衡"放在首要位置。比起官员们的平衡感而言，我们在国家公园研究会的讨论中更加看重全新的提案和犀利的批评。我们要的不是行政文件，也不是学术论文，哪怕只是几句话、一行字也好，我们尝试着记录下迄今为止还没人讲过的话，也相信这本书的企划目的已经在某种程度上得到了实现。

在日本，优先考虑经济发展这一现实主义价值观至今仍表现得十分强烈。但与此同时，也有很多普通群众热心参与环境保护及灾后复兴的公益活动。人们观念上的变化就发生在近20多年，并且这种变化正在加速。从历史迈向成熟的道路不是直线前进，而是螺旋式上升。本书追溯了国家公园、自然保护及环境问题在20世纪20年代之后的发展历史，这一过程也让我们意识到回顾过去是为了更好地面向未来。

本书在两年多以来参加研究会的诸多人士的帮助之下得以完成，我们衷心感谢相关各位。

衷心感谢负责整理编辑本书、以自然公园财团的斋藤先生为代表的事务局的各位。

另外，承接本书日文版出版工作的南方新社社长向原先生、编辑梅北先生，为了本书的出版不辞劳苦地往返于东京和鹿儿岛两地。给两位添麻烦了，衷心感谢向原先生和梅北先生。

2016 年 12 月

国家公园研究会全体成员

（文字：小野寺浩、阿部宗广）

注：2017 年 3 月 7 日奄美群岛被指定为国家公园，由此国家公园的数量变为 34 处，本书记录的均为截至 2016 年 12 月的数据。

目 录

* 日本的政府机构,"省"相当于我国的部委,"都道府县"相当于我国的直辖市、自治区、省等。

* 因特殊需求,本书个别地方沿用了日本纪年。

序　篇

探讨国家公园

第一章　提出议题

阿部宗广、小野寺浩

关于国家公园

日本的国家公园截至目前（编者注：2014 年 1 月这一时点）一共有 30 处，总面积（仅陆地面积）达 210 万公顷，约占国土面积的 5.5%。无论从质量还是数量上来看，国家公园制度在自然保护方面都占有重要地位。

但自从 1931 年《国家公园法》出台、1934 年日本第一处国家公园成立以来，至今已经 80 年有余。不可否认，这一制度如今已经略显陈旧。

一个明显的表现是国家公园自身的社会形象日渐模糊，不了解国家公园的人越来越多。很多年轻人从没去过国家公园，即使去过的也不知道那里就是国家公园。

美国最早提出国家公园这一概念。1872 年国家公园制度在美国出台，黄石国家公园成为世界首个国家公园。时至今日，超过 150 个国家引入国家公园制度，数千处国家公园散落在世界各地。

日本效仿美国导入国家公园制度。但根据当时日本国内的发展状况，日本的国家公园制度更为宽松——并不是像美国一样建立由政府直接管辖的国有土地国家公园，而是以保护自然风景为目的对土地开发行为加以限制。

从当时日本的社会背景及经济状况来看，比起自然保护，人们更关注通过旅游发展地方经济，吸引外国游客、增加外汇储备。

当下要探究的议题

第二次世界大战（简称"二战"）后，特别是 20 世纪 60~70 年代以后，国家公园所处的社会环境发生了很大变化。不同于以往注重旅游发展的观点，以自然保护为核心观点的国家公园制度被提上日程。1971 年，国家公园的上级管理部门从日本厚生省国家公园部变为环境厅自然保护局。

　　1992 年联合国环境与发展大会里约峰会通过了《联合国气候变化框架公约》与《生物多样性公约》。保护生物多样性，特别是保护生物种类的要求逐渐在日本全国范围内展开。日本于 1993 年加入《保护世界文化与自然遗产公约》的缔约国行列。第二年，日本国内遗产首次被列入《世界遗产名录》，这件事获得的超高人气和大量关注一直持续到今天。

　　经过上述的各种变迁，国家公园所处的社会状况和社会需求变得愈加复杂。

　　自 20 世纪 20 年代初期国家公园制度出台至今，其背后的结构性课题有以下两点：第一点，国家公园作为一种保护制度过于软弱；第二点与之相反，国家公园制度对地方发展加以限制，反而阻碍了地方经济发展。

　　此外，以下几个议题也经常出现：

　　·已有的旅游风景区几乎都位于国家公园范围内，国家公园和旅游风景区两者的形象混杂在一起；

　　·加入《世界遗产名录》等国际评价标准又使国家公园制度出现优劣性和双重性问题；

　　·在全国范围内开展的保护生物多样性、防止物种灭绝等措施，与国家公园制度的关系并不明确，有时甚至会产生两者间的相互对立。

　　再次梳理以上议题，归纳为以下两点：

　　①以保护自然风景为目标的国家公园，对现在及未来的国土、社会发展来说到底意味着什么？

　　②如何重新认识国家公园，赋予它新的角色，使之焕发新的生机？

关于连载

　　沿续这一主题确定目前的连载目标是在两年内持续完成 20 次连载。我们打算对国家公园的现状、历史及其他方面进行分析并讨论。

　　我们希望在连载中秉持以下态度：

从鹫羽山眺望濑户内海

·有必要从新的角度出发，对以往的常识问题进行审视。比如重新讨论"保护与利用是国家公园这辆车的两个轮子"这种结论；

·尽可能结合具体地区的事实进行分析。虽然制度问题在某种程度上只能进行抽象的讨论，但具体的事实或事例可以产生新的思考；

·此外，已提上日程的连载内容预告如下：第一回"奄美国家公园"，第二回"支笏洞爷国家公园"，打算从新老国家公园开始（奄美现在是国定公园，将其国家公园化的议论正处于白热化阶段。支笏洞爷是涵盖既有的洞爷湖温泉旅游胜地在内的国家公园），依次登载"阿苏九重国家公园""三陆复兴国家公园"等。

分析讨论的结果将以论文形式发表，这是本次连载内容的基础形式，也会根据需要刊载对非国家公园专家进行访谈的部分内容。

本次连载是一次大胆全新的尝试，肯定会出现不同的意见甚至反对的声音。这些意见也会尽可能被登载出来，让围绕国家公园的讨论更有活力，让《国家公园》杂志更有趣味性。

另外，本次连载涉及多位作者，虽然最终由阿部、小野寺两位负责校订文稿，但这是大家努力的成果，特此说明。

阿部宗广、小野寺浩

（原载于《国家公园》2014 年 1 月刊）

第二章 座谈会——我们到底要讨论什么内容？

佐藤友美子（追手门学院大学地域文化创造机构特聘教授）
鸟居敏男（环境省自然环境局国家公园科课长）
长田启（环境省自然环境局国家公园科课长助理）
小野寺浩（东京大学特聘教授·鹿儿岛大学客座教授）
阿部宗广 [《国家公园》杂志编辑·（一财）自然公园财团]

阿部（**主持人**）：《国家公园》杂志从今年开始长期连载国家公园论。一方面，无论从质量还是数量上来看，出台超过 80 年的国家公园制度都是迄今为止最重要的自然保护制度。另一方面，不可否认的是，制度已显现一些不足，正逐渐失去往日的光环。我们希望大家从各种角度对制度进行根本性的探讨，最终提出一些建设性的意见。

值此连载开篇之际，应该用怎样的视角？探讨什么内容？请大家畅所欲言。

首先，请另一位负责人小野寺先生对本次企划的主旨进行补充说明。

连载的目的及一些想法

小野寺：连载的议题是阿部先生和我一起商量的，刚才阿部先生讲得已经很详细，如果非要补充几句的话，那就是：

①我们的讨论不仅面向专业人士，也要让那些不了解国家公园制度的人能听明白；

②希望大家放下固有观念，大胆地探讨议题；

③虽然在某种程度上抽象的内容是难以避免的，但希望大家尽可能从个别公园的实际案例出发，理论联系实际来进行论述。

这样讲气氛好像变得有些严肃了，还是让我们换成欢快生动的气氛来讨论吧！（笑）

鸟居：我是国家公园的直接负责人，和大家有共同的问题意识。对于此次

座谈会及今后的连载，我不是以政府部门的立场，而是从国家公园的实践经验、地震灾害之后在东北地方环境事务所的经历、对三陆复兴国家公园的构想等，以这些现场经验为基调，参与本次企划。

长田： 我曾在佐渡负责朱鹮的野外放归工作，今年 7 月进入国家公园课。佐渡是日本最早设立的国定公园之一。我想边回顾对野生生物的保护、对鸟兽的保护以及国定公园的历史等内容，边探讨国家公园的各种议题。另外，作为国家公园管理的当事人，我希望对制度的实地应用方面进行思考。

佐藤： 我担任中央环境审议会委员已十年有余，见证了国家公园的发展历程。由于本次座谈需要从利用者的立场去看问题，所以邀请我来参加。我想从外部角度来探讨对国家公园的看法、形象以及今后的期待。

我的童年时代正是国家公园这个词熠熠生辉的年代，现如今国家公园却鲜有人知。我认为在这一背景下去思考未来国家公园要发挥什么作用是很有必要的。我亲身经历过阪神大地震，不到 20 年又发生了"3·11 地震"，我想日本社会也已到达一个拐点。此次企划赶上一个很好的时机，也让作为读者之一的我满怀期待。

阿部： 以 1970 年召开的"公害国会"[1]为契机，环境厅得以成立；同一年，

---

1 公害国会：1970 年 11 月底召开的临时国会，集中讨论了当时社会舆论高度关注的环境公害问题，提出了以公害对策基本法改正方案为首的 14 个法案。因此该次国会又被称为"公害国会"——译者注

大阪世界博览会召开。两年后的 1972 年，罗马俱乐部的《增长的极限》发表；与此同时，通商产业大臣田中角荣出版了《日本列岛改造论》一书。如今，东京奥林匹克运动会的申办与福岛第一核电站事故的善后同步进行，申奥成功让欢迎的氛围满溢。我认为如何处理上述问题的对立和统一，是探讨环境、自然保护问题时的根本性课题。希望我们在认知这样的时代背景的基础上展开讨论。

关于连载的主题

阿部： 我向鸟居先生提两个问题。

①您建议连载的主题和内容是什么？

②对于"3·11 地震"后出台的三陆复兴国家公园构想，当地的反响如何？

鸟居： 与其说是建议，不如说是作为负责此事的我这个课长的烦恼：

①伴随着土地使用方式多样化的地区纳入公园区域，公园的范围不断扩大，这是国家公园行政管理的一大成果，但我们要如何整合这些使用方式过于复杂而又多样化的土地呢？

②保护生物多样性等问题涉及全国的国土，只占国土面积的比重不到 6% 的国家公园，该如何对此进行补充完善呢？

③《世界遗产名录》登场之后，国家公园的存在感逐渐降低。我们要给自然风景的魅力添加什么才能使它更有价值呢？

以上是我希望未来能一起来思考和探讨的内容。

至于三陆复兴国家公园的构想，由于该提案的时机较早，地震后很明显需要一些旅游对策来振兴地方经济，所以这一构想在当地有很高评价，也备受期待。不过，随着人口密度降低和老龄化问题的加剧，如何能够很好地回应来自当地的各种期待也是一个十分严峻的课题。

位于霞之关的自然环境局与地方环境事务所这样的组织体制，我觉得也应成为探讨的议题进而提上日程。此外，与国家公园的经营管理相关的 NPO、NGO、专家、企业之间的关系，也到了一个需要用全新的视角来看待的时期。

长田启、鸟居敏男

阿部： 我们在探讨国家公园的议题时，鸟居先生讲到的如何理顺国家公园和生物多样性或是鸟兽保护、世界遗产的关系，这是一个角度。另外，要如何看待观光旅游，以及国家公园纳入那些土地使用方式多样化的地区是否也会有一些积极意义呢？我们的讨论需要朝着理清这些问题的方向前进。

佐藤： 作为审议会委员，我虽然参与了不少国家公园具体案例的审议事项，但对于国家公园的整体发展却觉得前途未卜。受到世界遗产的影响，一些被判定的议题以一种更容易理解的方式出现，却让国家公园的概念更模糊了。关于国家公园的讨论也许会给人一种专业化、模式化的印象，但其实国家公园就在我们的身边，是与人息息相关的地方。

我们也经常会听到一些关于生态旅游的议论，如何从国家公园的角度去看观光旅游呢？如果只是守护自然，必然意味着远离人群。我认为如果能够触及日常居住在国家公园里的人们的文化与生活、创造与之交流的机会是十分重要的。

小野寺： 迄今为止，国家公园把国家价值一股脑儿地加到了地方上。日本的旅游政策带来的这 3 亿 4 千万游客要在哪里接待？未来的国家公园在社会中应该发挥什么作用？保护只占全国国土利用面积一小部分的绝美自然风景的意义和责任又是怎样的？我认为这些议题本身也指明了答案的方向。

佐藤： 日本的游客服务中心，不同于位居国家公园入口处的美国游客服务中心，让普通人很难发现。大家甚至不知道哪里才是国家公园。我到了隐歧之后才知道原来大山和隐歧岛属于同一个国家公园，但我仍然感觉不到这两个地方同属于一个公园。我觉得线索应该就藏在个别地区、居住在那里的人以及享受当地生活的人们的日常活动之中。

鸟居：这次的地震灾害加速了受灾地区的人口外流。在如此严峻的背景下，当地群众充分利用当地各种自然和文化资源，向拜访三陆复兴国家公园的客人们提供服务，为复兴地方经济尽一份力量。地震再加上海啸、季风等自然威胁，我认为人与自然的各种关系如何以一种更加和谐的方式展现是问题的关键。

小野寺：屋久岛通过"原乡生态游"着手外界与当地居民的交流。虽然给村里带来的收入并不多，但当地老人那句"第一次切身感受到这里成为世界遗产"给我留下了很深的印象。说明地区内外双方都获得了满足。

关于国家公园的形象和印象

阿部：最近，我寻找各种机会询问年轻人是否了解国家公园，大部分人对此知之甚少。佐藤女士，您以前或者最近体验过哪里的国家公园？另外，请讲讲您对于国家公园形象的直观感受。

佐藤：说到小时候的旅行，一般大家都会选择去风光明媚的国家公园。我住在神户，面朝大海背靠六甲山，之前我并没有意识到这里就是濑户内海国家公园。在濑户内国际艺术节的时候我去了直岛，从船上看到濑户内海的自然风景原来如此美丽，这让当时的我为之惊叹。不仅仅是自然风景，我认为国家公园还需要有各种各样的搭配组合。比如长崎的"SARUKU"[1]，有时候当地人的介绍比专家的话更有趣。触及当地的日常生活这一视角也是很重要的。但现在的国家公园，还没有能吸引来访者的"故事"，也没有和地域的"连接点"。

鸟居：现代社会充斥着各种各样的信息和娱乐方式，国家公园要以何种方式展现在众人面前？今年8月，内阁政府发表了对国家公园的问卷调查。调查结果显示，对于国家公园的利用方式，选择"享受自然风景"的人占86%，这

---

1 SARUKU：SARUKU 是长崎方言，意思是在街上闲逛。这是长崎的一个"城市漫步"旅游项目，游客在当地人的带领下走进长崎的小巷、踏上石板坡道，亲身感受当地的历史文化氛围——译者注

种压倒性优势说明还是自然风景对人们的吸引力最大。另外也提到，国家公园的利用方式还需要更加丰富的组合菜单。

长田：日本的国家公园，其土地不归环境省所有，而属于地方。因此经常会听到国家公园的管理难度很大这样的说法。但是即使归环境省管辖的集中设施地区（注：如住宿设施、露营场地、广场等指定综合治理地区），也有不少地区没能维护住良好的景观。

小野寺：连我自己都感到吃惊的是，我辞去政府工作之后对国家公园的看法发生了变化。比如，洞爷湖是已经庸俗化的国家公园的代表——这种印象曾深入我的内心。但几年前据我仔细观察，看到的是一个有一流自然风景的国家公园。除此之外，我也曾有佐吕别是二流公园这样失礼的想法（笑），但我最近甚至去了两次，觉得那里才是日本自然风景的代表。这些看法发生改变的原因，是我接下来想慢慢探讨的内容。

关于连载的具体内容

阿部：小野寺先生，请问您认为连载的具体议题是什么？即便不是深思熟虑的想法也可以先谈谈。

小野寺：目前环境省和鹿儿岛县一起致力于已被指定为世界遗产的奄美国家公园的建设，想要书写"奄美新风景"篇章。在这之前，我们还从来没有把海拔 400 ~ 500 米的常绿阔叶林作为自然风景来评估的想法。

此外，屋久岛也曾申报世界遗产。世界遗产与国家公园也是一个候选议题。只要被列入世界遗产名录就能像超级国家公园那样被对待，对于这种看法我是抱有疑问的。希望未来也可以讨论有关湿地公约 [1]、GEOPARK[2]、ECO-

---

1 湿地公约：1971 年 2 月在伊朗的拉姆萨尔召开了"湿地及水禽保护国际会议"，会上通过了"国际重要湿地特别是水禽栖息地公约"，简称拉姆萨尔公约，又被称为湿地公约——译者注
2 GEOPARK：地质公园。旨在利用教育和旅游来保护地球资源、对地方进行可持续开发的方式。在日本又被称作"大地的公园"——译者注

佐藤友美子

PARK[1] 等国际惯例与国家公园的关系。

阿苏的草原问题[2]也曾困扰过我。我觉得国家公园与经过改造的自然也可以算一个议题。阿部先生怎么看？

阿部：我曾在洞爷湖工作，对我来说那里是有很多温泉旅店、接待团队游客的区域。现在回过头去看，那里也是一个自然风景十分优美的地方。然而，一个不可否认的事实是一些旅游胜地已逐渐衰败。长期以来，国家公园内的大部分老牌旅游胜地也呈现出江河日下的倾向。我想就国家公园内的旅游胜地以及国家公园内的旅游问题进行探讨。

另外，国家公园作为日本自然保护的工具之一，我们有必要回顾一下国家公园如何保护了日本的自然，亦或是为何没能守护住自然。除了如何应对道路建设、大规模开发这些老生常谈的话题之外，还有一个视角是日常工作中护林员守护的到底是什么。也许这些难以用客观指标来衡量。

佐藤：听说您最近忙于办公室工作，都没怎么外出。护林员成了坐办公室的会不会觉得很无聊（笑）。

---

1 ECOPARK：人与生物圈保护区。得到联合国教科文组织确认并纳入国际网络的自然保护区。通过国际人与生物圈保护区网络，地球上所有具有代表性的、重要的陆地、沿海或海域的生物地理区域都将受到保护——译者注

2 阿苏的草原：阿苏的当地人为了放牧和盖茅草房子，千年以来一直持续着烧荒的传统、人工干预和维持着阿苏的草原环境。但近年来受到畜牧产业低迷、后继无人等影响，人工干预的草原面积逐年减少，作为国家公园的景观也受到损害——译者注

阿部： 我也这样想。也是我想要的吧（笑）。最近的会议很多，这与野生生物相关的工作范围和工作量整体增加有关。

小野寺： 机构越庞大，相应的效率也会降低。我们从一个日益扩张的机构的管理者的角度，讨论一下迄今为止的机构调整如何？

鸟居： 护林员到底被赋予哪些责任，这一点也值得谈一谈。

另外，小野寺先生提到了奄美的新型国家公园，与之相呼应，我希望三陆复兴国家公园的议题也能一起整理整理。除了想要从"复兴"这个切入点构筑与地域社会的关系之外，也考虑为那些面临地区人口减少和老龄化问题的国家公园树立榜样。

佐藤： 国家公园能为"3·11地震"的震后复兴做些什么？也许探讨三陆复兴公园是一个重新审视国家公园的好机会。

小野寺： "3·11地震"的震后复兴，必然要全盘考虑未来的国土样貌。

长田： 生物多样性国家战略为百年之后的国土全貌提供了参考。国家以地域为单位对国土进行管理的案例，也就仅限于国家公园了。未来的国土、地域社会的存在形式能否在国家公园的背景中进行探讨与实践呢？

小野寺： 这句话的主语是谁呢（笑）？

长田： 我会加油的（笑）。

关于连载最终提案的动员

小野寺： 不要只是分析，而要最终提出一些方案。也许制定政策之前的想法、方针比政策本身更重要。

比如，改造杂乱无章的风景使之重生，这样的"样板风景"却不能属于国家公园的风景，这本身就很奇怪。又比如，"VISIT CENTRE"[1]这种还没有被普及的叫法也是未来需要探讨的议题。

---

1 VISIT CENTRE：游客中心——译者注

长田：在做公园规划的时候就将自然保护功能区与公共设施配置区分开描述，公园的各项业务也会有一般企业参与提供服务，我觉得国家公园的制度体系很不错。说到当前存在的问题，是制度问题还是运营管理问题，关于这点我想区分开来进行探讨。

对于国家公园的运营管理成本该由谁以及如何进行负担的议题，我希望借此机会也可以重新整理一下思路。

佐藤：《里山资本主义》[1]这本书如今成为话题。该书倡导用地区内的小经济循环模式与经济全球化的发展趋势抗衡，先不说这一论点是否正确，这种标题的书能出版本身就反映了人们的心态与当今社会正在进行的不断变化。

虽然常有人说"3·11地震"、福岛第一核电站事故正逐渐被遗忘，但是这些事件的影响力却在更深层面上逐渐发挥着作用。如果改变一下最初的视角与想法，并注入新的思考再来进行探讨，对于国家公园的评价也许会发生彻底改变。

阿部：以我在国家公园现地的经历来看，国家公园的组织结构并非空中楼阁。地方生活与产业的结合反而使国家公园的组织结构进一步得到强化，我们也需要这样的视角。

鸟居：今后国家公园的运营管理不要只局限在公园内部，也要把和周边地区的合作纳入视野中来。我们的宣传推广不能就举着个"优美的自然风景"的牌子坐享其成，可以考虑加入一些"体验人与自然之间连结的场所"这种人性化的魅力。希望国家公园蜕变的同时也能得到来自地方的重视。

（座谈会时间：2013年9月18日）

---

1 《里山资本主义》：该书由藻谷浩介和NHK广岛采访组合著，2013年出版。像居住在山村里一样，构建一个让水、食物、燃料都可以从身边获得的生活环境，提倡自给自足，减少能源依赖——译者注

第一篇

"为什么当下我们要谈论国家公园?"之一:从现场角度观察国家公园

松树路人《湿地的落日余晖》

松树路人《湿地的落日余晖》
1988 年

钏路湿地国家公园。毗邻钏路市区，拥有广袤面积的钏路湿地，约占日本湿地总面积的 60%。作品的角度是在秋季从湿地的南部向北望去。远处可以看到阿寒山脉以及中部喷着烟的雌阿寒山。

第一章　钏路湿地国家公园及其生态修复

渡边纲男

2014 年 7 月，我拜访了钏路川蛇形河道复原工程的实施地点（北海道标茶町茅沼地区）。该项目是生态修复项目的一个象征性的存在，有评论指责它只是打着公共事业的幌子。当初在拟定工程实施方案的时候，围绕蛇形河道修复的方法曾展开了激烈的讨论。当我站在修复现场，看到了潺潺的流水、两岸的树木，我意识到尽管修复工程实施才几年，但蛇形河道的自然景观正在逐步恢复，这让我感到十分惊喜。

本文将考察钏路作为日本最大的湿地国家公园的意义，以及曾受到流域内各种各样的影响而逐渐消失、退化的钏路湿地，在近十年间进行生态修复的成果及课题。

一、钏路湿地国家公园的特征

拥有日本最大湿地面积的钏路湿地国家公园（约 2 万公顷）位于钏路川流域（约 25 万公顷）的下游地区。沿低处展开，以芦苇和薹草属植物为主的低层湿地植物占湿地植被的大半部分，蜿蜒曲折的蛇形河道是该湿地的一个特征。1987 年，这些低处的湿地区域以及围绕周围的丘陵地区被指定为日本第 28 个国家公园（指定当初是 26861 公顷，2011 年面积扩大到 28788 公顷）。流经公园的钏路川，从北部（五十石）到南部（广里）之间的河流长度约 32 千米，海拔仅相差 10 米，地势平缓。

这里既不属于山地，也不属于海岸和岛屿，而是属于平原地区的原生态湿地，且毗邻人口不到 20 万人的钏路市，以其广袤的水平景观被指定为日本最初的湿地国家公园。

湿地是濒临灭绝的丹顶鹤的最重要的繁殖地区，也是被称为冰河期的遗存物种的极北鲵以及钏路花葱等特有动植物的生长与繁衍之地。对广袤的水平景观以及养育着珍稀动植物的湿地生态系统的保护及利用，是这个国家公园的主要特征和面临的课题。

另一方面，钏路湿地国家公园由于紧邻城市，且位于（钏路川）流域的最下游地区，也受到流域内人类活动的各种影响。

随着市区及农业用地面积的扩大，湿地面积在"二战"后50年里减少了约20%。在国家振兴乳业畜牧业的政策影响下，流入湿地的河道由原来的蛇形被改造成直线形，排水线路向四周扩张，湿地逐渐向农业用地转化。河道中乳牛粪尿中所含的营养盐的流入以及伴随着开发和森林砍伐而扩大的砂土的流入，还有赤杨林向湿地区域内的侵入，都给湿地的生态系统带来了负面的影响。

综上所述，湿地的自然景观以及整个生态系统作为国家公园最重要的保护对象，不能仅仅依靠国家公园区域内部的保护。为了钏路湿地生态系统的恢复，为了湿地的延续，我们需要超越公园的区域，建立国家公园与流域整体的合作关系，修复及提高整个流域的生态环境质量。

二、被指定为国家公园的经过

拥有以上特征的钏路湿地国家公园是如何被指定为国家公园的呢？

1971年，由当地的研究员等组成的钏路自然保护协会提出了国定公园化的构想。1972年《日本列岛改造论》发表，钏路湿地的开发方案被提上议程，围绕开发与保护一时间起了很大的争议。在"钏路地方综合开发促进期成会"上成立的特别委员会，于1973年汇总了一份以"钏路湿地公园的未来"为题的报告。该报告提出了关于开发与保护的基本原则，也提出了比如城市用地的扩大需停止、在距海岸线约6千米的地方划分保护地与开发地的方案。

1980年，钏路湿地成为日本第一个登录《湿地公约》的湿地，在此影响下，钏路自然保护协会进一步推进以往的构想，于1981年提出了将钏路湿地国家公园化的构想。1982年上文提到的"期成会"正式向中央及北海道地方政府递交了国家公园的申请。

针对该地区这一动向，1983 年环境厅实施了紧急调查，在第二年的钏路湿地保护对策研讨会上（主席沼田真）确定了保护方案的基本方向。另外，对于该如何推进与以往特征不同的钏路湿地的自然公园化进程这一议题，除了实地考察以外，在自然环境保护审议会上也进行了多次探讨。最终，钏路湿地应被指定为独立的国家公园这一方针被提出。就在相隔 13 年没有新成立的国家公园的 1987 年 7 月 31 日，钏路湿地国家公园被指定为最新的国家公园。审议会在作报告时，提出了实施综合调查研究及监测、充实公园管理事务所、实现平稳利用的请求。

环境厅设置了重视保护生态系统的独立的国家公园管理事务所（之后变更为管辖北海道东部的事务所），开展综合调查研究的同时，也配备了为观赏湿地景观及观察动植物的设施，以推动整个项目的进展。

三、钏路湿地公园生态修复项目的开始及十年来的跟踪查验

1990 年以来，相关研究者与地方的 NPO 组织提出了由于砂土与营养盐流入河道，导致湿地生态系统急速恶化的问题。1999 年，北海道开发局最早对这一问题采取了相应的行政措施，成立了"钏路湿地的河川环境保护相关讨论委员会"。2001 年，该委员会从河川环境保护的角度提出了相关建议。

作为生态修复的一环，环境省制定了《新生物多样性国家战略》。受此战略影响，同时也基于强化国家公园及野生生物的保护管理工作的目的，环境省开始了钏路湿地国家公园生态系统修复工作。2002 年，"钏路湿地生态修复会议"召开，提出了修复钏路湿地生态系统的措施。这一措施包括三个长期目标：①自然环境的保护与修复；②农业用地与农业的兼顾；③为地方建设做出良好贡献。以及两大方针：①将 25 万公顷的流域整体纳入工作对象；②从湿地的缓冲区开始进行工作。

2002 年 12 月，《自然再生推进法》制定通过。同时，在整合以往体制

的基础上，2003年11月基于此法成立了拥有更广泛参与者的协议会。该协议会成立时，参加者有个人48名、团体32个、相关行政机构（环境省、北海道开发局以及林野厅的派驻机构、北海道及地方的市町村）11个。再加上以观察员身份参加的14个当地农林渔业、工商相关团体，个人及团体组成数量合计105个（现在117个）。第一任会长由长期以来致力于湿地研究的辻井达一担任。

2005年3月，协议会提出了覆盖25万公顷钏路川流域的钏路湿地整体建设构想。为了恢复到1980年加入《湿地公约》时的湿地环境，提出了三大目标：①复原湿地生态系统的质量及数量；②恢复维护湿地生态系统的生态循环；③营造湿地可持续发展的社会环境。

当将整改对象扩展到包括农业用地与居住地在内的流域整体之时，当地的

图1 钏路川流域及钏路湿地

与钏路川流域相关的5个市、町、村中，除钏路市之外位于湿地公园上游的4个町、村（钏路町、标茶町、鹤居村、弟子屈町）的人口约为3.9万人（2015年）、奶牛饲养头数约为7.4万头（2012年）。牛的粪尿量约为人类的50倍，以此推算7.4万头奶牛的粪尿量相当于370万人的粪尿量。

挖掘已经变浅的旧河道，再通水后蛇形河
道得到了修复。挖掘河道时，极力避免对
沿岸林木的损伤，对河道内的沉木也进行
了挖掘和整理。

图2　钏路川茅沼地区的蛇形河道修复状况

农业相关者对此表示了担忧。但是，大家最终还是就"以钏路湿地为最主要的保护对象，将与其生态系统相关的流域整体列入修复范围"这一原则达成了一致，并为达成目标列出了具体的实施方案。关于具体的实施内容，决定由协议会设立的各个小委员会进行商讨。

基于整体构想的各个领域的修复项目，优先在湿地周边地区进行试点，这些地区是从土地利用等社会条件来看实施可能性较高的场所。各个领域的修复项目包括：①对地域内已有的阔叶林进行修复的森林复原工程（达古武地区、雷别地区）；②对已被直线化河道的蛇形复原工程（茅沼地区）；③为防止上游农业用地的砂土流入而设置沉沙池（雪里·幌吕地区、南标茶地区）；④为防止由于河床侵蚀造成的泥土流失进行的河道安定化对策及设置泥沙缓冲池（久著吕川）；⑤以曾经的农业用地为对象的湿地复原工程（广里地区、幌吕地区）；⑥以恢复水生植物为目的的湖沼复原工程（达古武湖）。正在实施中的复原工程，比如在与湿地邻接的达古武地区种植栎树等阔叶树（累计费用约5亿日元）来替换50年树龄的落叶松（约150公顷），又如在茅沼地区进行的针对1970年代被直线化的钏路川（约2.4千米）河道的蛇形复原工程（累计费用约9亿日元）。复原工程的主要实施者是国家相关机构，也包括北海道、町村以及当地合作组织。

如果对整体构想计划确立后近十年来的实施情况进行评估的话，就会发现以下问题。首先，以复杂生态系统为对象的生态修复技术不完全具备；其次，能促进自然自我修复的被动生态修复的形式问题；以及农林业和水资源治理、珍稀物种保护之间的协调问题，多种复杂关系间的协调还未达成一致等问题。因此，修复工程的调查及讨论阶段所花费的时间要比当初所设想的更久。

但是，到目前为止的生态修复项目还是按照"调查和商讨""制定计划""工程实施""监测""检查""修订计划"的步骤逐步推进。如此一来，修复项目得以逐步展开，比如茅沼地区进行蛇形河道修复工程的几个地点，鱼类、植被、景观的修复、砂土流入的减少等修复工程各阶段的成果，都可以通过监测得到确认。

（一）基于科学数据的适应性管理

我将从"基于科学数据的适应性管理"及"多方参与进行的地区合作"这两个角度来验证修复工程的进展情况，明确发展成果及存在问题。

通过反复尝试、不断摸索的实践，探索出合乎适应性管理各阶段的有效步骤及方法。具体包括：①对从流域整体的广域范围到修复工程实施地点层面的现状把握及课题探索；②基于科学数据设定目标以及被动型生态修复方法的选择；③阶段性的实施工程及对环境影响的细致考量；④通过比较样本地区（以此为示范的标准地区）和对照地区的数据，对生态修复情况进行评价；⑤对目标及生态修复工程的内容进行灵活调整等。

重要的是通过这些工作，形成对复杂生态系统的重新认识，同时通过科学数据的积累促进地域内统一意见的达成。

（二）多方参与进行的地区合作

协议会的组织结构，有助于比以往更广泛的主体参与到生态修复的讨论中来。一方面，由于协议会的人数超过 100 名，达成协议需要花费很长时间。另一方面，来自包括专家及 NPO 组织在内的等各方立场的讨论观点，也使得被动型生态修复方式的选择以及对环境更加细致的考量成为可能。

各项工程也为市民的参与提供了各种机会，从 2005 年开始推行的"钏路湿地生态修复普及行动计划"项目（招募由民间团体、企业、政府部门共同组成的可以自主参加的生态修复实施项目）中，10 年间共举办 706 项活动，市民的参与度逐渐扩大。

但是，从与（钏路川）流域的农林业等地区产业合作的角度来看，虽然农林业从业人员作为利益相关者参与了生态修复工程相关内容的研讨，但农林业与生态修复项目合作的具体方式、促进农林业活动之际对环境保护的考量等意向却并不积极。虽然参与主体呈多样化趋势，但是通过地区合作共同开发基于湿地保护理念的农产品附加值，这一方面的进展还不明显。

在流域整体开展以自然环境保护为基础的林区作业实践，与当地的自然体验师、农业从业者等反复协商制作整个流域的导览地图等，通过这些尝试，摸索出一套将地区农林业、旅游业与生态修复相结合的方式。

（三）旅游以及国家公园的利用

国家公园的到访人数在 1994 年达到峰值的 87 万人，此后逐年下降，近年来虽有所上升，但仍停留在 40 万人左右。国家公园成立之时的计划书表明，要将重点放在保护湿地生态系统上，国家公园的利用项目包括水平景观的观赏和湿地探险，同时相关利用设施的建设要控制在最小限度内。回顾历史，可以说与生态保护目的相比，以公园的利用为目的的计划和项目相对薄弱。探寻如何充分发挥国家公园优势进行开发策略的同时，还需要确立湿地的整体利用动向，并重新整顿与其相关的设施利用。其中，将旅游项目与生态修复项目结合起来也是很重要的。

2015 年 3 月，基于第 10 年监测的结果，协议会提出了整体构想的修正案。不仅展示了十年以来工作成果的同时，还着重从流域整体的视角进行了评价。

另外，提出了"基于生态修复的地方建设"的具体实施方案、设立小委员会，将包括旅游在内的地区产业合作列为今后工作的重要内容。

（四）未来展望

由于引入生态修复项目，多样化的人类活动下的社会状况也逐渐发生变动，如此，流域整体与国家公园的结合，不是只在国家公园内制定规则，而是要从流域整体角度设立框架。

钏路川茅沼地区曾一度被直线化的全长 2.4 千米的蛇形河道修复项目，还有基于达古武集水域整体的评价结果而进行的被动型阔叶林恢复项目的实践，这些项目我都曾全程参与。

今后，希望借助协议会这个平台，加强流域整体与国家公园的合作。具体包括：①要对流域整体的现状及变化持续评估，为地方社会提供容易接受的参考；②要促进农林业、旅游业等地方产业与生态修复、国家公园项目的合作；③积极评价、奖励、支持对保护与修复作出贡献的民间活动。另外，进一步从生态修复的视角来实施与地方森林／林业、农业、旅游、河川、地域计划等相关的行政计划和措施也不可或缺。

在预计未来人口逐渐减少的北海道东部地区，重新考虑农业用地和湿地的设置范围也是一个长期课题。

渡边纲男

（原载于《国家公园》2015 年 7 月刊）

第二章　国家公园"层云峡"

中岛庆二

一、大雪山国家公园

大雪山国家公园是日本最大的国家公园。其陆地面积约 23 万公顷，几乎相当于整个冲绳县的面积，在人口稠密的日本可以说是面积最广大的未开发地区了。国家公园里的森林几乎全部划归国有。大雪山并非以旅游胜地闻名，而是以其原始性著称。在日本第一个国家公园诞生之后的 1934 年，即第一个国家公园成立 9 个月后，大雪山于 12 月被成功指定为国家公园。

这里的山中到处有温泉涌出，温泉点作为登山基地发挥着作用。公园内几乎所有的人口都是在这些温泉集散地工作和生活的人。现在的土地基本上只是用于旅游，国家公园的方案把原始地区的保护与作为登山基地的温泉点的使用相结合，让设施的利用更单一了。在这些温泉设施中，层云峡温泉每年接待大约 60 万游客，是公园里规模最大的。

二、层云峡商店街的衰退

从经济高速增长的时代起至今，北海道周游、道南道中巡游、道北道东巡游就已成为北海道旅游的经典项目。人们坐上旅游大巴，所有行程由旅行社全部包揽。层云峡温泉位于旭川到北见的主要国道的必经之路上，受这一地理位置的影响，层云峡被列入各个旅行路线当中。一些资本雄厚的酒店，为吸纳游客不断扩大规模。另一方面，在经济高速增长以前沿国道无序形成的各种小规模的特产店、饭馆等，在国道改造的同时根据集中设施地区规划，于 1957 年被转移到黑岳泽河流汇合处的左岸。由此，层云峡地区就形成了两极分化的结构，在中心区是有 30 多家店铺的商店街和缆车车站，分散在周边的是 7 家大型酒店。当时的搬迁是由国家公园管理部门主导进行的计划性迁移。

虽然规模庞大的酒店区域和小规模的土特产商店、饭馆区域曾在一段时期内形成了共存共荣的局面，但是随着大型酒店吸纳了绝大部分顾客，这种平衡被打破，商店街区域开始逐渐萧条。而设施的持续老化、破败，甚至荒废，进一步加剧了商店街的衰败。陷入经营困境的店主们放弃经营，将店铺卖给仍留在当地的人然后离开本地。这是旅游胜地走向萧条的一个典型案例。

三、项目方案的拟定和实施

本篇是关于"层云峡计划 65"的项目介绍。该项目的最初构想形成于 1987 年，大雪山国家公园层云峡温泉（中部商业街地区）改造项目于 2001 年实施（民间设施的项目改造费用约 45 亿日元，参与项目的民间企业约 30 家，时间从 1997 年到 2001 年，被称为"层云峡计划 65"，以下简称"计划 65"）。

1992 年，上川町为了将 1987 年制定的"计划 65"改造项目的最初构想落到实处，与企业方及当地居民一同商定该计划的落实细则，几乎每月都在层云峡举办一次有当地居民及其他相关人员参与的会议。

企业方明确地意识到，如果对于现状继续放任不管会导致更高的停业风险。虽然大家都对"计划 65"的实现抱有很大期待，但不同时期的投资者对于此项目的关心程度各不相同。另外，项目改造真的在推进吗？环境厅真的值得信任吗？这些问题都让企业方和当地居民难以判断。

月度例会上，在拟定项目方案之前，大家对国家公园的行政管理的不满情绪首先爆发出来。大多数人吐槽政府审批不公平。通过认真倾听这些意见，我们发现很多不满都是从不清楚政府审批的标准而产生的质疑情绪里衍生出来的。因此，我们将所有涉及自然公园法及国有财产法的审批标准的文件复印并分发给全体人员。另外，我们约定只有在全员参与的情况下才能进行重要对话，鼓励大家能够做到不缺席会议。为了让"计划 65"这样的共同事业顺利进行，为相关各方的彼此信任搭建起一个平台，我们强烈意识到积极地进行信息公开，在相关各方之间进行信息共享十分重要。

四、被蚕食的商店街土地

当时，围绕环境厅管辖土地的使用权产生了一些问题。原本在商店街里开业的民间企业在外迁的时候，通常会将房屋卖给其他的企业主。其他的企业既包括商店街企业，也包括周边的大型酒店。据说房屋买卖的交易金额远远超出了房屋本身的价值，因为土地的使用权伴随着房屋的买卖也被转卖了。

在这种情况下，一个新的土地使用申请被提交给我们。这个在商店街里开业的企业，购买了邻居的房屋，接着又来申请这间房屋所在土地的使用许可。针对该申请，我们根据土地使用基准，提出了拆除该土地上的建筑物，并归还土地的诉讼请求（该案件最终以折中的形式进行和解了）。这件事发生后不久，我们还提出了今后不再批准大型酒店仓库及员工宿舍的土地使用的方针。依据此方针，最终我们允许各大型酒店在各自的设施用地之内增设员工宿舍。在这种情况下，和大型酒店达成了一致意见。

经过以上事件回到环境厅手中的商店街土地，在之后制定"计划65"土地分配规划时，作为能够使用的公用土地发挥了重要作用。其更大的意义在于环境厅通过诉讼手段宣告不予承认土地的既得权，向地方展示了环境厅对于实施"计划65"的决心。

五、规划方案的调整

筹划"计划65"方案之时正值大雪山国家公园规划进入深入讨论阶段，于是我们参考上川町已经制定的计划，事先对方案内容进行了调整。同时，为了让项目批准及土地使用许可批准能够顺利进行，我们在制定行政管理方案时也对这部分内容进行了调整。另外，为了让基于改造方案产生的由环境厅直接管辖的项目能够切实地被执行和推进，西北海道地区国家公园野生生物事务所所长（相当于现在的北海道地区环境事务所所长）向自然保护局局长提交了内部请示报告《关于层云峡集中设施地区升级改造方案》，并将此方案确定下来。这个改造方案并不是由某个法令或通知而来，而是一个自下而上请示报告并获得批准的文件。

由此，上川町制定的升级改造方案，对国家公园规划（层云峡集团设施地区规划）、国家公园管理规划、土地使用许可、环境省直属设施改造等内容都产生了一定的影响，同时确保了町规划与国家公园规划的一致性。

当时，环境厅积极参与了町规划的制定（表面上是町规划，实际上可以说是环境厅与上川町的共同规划）。充分考虑到町规划中的良好自然景观要符合国家公园的标准，同时要保持与自然公园相关手续一致性等因素，我们事先进行了很多讨论。正是这些事前的筹备让项目得以更加顺利进行。

尤其是层云峡这个由环境厅参与实施的项目，我们必须要考虑各个方面并相应调整计划。

六、层云峡"计划65"项目的具体做法

民间设施的升级改造工程是在1995年新设立的建设省（优质建筑物改造项目）补助金的支持下进行的。具体方法是：设立再开发公司，各企业方首先将建筑物等不动产转让给再开发公司。接着由再开发公司拆除所有旧建筑物，进行项目用地的再分配，并建设用于新项目的建筑物，最后再将建筑物（土地的使用权也一同打包）转让给经营新项目的原有企业或新加入的企业。商店街内几乎所有企业都加入了这个升级改造项目。换句话说，商店街地区被整体翻新了，这样的案例在国家公园内也是很少见的。从整体上看层云峡"计划65"，对大约30家的民间设施进行升级改造是该项目的主要内容，另外该项目还包括对中部地区上川町经营的公共温泉的改造，以及周边町属道路的改造，也包括在该地区国道一侧新建了大型立体停车场，还有在中央通道增设步行者专用道路等环境厅的工程，以及把上川町与环境厅共同建设的层云峡博物馆作为环境厅直

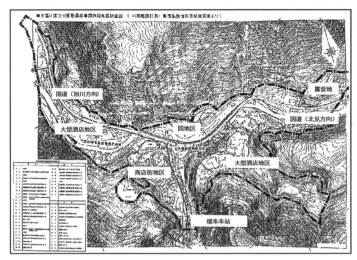

图 1 层云峡集中设施地区（"计划 65"基本规划方案制定之时）

属的游客中心进行改造等内容。上述诸多公共设施的改造互相结合，这一特点体现了层云峡"计划65"的全貌。

七、从权利调整的角度来看优质建筑物等改造项目的优点

该制度的有利之处，除了在设计费以及拆除费上给予民间企业一些补偿之外，从权利转移的层面上看也是有优势的。该制度并没有将加入改造后新项目的企业限定在既有企业之中，无论是借着项目改造的契机离开当地的既有企业，还是想要加入新项目的新进企业都给予准入。因为层云峡当地的很多企业主都没有接班人，所以正好借此机会变卖固定资产，取得收益后迁出本地。如此，在重新分配土地的过程中产生出新的地块，可以将其分给新进企业，这些措施对整体改造费用的削减产生了一定效果。

现在想一想，在进行包括民间企业在内的土地使用（分配）规划的调整和土地再开发的时候，确立相关制度是十分必要的。环境厅一手握着土地，一手掌握公园法的许可权限在该地区进行设施建设，这使得制度的推广更加

图 2 "计划 65"升级改造前

图 3 "计划 65"升级改造后

容易。但另一方面，即使拥有土地和许可权限，如果没有推进改造项目的制度，要实现整体的升级改造还是相当困难的。

　　这些民间事业的升级改造走在了公共事业的前头，曾经一半店铺已经关门上锁的商店街地区经由统一的设计改造焕然一新。可以说在硬件方面，层云峡商店街的升级改造项目已经成功了。

八、项目成功的要因分析

重新回顾项目成功的因素，可列为以下五点：

①相关各方的问题意识及解决意愿

相关者各方有一个共同目标。经济持续低迷以及自然风景的破坏，促成了相关各方一致的问题意识以及解决问题的强烈意愿。企业方已经别无选择。

②政府积极公开信息并与相关各方共享信息

信息的公开和共享是重要的决定性因素。即使有问题意识与解决意愿，如果相关各方和政府没有建立信任关系，从那些意识与意愿而来的能量不但无法转化为巨大的推动力反而会消失殆尽。建立信任关系最重要的是，政府以及相关各方彼此的想法都能充分地被理解。

③政府相关责任人有始有终的努力推进

环境厅为项目的持续进行做担保，得到了相关各方的信任。由于负责人的调动导致长期项目缺乏持续的支撑，这是行政工作的弱点所在。市町村的负责人更迭还算好，但如果环境厅的负责人频繁调动的话就会对项目有致命影响。

④升级改造方案和公园规划之间的整合

为了让升级改造方案和自然公园规划等上位规划保持一致，彼此间的协调强化十分重要。规划层面上的决策、直属改造方案的请示审批等方式成为有效的手段。

⑤参考优质建筑物改造项目、简化权利调整的制度

除了不遗余力地实现上述前四点之外，使项目顺利展开、各方达成一致的最有效工具是制度本身。

环境厅主导的国家公园使用设施改造项目，虽然参照城市改造方案引入补助金制度，但从20年前的行政官员的角度看，他们一般不会采取这种制度，所以无论是环境厅还是建设省，实际上都暗自抵制。

九、各种利用设施的升级改造是未来的重要课题

已有的旅游景点，尤其是那些在经济高速发展时期为大巴旅游建设了配套设施的国家公园的旅游景点，正苦于无法摆脱经营长期低迷的态势。有分析指出这是对临时性的旅游潮过度反应的风险呈现，但另一方面，也有另外一种说法是国家公园制度本身造成了无法轻易吸引民间投资的僵硬状况，使得设施改造不能轻易实施。

本次专刊，我之所以提到已是旧闻的"层云峡计划65"，是因为像国家公园内利用设施这类的集中设施地区升级改造，除"计划65"之外基本上没有项目改造成功的案例了。城市的升级改造拥有各种配套体系，但国家公园正面的改造项目案例本来就少，也没有国家公园自身的升级改造制度。

80年前国家公园制度刚刚建立时，也没有想过要将包括民间企业设施在内的地区性升级改造项目列入国家公园行政管理的课题之中吧。但是，仔细思考的话，因为有防止城市无计划扩张的集中设施地区规划，所以也可以说集中设施的地区性升级改造从一开始就已经被考虑在内了。我们认为应该尽快展开讨论，建立一个包括其他省厅以及金融机构等的事业制度，地区升级改造以及恢复自然环境等内容的制度体系。

中岛庆二
（原载于《国家公园》2014年6月刊）

第三章 国家公园"洞爷湖"

阿部宗广、小野寺浩

一、本文的目的

洞爷湖是一个优美的圆形火山盆地湖。约 11 万年前开始持续的火山活动，逐渐形成了火山盆地湖周围广阔的火山灰台地、湖中央的小岛以及南岸的有珠山。火山灰台地以及湖周边区域开发较早，形成了大片的牧草地、马铃薯和甜菜种植等的田地、人工林及人工种植的落叶松林带。

30 年前，我给一个荷兰的访问者作向导，他说相比他之前去的阿寒国家公园，他更喜欢洞爷湖的风景。不像北海道其他的国家公园或者同属一个公园的支笏湖，洞爷湖并不是被原生自然景观环绕的湖泊。由于受到人类环境的影响，洞爷湖的风景有着更加让人喜爱的感性一面。我一边想着这里的风景还不错，一边又想着它作为国家公园、作为北海道的国家公园会变得如何呢？对于我这个没有自信心的护林负责人来说，这是件新奇的事。

本文记述的是支笏洞爷国家公园的洞爷湖地区。洞爷湖自古以来就是北海道屈指可数的旅游胜地，南岸的洞爷湖温泉根据《自然公园法》的规定，被指定为集中设施地区。

我之所以提及洞爷湖，目的是为了：第一，对日本的旅游发展与国家公园的关系进行思考；第二，对公园最重要的使用地即集中设施地区进行探讨。

二、支笏洞爷国家公园成立的经过及公园概要

"二战"后，为了获取外汇及经济复苏，日本各地呼吁成立新的国家公园。1949 年 5 月支笏洞爷国家公园成为继伊势志摩之后的"二战"后第二个、整体上第十四个国家公园。其重要的原因在于，支笏洞爷国家公园靠近札幌、小樽、室兰、

苫小牧等城市，交通便利、游客众多。另外，因为这里四季都可以利用，被认为有"属地优势"，是北海道最重要的地区。当然，也有不少火山以及火山形成的湖泊景观受到很高评价，但毫无疑问，便利性是旅游开发之际最重要的考量因素。

公园的面积不到10万公顷，根据地形被分为丰平川（定山溪、丰平峡）、支笏湖、登别、洞爷湖、羊蹄山五大区域。丰平川、支笏湖、登别三大地区虽然是相连接的，但是抵达路径各自独立。洞爷湖、羊蹄山是"飞地"，所以这五大地区在公园的利用上被视为各自独立的地区。区域内有定山溪、登别、洞爷湖等久负盛名的温泉老店，吸引众多游客到此观光。2010年的公园到访人数（根据环境省资料）是969万人，在所有国家公园当中位列第8。在北海道地区，这一数字远远超过第二名大雪山的466万人，持续占据公园到访人数第一的位置。

从札幌经230号国道或从千岁机场经道央公路到洞爷湖都需2小时左右车程。湖的直径东西纵深约9千米、南北纵深约11千米，湖的周长约50千米。在洞爷湖地区大家最常去的是位于湖南岸的洞爷湖温泉，从那里乘车约20分钟就一个落脚点昭和新山，湖北岸拥有很大的汽车露营地财田等，这些地方都被指定为集中设施地区。2010年的地区到访人数分别是276万人、93万人以及2万人，是支笏洞爷国家公园内最大的旅游观光地。

公园区域以洞爷湖为中心，包括北侧及东侧环湖车道的外沿，而整片的陆地区域只有南侧的有珠山一带和西侧的火山盆地岩壁的一部分。该区域整体面积约12300公顷，其中湖水面积7000公顷，约占11000公顷特别区域面积的65%。环湖车道的外沿有很多田地、人工林、人工种植林，但一直到陷落岩壁顶部几乎都没有天然植被。环湖车道的内侧，仅有一圈由栎树、连香树等大树组成的看起来势单力薄的湖畔林。湖中小岛，远远望去主要是以阔叶树为主的天然林，但是由于人类的放养行为导致当地的一种鹿过量繁殖，这些植被也深受其影响。虽说如此，只要从湖岸眺望就能够看到绿意盎然的小岛，这是洞爷湖的象征。有珠山及其周围区域每隔二三十年就会发生火山喷发，那边的植被受其影响还处在不断变化和适应阶段。

三、旅游与国家公园

（一）旅游的现状及变迁

根据 2013 年出版的《旅游白皮书》可知，2012 年国内游客人数中，一日游的游客共计 2 亿 430 万人，住宿游客达 1 亿 7876 万人。另外，日本人到海外旅行的人数为 1849 万人，访日外国游客人数为 837 万人。据报道，访日外国游客人数在 2013 年达到 1036 万人（推算值），第一次突破 1000 万人的大关。

从最近 10 年日本国内住宿游客人数的变迁图来看，在 2003 年到 2006 年间达到 2 亿 2000 万人高点，但从这时候开始，呈现逐年减少的趋势。

日本从"二战"前开始就很盛行修学旅行和团队旅行。"二战"后，旅游曾一度成为高价产品，主要面向以驻军为代表的外国人，但是日本人旅行的复苏，首先是从修学旅行和团队旅行开始的。

到了 20 世纪 50 年代中期，随着国民生活水平的提高，日本国内旅游也快速发展起来。其中来自职场和农业协会等的团队旅行占了很大的比例，各地相应大规模建设面向团队旅行的豪华旅馆和大型酒店。伴随着 1964 年东海道新干线的开通以及接下来新干线网、高速公路网的完善，从前以火车为主要交通工具的旅游方式又加入了大巴和私家车。

以 1970 年的大阪世界博览会为契机，日本国内旅行的方式开始向家庭旅行转移。从 20 世纪 70 年代初到第一次石油危机前后，日本每年新建的旅馆约有 1000 家以上。

到 20 世纪 80 年代初，家庭旅行超过团队旅行成为最主要的旅行方式。此外，由于私家车的普及，汽车使用率也在快速增加。

1985 年开始到 20 世纪 90 年代初期，由于度假法案的推出及泡沫经济等影响，酒店及旅游景点公寓建设成为热潮。这一时期全国的旅馆数量以每年 1000 家的规模减少的同时，每年却有 400 座左右的新酒店建成。滑雪场、网球场、高尔夫球场等在一个大面积的区域内同时上马的情况并不少见。另外，急速增长的海外旅行与国内旅行之间的竞争，使得旅游景点之间的竞争更加激化。

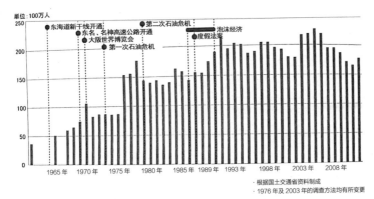

单位:100万人

- 东海道新干线开通
- 东名、名神高速公路开通
- 大阪世界博览会
- 第一次石油危机
- 第二次石油危机
- 泡沫经济
- 度假法案

· 根据国土交通省资料制成
· 1976 年及 2003 年的调查方法均有所变更

图 1 （日本）国内住宿游客人数的变迁

　　泡沫经济破裂之后，受到经济不景气的影响，选择住宿游的人数减少，一日游的人数增加。酒店、旅馆的使用率和销售额应势滑落。大量的度假设施和酒店的经营遭遇困境，破产甚至被出售的情况层出不穷。另外，各种设施之间的竞争也更加激烈，住宿设施甚至经营起游艺、土特产销售等项目，也有的旅游胜地、温泉胜地彻底失去了往日的繁华。

　　这种状况虽然持续至今，但陆续有来自亚洲的外国游客以团队巴士游等方式到日本观光，这让一些旅游观光地仿佛回到 20 世纪 50~60 年代的盛况。日本人的旅游目的十分多样化，如对世界遗产、街道、节日的各种体验活动，或是在一个地方尽情放松心情等。此外，旅行方式也呈现出住便宜酒店节省费用的旅行和为了追求感动和舒适度不在乎花钱的两种极端。

　　综上所述，日本的旅游受到交通工具的发展、社会经济状况以及国民意识、旅行偏好等变化的影响，旅游景点及酒店、旅馆也需要随时应对上述变化。

（二）洞爷湖的旅游现状与变迁

　　日本国家公园的游客人数，在 1950 年统计之初大约是 2000 万人，1955 年近 5000 万人，1961 年约 1 亿人，1966 年约 2 亿人，1971 年达到 3 亿人，这一数字与"二战"后日本旅游的发展变迁保持了一致的持续增长趋势，1989年达到峰值约4亿人，此后逐渐减少（来自环境省资料。此数值的调查方法与《旅游白皮书》不同，故不能简单比较）。国家公园内的旅游情况同以上所讲的日本整体的旅游发展变迁几乎同步，而本篇所讲的洞爷湖除因有珠山的两次火山喷发受到打击之外，情况也没有太大变化。

　　将原有的温泉胜地作为集中设施地区，洞爷湖温泉地区被定位为洞爷湖地区最大的利用设施地区。湖岸旁并排矗立着5座高达30米的高层酒店，加上其他中小酒店、旅馆等共13家在营业。2012年的入住人数为224万人，续住人数为49万人（根据洞爷湖温泉旅游协会调查，以下同）。

　　洞爷湖在1917年被发现有温泉涌出，同年第一家温泉旅馆开业。1937年这里成为拥有10家温泉旅馆的温泉街，还有高尔夫球场、网球场等设施。1952年左右的游记中描绘了"新近建造的温泉酒店、骑自行车或乘小船的年轻女性、湖面上行驶的游艇、游览船"这样的景象。可以想象，那时的洞爷湖已成为北海道地区设施非常先进的旅游胜地了。

　　从那时之后，伴随着经济的高速发展，洞爷湖的酒店数量也不断增加，最繁盛时期有30家左右。一些酒店的规模也在扩大，甚至出现了客房数超过200间、10层的大型酒店。年住宿人数在1965年后半期增加到100万人左右，但1977年受到珠山火山喷发的影响，年住宿人数锐减到一半。后来，由于宣传活动的效果以及泡沫经济的影响，1993年的年住宿人数又回到96万人。之后每年的住宿者人数逐渐减少，2012年仅49万人，跌落至繁盛期的一半。甚至一些酒店、旅馆停业，还有一些的经营主体发生了变更。

四、集中设施地区

（一）集中设施地区的概念

集中设施地区是由环境大臣指定的、为了公园的使用将设施集中进行建设的地区。建设集中设施地区的目的有两点：①避免公园使用设施在整个公园内散落建设、无计划开发、破坏自然风景；②将各种使用设施有机组合，在一定区域范围内整体规划，增加公园设施的合理利用。也就是说，第一点是为了避免在拥有优美自然风景的地区内出现肆意开发土地和建设设施的情况；第二点，通过整体规划和集中建设使用设施更有效地提高公园的使用效率。

集中设施地区计划的基础是要根据地区内各地块不同的性质特点和机能，分别制定建设方针和土地划分方案。比如划分停车场、大巴终点站等公共设施的集中建设地区，酒店、旅馆的集中建设地区，以及林间露营地等地区。至于地区整体的人行道、车道的建设，会在修建每个设施时做相应计划。

集中设施地区内，既包括环境省修建的露营地、庭园、停车场等公共设施，也包括一般财团法人度假村协会建设的包含宿舍、运动场等收费设施的"度假村"。

（二）现状与问题

国家公园集中设施地区一览表 表1

公园名称	主要集中设施地区名称	地区数	公园名称	主要集中设施地区名称	地区数
知床	罗日温泉	1	白山	中宫温泉、市之濑	2
阿寒	川汤、和琴、阿寒湖畔	3	南阿尔卑斯	野吕川广河滩、小涩川广河滩	2
钏路湿地	塘路	1	伊势志摩	登茂山、横山	2
大雪山	层云峡、勇驹别、糠平	4	吉野熊野	大台原、宇久井	2
支笏洞爷	支笏湖、登别、洞爷湖	6	山阴海岸	竹野、今子浦、鸟取砂丘、浦富	4
十和田八幡平	酸汤、休屋、田泽湖高原	10	濑户内海	南淡路、大久野岛、鸣门、屋岛	15
三陆复兴	净土浜、基石海岸、气仙沼大岛	8	大山隐岐	大山寺、镜成、日御碕、蒜山	8
磐梯朝日	羽黑、裏磐梯、净土平	5	足摺宇和海	须之川、龙串、足摺岬	3
日光	汤本、中宫祠、鬼怒川、那须高原	5	西海	鹿子前、北九十九岛	2
尾濑	御池、尾濑沼、山之鼻	3	云仙天草	云仙温泉、云仙访之池	2
上信越高原	万座、鹿泽、笹峰、志贺高原	8	阿苏	南阿苏、地狱垂玉、长者原	5
秩父多摩甲斐	三峰、奥多摩湖岫泽	2	雾岛锦江湾	虾的、指宿、高千穗河滩	3
富士箱根伊豆	大岛、湖尻、本栖、田贯湖	7	屋久岛	尾之间	1
中部山岳	室堂、上高地、秉鞍高原、平汤	6	面积合计	11315公顷	120

现在，国家公园的集中设施地区共有 120 个（其中度假村 26 个）。一个地区的面积从 5 公顷到 1500 公顷差别很大，但面积在 30 ~ 50 公顷之间的居多。大部分地区将国家公园成立以前就很繁荣的温泉、住宿区域指定为公园使用设施区域，洞爷湖温泉也是其中之一。这些地区曾经接待了很多观光客和住宿游客。但如今，以往的繁荣景象已不复存在，很多酒店和商店大门紧闭，在地区内十分显眼。

陷入这种困境的原因在于，这些地区没有根据社会经济和旅游自身的变化随时进行调整，导致与之脱节。说到具体的变化，比如，团队旅行的减少；亲友组团私家车自驾游或租车自驾游人数的增加；滑雪人数的急剧减少；游客意识及偏好的多样性，如：比起以菜品数量取胜的宴会料理，商务旅行的住宿客人更偏向于在街上的居酒屋和拉面馆就餐等；与海外旅行的竞争；期望回归自然、享受慢时光的游客增加等。

对于使用设施的配置、规模以及所提供的服务，很多集中设施地区并没有从硬件和软件这两方面都做出与变化相适应的调整，因此，作为旅游景点的魅力被逐渐削弱。

五、未来国家公园的利用和集中设施地区

日本的国家公园从一开始就积极导入原有的旅游景点和温泉胜地，将其指定为集中设施地区。这在集中和完善使用设施的建设、防止自然地区内的无计划扩张、提高使用的便利性、支持当地旅游业的发展等方面取得了一定的成果。但是，如上所述，伴随游客意识的变化也产生了一些不一致。这些不一致，以新的旅游景点、新的住宿方式，以世界遗产之旅、生态旅游等为目的的新的旅游形态展现出来。旅游的本质是追求新奇，行政管理的要求则是谋求全国一致的公平性和持续性，因此上述现象的发生也是没办法的事情。"二战"后日本社会经济的变化、旅游总量的增大和质的改变，正以史无前例的速度推进着。

但是，第一，国家公园有一个巨大的作用是要对国土进行自然保护；第二，

已有的旅游集散地、集中设施地区内本来就有不错的旅游设施，从上述两点来思考，如果设施一旦陈旧老化就弃之不顾的话，我们不但会失去传统的旅游集散地，进一步说也是对国土资源的浪费。

关于集中设施地区，有两个需要探讨的方向：

第一，要有能够应对全国旅游休闲疗养需求的配置，也就是需要制定使用设施的宏观计划。根据人口动态、城市化、老龄化、知识水平要求等变化，预测民众的长期需求，并以此为依据制定宏观计划。其中也要考虑国家公园、集中设施地区作为承接全国旅游休闲疗养需求的地区，在质量和数量两方面该如何发挥其作用。

第二，以翻新改造为原则，需要逐步对个别的集中设施地区进行重新评估。包括大胆地进行整顿、改造，甚至废弃等，重新配置集中设施地区内的资源。本来每个地区的自然、历史文化、利用形态都不尽相同，考虑各地区的特点进行建设之前，能够从宏观计划角度去发掘和彰显各地区的个性化显得更为重要。另外，也需要对僵硬的集中设施地区计划和实施方法进行彻底的审视。重新评估的要素有：人行道与机动车道等的规划整理；按照实际使用情况进行土地划分的计划；重新制定设施配置计划；舒适性以及以往繁荣景象的恢复等。

重新评估时需要注意，首先是计划人员的专业视角，其次是企业与民间自治团体之间达成协议。在制定计划的过程当中，需要考虑上述内容。

阿部宗广、小野寺浩

（原载于《国家公园》2014 年 4 月刊）

第四章　三陆复兴国家公园

鸟居敏男

一、序言

2011 年 3 月发生的东日本大地震是"二战"后 68 年以来首次在全国范围内发生的重大自然灾害。曾经只关注自然带来的恩惠的我们，通过此次灾害，重新认识到了自然的威胁。

本文以去年刚刚被指定的三陆复兴国家公园为背景，对成为国家公园支柱的以下几点进行了考察：①自然风景之地的保护与利用；②包括生物多样性保护与可持续利用以及将其作为新的任务；③自然灾害的预防、灾后重建与国家公园。

由于地震灾害，三陆沿岸自治团体的人口减少不断加剧。不远的将来，全国各地的国家公园所在的自治团体内，都会面临不同程度的人口减少、老龄化等问题。在此背景下，国家公园应该发挥什么样的作用呢？接下来，我将以自己 2011 年 7 月开始在受灾地区的东北地方环境事务所的两年工作经验为基础，阐述一下自己的看法。

二、三陆复兴国家公园的历史沿革与自然的威胁

（一）陆中海岸国家公园——地震灾害之前

三陆复兴国家公园的前身是陆中海岸国家公园。1955 年，从岩手县普代村到釜石市的沿海区域被指定为日本第 19 个国家公园。以宫古市为界，北部是以海蚀崖为代表的北山崎地区，南部是拥有复杂交错、变化繁多的里阿斯式海岸，三陆复兴国家公园以其丰富多变的地形地貌著称。1964 年从南部的釜石市扩大

到宫城县的气仙沼市，1971年从北部的久慈市扩大到野田村。逐渐扩张的过程中，新加入的地区仍然保持和原有地区景观的连续性。

陆中海岸国家公园的主要利用方式是海岸线景观的欣赏和海水浴等，因此没有集中的住宿设施区域。再加上远离东北新干线与东北公路等交通干线，地震灾害前一年（2010年）的游客人数只有407万人（在日本国家公园中，位列西海之后，居第19位）。

从自然威胁的角度来看，三陆沿岸过去常常受到海啸的侵袭。明治时代以后造成100人以上死亡或失踪的地震和海啸数据如下：明治三陆地震（1896年，死者21959人），昭和三陆地震（1933年，死者和失踪者3064人），智利地震海啸（1960年，死者和失踪者142人）（根据气象厅资料整理）。在遭遇自然威胁的国家公园当中，三陆地区也属于很罕见的了。虽然游客中心的展示以及当地的导览手册上记载着三陆曾经遭遇海啸的历史，但是，当重新审视海啸等灾害与国家公园的关系时，如何应对地震和海啸这类自然灾害，我们还需要对涉及公园区域、公园计划、使用设施的管理等各方面内容的国家公园的整体政策进行较大程度的改善。

（二）三陆复兴国家公园的创立

地震灾害两年之后的2013年，青森县种差海岸阶上岳县立自然公园被纳入国家公园区域，"三陆复兴国家公园"由此诞生。这是以东日本大地震为契机，为了帮助三陆沿岸的复兴而设立的新的国家公园。

三陆复兴国家公园与陆中海岸国家公园最大的不同之处正如其名称所示，把地震灾害之后的"复兴"二字加在了国家公园的前面。国家公园的名称除了包含有地名或地区的称呼以外，加上了公园建设目的这类词语的只有这一家。这表明了我们想要以国家公园为中心，通过对软硬件等方面的改进，促使更多的人来参观游览，由此达到地区重建的目的。

此外，2007 ~ 2010年环境省实施的"国家公园和国定公园的总检查项目"

中，这个国家公园由于其生物多样性和地形地貌的特点，被认为是适宜扩展公园面积的区域。

三、从不同层面来看三陆复兴国家公园

（一）东日本大地震

1. 东日本大地震的概要

这次地震（以及海啸）的官方名称为"东北地方太平洋区域地震"，发生时间是在 2011 年的 3 月 11 日 14 时 46 分，震源在三陆海面，震源深度 24 千米，震级 9.0。地震灾害波及 22 个都道府县，死亡人数达到 18958 人，失踪人数 2655 人，受伤人数 6219 人（以上数据来自 2014 年 3 月 1 日消防厅资料）。由于海啸造成的浸水地区面积达 561 平方千米，从土地使用面积的比例来看，浸水地区中水田的比例最高占 37%，其次是建筑用地占 20%（国土地理院资料）。受灾金额超出阪神·淡路大地震 7 兆 3000 亿日元，估算为 16 兆 9000 亿日元（根据内阁府资料）。另外，海啸还造成了福岛第一核电站泄漏事故，这是与阪神·淡路大地震明显的不同之处，强烈地展示了远超人类想象的自然的威力。

2. 地震灾害造成的影响

灾害之后三陆复兴国家公园各相关自治团体的人口，较灾害之前平均减少了 6.1%（参考表 1）。一般认为日本的总人口数量在 2011 年以后进入减少趋势，可以看到受灾地区自治团体的人口数量是以地震灾害为转折点急剧减少。

从公园的使用设施上来看，海啸对海岸沿线位于高处山丘的人行道及休息场所的影响较小，但是对于海岸沿线的庭园、露营地、海水浴场等地方有较大的影响。除此之外，铁路等交通设施遭到了毁灭性打击，国家公园的利用陷入瘫痪。灾害之后花费了两年多的时间，作为核心设施的（宫古市）净土浜的海岸游览步道才得以重新投入使用。

表1

三陆复兴国家公园相关自治团体的受灾状况与人口减少

县名	市町村名	海啸灾害 (死亡·失踪者) (人)	灾害前人口(人)	灾害后人口(人)	变化率 (%)
青森县	八户市	2	241712	237927	−1.57
	阶上町	0	14699	14183	−3.51
岩手县	久慈市	6	38216	37127	−2.85
	野田村	39	4632	4515	−2.53
	普代村	1	3088	2941	−4.76
	田野畑村	32	3843	3708	−3.51
	岩泉町	10	10804	10398	−3.76
	宫古市	567	59430	57003	−4.08
	山田町	830	18617	16854	−9.47
	大槌町	1284	15276	12673	−17.04
	釜石市	1141	39574	36642	−7.41
	大船渡市	494	40737	38871	−4.58
	陆前高田市	1814	23300	20466	−12.16
宫城县	气仙沼市	1431	73489	67951	−7.54
				平均变动率	−6.05

注：海啸灾害资料根据消防厅灾害对策本部的资料（2014/3/1）制成。灾害前人口（2010/10）及灾害后人口（2014/3）根据 2010 年国势调查数据和各自治团体的统计数据制成。

3. 围绕防潮堤的讨论

关于灾后重建，当时讨论最激烈的话题就是防潮堤。东日本大地震造成的海啸，其规模被认为是千年一遇。2011 年 6 月的中央防灾会议，提出了今后海啸防灾对策的基本方案。此种规模的海啸，不能仅凭防潮堤进行防御，而要以居民的避难为中心，完善土地利用、避难设施、防灾设备等软硬件设施，采用一切可能的手段，建立应对海啸的综合机制。三陆沿岸重新修建的防潮堤的高度，以能够抵御几十年到百年一遇的海啸为目标，每个地区修建的高度各有不同。比如位于国家公园的高田松原（陆前高田市）是 12.5 米，小田的浜（气仙沼市）是 11.8 米。所修建的防潮堤的高度最终由海岸管理者（主要是县里）来决定。

很多地区已经开始修建工程，但也有一些地区以无法看到大海会有不安，因而会以影响自然景观等为由没有最终达成一致。

4. 国家公园对防潮堤的处理

国家公园内的防潮堤的修建工程，以减少对自然环境及风景区的影响为指导方针，有的地区在这一指导方针之下开始修复，也有的地区由于海岸管理者和居民之间未达成一致意见目前还处于协调期，还有的地区决定接受居民的意见，沿用之前的高度进行修建。各种灾后重建项目，能够反映当地居民的意见很重要。但如此一来，海港及道路等基础设施即便重建，也有可能会变成缺乏生活气息的地区。在此背景下，国家公园能够发挥什么样的作用呢？我认为应从土地利用以及打造富有魅力的地区这一视角来进行本质上的探讨。

（二）从防灾和灾后重建的角度看国家公园

国家公园面对自然灾害应当如何发挥其作用？我将从具体对策角度来进行探讨。

1. 防灾方面的作用

（1）作为缓冲地带的作用——从土地利用的角度看

在考虑土地利用如何更有效应对自然灾害时，位于自然与人类居住地区之间的国家公园其作用之一是具备了缓冲地带的功能。海啸、洪水等自然灾害的威力在缓冲地带得到控制或者减缓，使其对人类居住地区产生的影响最小化。我们希望缓冲地带一方面可以接纳来自自然的干扰，另一方面也能够享受自然带来的恩惠。比如，我们考虑保留河流临时蓄水的空地、内海沿岸的芦苇地、海湾内部退潮后的海滩，同时有效利用芦苇以提供鱼类和贝类的生存空间等。此外，将这样的地方作为环境教育的一环展示给大家，人们可以通过品尝海鲜等活动来感受自然的恩惠，这些体验活动也可以作为游客观光的卖点。

在三陆沿岸，由于强烈地震造成了地基下沉，有很多居住地和农田变成了湿地。我认为将这样的地方定位为缓冲地带，依赖自然自身的恢复能力的土地使用办法是很好的。当然，这还需要获得土地所有者的同意。灾后三年，关于重建工作有各种意见产生的今天，如果有一个地方能够建成上述的缓冲地区，那么它作为国家公园的新典范，其意义将十分重大。

（2）从设施完善的角度看

重建园地、露营地、步道时，可以参考以下几点：

· 确保从海水浴场、村落到高处的避难路线；

· 发挥露营地作为初级避难场所的作用，需要储备水和防灾食品，准备生物能源设施；

· 设置太阳能发电的照明设施和避难时的疏导标识。

为吸取以往海啸灾难的教训，树立纪念碑、向来访者展示由于海啸被冲上岸的石头、灾后遗址等，这些方法也很重要。比如，宫古市旧中的浜露营地内就修建了地震灾害纪念公园。这里展示着被海啸摧毁的厕所及食堂大楼，显示出海啸的巨大威力。另外，公园还用地震灾害后的混凝土瓦砾堆积成了小丘，站在小丘顶部时，能够真实地感受到海啸的高度。

像这样在设施完善方面的具体对策，对今后新型国家公园的建造来说具有很大的参考价值。

2. 灾后重建方面的作用

促进交流人口的增加

国家公园在自然灾害重建上发挥的巨大作用就是吸纳游客（即交流人口的增加），使地区经济重新焕发活力。三陆复兴国家公园及时修缮了公园使用设施，还早早修建了连接南北受灾地的"沿岸观潮小径"，为地区的复兴作出了贡献。这一过程中，从陆中海岸国家公园时代的"风景探索型"转移到带有重建意识的"人与自然的关系探索型"的角度是很重要的。灾区民众担心灾难会被逐渐淡忘。所以，不只是单纯地增加游客数量，而是让来访者亲眼看到灾后重建的过程，即通过与灾区民众的交流使得双方都能够得到重新振作的勇气和希望，这样的重建很重要。国家公园就是一个提供此类交流场所的绝好舞台。在八户市正在修缮中的种差海岸游客服务中心，来访者在此不仅可以购买当地的特产，也能够与当地居民进行交流。此外，作为"沿岸观潮小径"的北大门，将来也能够发挥信息交流场所的作用。

（三）从景观的角度看国家公园

至此我已经从防灾和重建的角度对本公园的新作用进行了陈述，接下来我想对预计今年编入国家公园区域的南部地区景观进行探讨。

1. 海岸地形的连续性

如上所述，北部地区的编入已经完成，现在正在向着编入南部地区的南三陆金华山国定公园的方向推进。从气仙沼市到石卷市牡鹿半岛，这片预计编入的地区有自己独特的景观特征——宫古以南绵延的海岸线与其交汇的断层被侵蚀、浸水，形成了复杂多样的里阿斯式海岸。这与国家公园既有的里阿斯式海岸形成了一体化的景观，包括海上的各个岛屿在内也被指定为国家公园。同时为了助力灾后重建，预计会配置"沿岸观潮小径"及瞭望设施、游客中心等设施。

2. 里山里海*的景观

该地区内有大片与人类活动息息相关的山、海景观。在陆地一侧的海湾，排列着牡蛎筏和固定网，从沿海的村落到其背靠的山间地带，农田、人工杉树林、柏树林、杂木林星罗棋布。在由于灾害导致一些村落难以维持的背景下，要如何维护像这样的里山里海的景观呢？为了加强森林、山野、河流、大海的连接，实现绿色复兴的理念，加强与包括公园区域以外的利益相关者以及其他团体之间的合作成了关键。

四、三陆复兴国家公园的新形象

图1对以上所讲述的灾害带来的问题和三陆复兴国家公园的作用与工作方

---

* 　里山里海：指日本传统乡村景观和渔村景观。

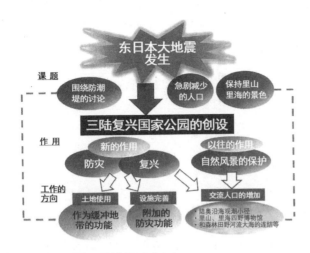

图 1　三陆复兴国家公园的作用和工作方向

向进行了总结。三陆复兴国家公园所做的工作还远远不够。在以灾后重建为目的的基础上，得到地区居民的理解，设置能够承受自然的干扰并能充分发挥大自然的恢复能力的缓冲地区，将由此获得来自自然的恩惠最大化，并尽可能地推广和应用这样的方法。伴随着气候变化，自然灾害也变得多发且规模变大，在此背景下，仅仅在硬件方面抵御自然灾害其作用十分有限，如何更有智慧地与自然灾害相处更为重要。另外，不应仅仅停留在防灾、重建的视角上，三陆复兴国家公园所致力的工作，即使是在人口减少、老龄化加剧的其他国家公园中，也能够作为一个参考。

在三陆所尝试的"防灾、灾后重建与国家公园"这个想法，在国家公园 80年历史中属于首次提出，同时也作为国家公园新的支柱理念登场。我相信如果能经得住实践中的各种失败，多积累经验，就一定能发掘出国家公园的新的可能性。

鸟居敏男

（原载于《国家公园》2014 年 7 月刊）

第五章　国家公园"阿苏"

番匠克二

一、国家公园成立之初对"草原"的认识

"拥有火山国日本的代表性风景的阿苏国家公园，很早就被认为是最能大放异彩的国家公园。在动辄以纤细与优美为特色的日本风景之中，阿苏显得过于雄伟壮丽"。

这是 1934 年 12 月，阿苏国家公园成立之时，九州《日日新闻》刊载的田村刚说的一段话。它表明阿苏国家公园是以其火山主题被指定为国家公园的。在指定当初的《国家公园》杂志上，国家公园委员会委员肋水铁五郎表示，阿苏国家公园不仅拥有火山以及风景名胜，他还写到"阿苏独特的风景魅力能够在外轮山上及中岳的登山过程中得以尽享"。可以看出，审定国家公园的相关人员对阿苏的火山（火山口附近）及对火山盆地地形的视觉景观给予了很高评价，对于其构成部分之一的草原（原野）却几乎没有留意。

然而，在内务省从事国家公园指定调查工作的森蕴指出"日本的国家公园很大的一个特色在于有着端庄美丽的火山地形以及装点其中的原野景观"，同时他也提到"将原野的利用设定为主要建设目的的国家公园有三个，分别是九州的云仙、阿苏和雾岛"。从那时起，阿苏的原野面积在国家公园的原野面积中已经是最大的了（表 1）。他同时也提到了对于原野之美的保护，可以看出当时对于阿苏的原野景观是有一定的认识的。但是记述重点却不是阿苏的草原，而是和云仙、雾岛、大山、富士箱根、日光等地一起被提及而已。可以说阿苏的草原并没有作为一个特殊的存在而得到重视。

国家公园名称	总面积（公顷）	原野面积（公顷）	原野面积与总面积的比率
阿寒	88000	7000	8%
日光	57900	8000	15%
富士箱根	57500	6300	11%
	10500	3150	30%
阿苏	67800	28800	50%
云仙	13000	1400	11%
雾岛	21560	2400	12%

出处：日本国家公园的原野风景地（森蕴 <1937>：造园杂志 4<1>,15-25）

二、草原的价值与危机

阿苏现在也有广阔的草原。有历史记载以来，草原的大部分地区都是依靠人类维护和管理的次生草原（以芒草为主）。这里的草原主要由"刈割""放牧""烧荒"等人类活动而形成，因其历史悠久，被称为"千年草原"。

阿苏的草原自被指定为国家公园之时起，就以牛马遍地的千里草原景观而出名。在阿苏火山盆地北面的外轮山之间重叠起伏的草原景观、在中央火山口群山之间展开的优美草原景观，这些阿苏独有的景观成为九州最有代表性的自然资源。

另外，草原的各种动植物又构成了具有草原特色的生态系统。在割草场地，生长着糙毛蓝刺头等冰河期时从大陆漂移过来的植物；在放牧地，生存着大紫琉璃灰蝶等草原蝴蝶。草原湿地，起伏的地形，樱草等植物大片簇生着，不同的草原环境交织在一起，使阿苏草原成了生物的宝库。

这样的阿苏草原在被指定为国家公园之时虽然拥有大面积广阔的草原，却并没有受到特别的重视。但随着石油能源的转换及河流的固定化，日本全国的草原面积大幅度减少，这使得阿苏的草原景观最终成为日本最具代表性的草原景观。此外，由于保护生态系统及生物多样性逐渐受到重视，对于那些喜欢充足阳光和明亮环境，但其生存空间却急剧减小的动植物来说，阿苏草原的生态系统显得更加弥足珍贵。

如果人类停止维护和管理草原的活动，任由草木自由生长的话，阿苏草原就会变成灌木丛或者森林。但是从历史上看，由于人类活动得以维持的这片次生草原，无论其规模还是质量都是值得在全世界夸耀的，是自然与人类共生的产物。

阿苏的大部分草原至今仍然以"牧区公社"的形式成为实质上的共有土地（按照公有土地作登记），虽然放牧的牲畜数量逐渐减少，但这种形式还一直维持着。烧荒是管理芒草草原的一项重要内容，为了保持相对广阔的面积，如今的烧荒不得不借助一些志愿者的力量。即便如此，阿苏草原仍然维持着以当地为中心的管理模式，这与其他地区相比是相对健全的模式。

但是，现在的阿苏草原，也存在牧牛数量减少，草资源价值降低，外来牧草引发的草地人工化等问题。另外，由于小规模的人工林地的增加，为了防止烧荒时火势的蔓延增加了防火带的长度，这却给烧荒带来一定的困难，导致芒草草原的面积逐年减少。而且，随着农业和畜牧业从业人员的减少以及老龄化的加剧，未来的草原面临着无人维护、大面积丧失的危机。

在这样的背景下，环境省开展了保护草原（即以芒草为中心的野草地，注1）的相关工作，并从2003年开始了阿苏草原地区自然再生项目。

三、"阿苏草原再生"——构筑全员参加型的模式

在环境省的多项调查以及参考一些示范项目的基础上，以自然再生推进法为指导，2005年12月，由103个团体及个人组成的自然再生协议会，即阿苏草原再生协议会正式成立。草原的再生必须以当地为中心，由很多人共同协作才能够完成。因此，协议会听取了来自当地团体（牧区公社等）及志

愿者等"一直在现场的人"的第一手资料，以全员参加草原再生项目为目标并进行了各种准备工作。为了实现此目标，从下面列出的协议会会员招募条件中也可以一窥端倪："赞同《阿苏草原再生协议会设立意向书》的主旨，能够持续参加保护、恢复、维护和管理阿苏草原的相关活动的个人、团体或法人"。

招募条件还记述了"针对阿苏草原的恢复，已经做过的活动或即将要进行的活动内容"这样一栏，表明了对活动实践经验的重视。因此，与其他协议会不同，这里的协议会在会员的招募、组成以及角色分担等方面，对所谓的专家没有特殊待遇。也就是说，此协议会成立的基础在于专家也需要有实践经验，进行相关调研活动时与其他会员处于同样立场，享受同等待遇。

阿苏草原再生协议会能够以此种形式成立的原因在于，迄今为止的烧荒、轮割防火带等志愿活动中，牧区公社的成员与城市居民之间已经逐渐形成了一种信赖关系。正是以这样的活动为背景，全员参加型的活动才成为可能。2013年3月，协议会扩容至234个团体以及个人参加、有协议会员加入的牧区数量也大幅度增加。由于活跃在当地的牧区公社的成员及志愿者的积极参与，草原再生工作成为全员参加型的项目并不断扩大。

四、牧区公社所制定的"野草地环境保护实施计划"——通过公共事业实现对次生草原的保护与再生

阿苏草原再生等国家公园的自然再生项目，是环境省直接管辖的公共事业。在环境省，能够持续投入大量预算的项目都是阿苏草原再生项目这类公共事业。自然再生项目，是为了恢复自然而完善"设施"的事业，无法进行野草地的维护和管理。即便可以，由环境省来一直管理用于放牧等农牧业经营的草原也是不合理的事情。

因此，阿苏草原再生项目的结构如图1所示。首先，实际上对草原进行维护和管理的牧区公社等得到环境省的支援，制作"野草地环境保护实施计划（现

为野草地环境保护计划）"（注2）。然后基于这个计划，由环境省负责建设可以减轻草原维护和管理工作量的相应设施（包括对应的土地）。也就是说，整体结构是以支持民间活动为目的的国家直接管辖的公共事业。

虽然阿苏草原再生项目和一般由国家建设管理、直接管辖的项目有不同的组织结构，但是从以下方面来看，目前的结构也有很大的好处：①能够将更大面积的草原（野草地）作为项目对象；②在制作野草地环境保护计划的过程中，当地公社成员重新认识到草原的历史及价值，有利于地区自豪感的形成；③由此产生的责任感，有利于野草地的环境保护工作的持续开展。

实际上，野草地环境保护实施计划的对象在2012年扩大到25个牧区，总面积达到了7496公顷（野草地面积为5041公顷）（表2）。这一数字超过了阿苏地区牧区面积的30%，也超过了山手线内的面积（约6300公顷），如此大面积的草原景观的维护与再生被列入计划。另外，由于牧区公社成员意识的变化，加之他们在各自地区的学校里学习草原环境知识等，与草原建立亲密关系的新动态已经出现。

牧区公社与环境省联合制定的计划

野草地环境保护实施计划

- 牧区利用·管理的过程、植物分布、动植物的生存·繁衍状况、牧区内的地名与由来
- 草原各区域的利用·维护和管理方针
- 今后必要的管理、改造计划等

↓

- ●继续由牧区公社进行野草地的再生、维护和管理活动
- ●由环境省实施作业道路建设、小规模林地的去除等工程

↑

项目效果的检查验证·监测

- 维持省力化管理、牧区的利用状况
- 生物多样性相关的监测等

图1　基于计划的项目实施流程
出处：阿苏草原再生简讯 No.20（2010.12）

制定了野草地环境保护实施计划的牧区一览表　　表2

制定年度	牧区公社名称	牧区面积（公顷）	野草地面积（公顷）
2005	木落牧区公社	737	527
2006	狩尾牧区公社	638	444
2006	长野牧区农业合作社	225	40
2006	日之尾牧区公社	175	145

制定年度	牧区公社名称	牧区面积（公顷）	野草地面积（公顷）
2007	新宫牧区公社	263	136
2007	町古闲牧区公社	429	135
2007	村山牧区公社	150	100
2008	二塚牧区公社	82	53
2008	小堀牧区公社	101	90
2008	池之窪牧区公社	136	95
2008	（农）汤浦牧区	443	372
2009	跡濑牧区公社	258	100
2009	三闲牧区公社	308	230
2009	（农）黑川牧区公社	1410	960
2009	中松牧区公社	553	529
2010	泉牧区公社	214	164
2010	根子岳牧区公社	72	49
2010	西原牧区公社	110	105
2010	下荻之草牧区公社	61	49
2011	石原野管理公社	260	200
2011	古闲牧区公社	216	116
2011	下碛牧区公社	68	30
2012	立山牧区公社	167	90
2012	一区牧区公社	312	240
2012	下市牧区公社	63	42
制定计划的牧区（25个）面积 占阿苏地区牧区面积的比率		7496 34.1%	5041 32.1%
阿苏地区牧区面积（174个公社）		21986	15690

出处：第二期阿苏草原自然再生项目野草地保护·再生事业实施计划（2013.3）

牧区公社最初制定计划时使用"野草地环境保护实施计划"这个名称还是有一些疑义的。虽然牧区公社是维护和管理草原的主体，但他们也以经营农牧业为目的。对农牧业经营来说人工草地也很重要，而这个计划的名称让人感觉仿佛要把人工草地排除在外，因此对该计划的制定产生了疑虑。畜牧业的持续发展有赖于草原的维护和管理，实际上我们在制定计划的时候，并没有否定人工草地的利用。但在与牧区公社成员的交谈中，他们是否对上述计划名称完全没有抵触情绪呢？对于这一点，说实话我们并没有信心。

实际上，这个工作的展开比我们想象的更顺利。由于"野草地环境保护"这个目标是明确的，而且此名称与环境省的初衷也是一致的，所以得到了大家的认同。接下来有一些牧区公社率先行动起来认真地制定计划，并推广到很多牧区公社。在制定计划的时候，为了巩固和历史悠久的野草地的连接，我们对草原的植物也进行了调查，对牧场过去的管理状况以及渐渐消失的地名也进行了记录。通过这样的工作，我们希望能够加深人们对这片自古以来支撑着人类生活、环境丰富的野草地的热爱，希望大家能够持续自主地维护和管理这片草原。

牧区公社的成员们是维护和管理草原的主力，然而他们的数量逐年减少，老龄化问题也日益严重，整体状况并不乐观。野草地环境保护实施计划一般是5年计划，我们还需要在当地培养能持续地对草原进行维护和管理的意识。基于这一理念，我们尝试在阿苏草原再生项目中推进以火山盆地当地的孩子为主要对象的草原环境教育。这一理念也是阿苏整个牧区顺利推进草原再生计划不可或缺的因素。

五、重新构建草原与当地居民之间的关系

环境省的自然再生项目在日本全国的 7 个地方正在实施，但是正如之前描述的，阿苏的项目有它独特的一面，因而受到很多关注。

为了保护次生的草原环境，如何去评价、支持和帮助这里的人，使他们能自发地开展草原的维护和管理工作，这是一件很重要的事。在阿苏，在宣传野

草地的价值与保护野草地的重要性的同时，为了达到这个目的，在牧区公社等制定计划之后，我们还要支持计划的实施。通过这样的活动，我认为可以重新构建草原与国家公园以及与当地居民之间的关系。

日本的国家公园管理，与当地居民及相关人员的生产生活活动密切相关。与次生的草原环境管理一样，我们希望大家能够自发地制定计划并参与管理活动。我们希望在公园持续进行各种事业的相关人员不是仅仅遵守规则，而是也可以主动制定计划，开展各项活动，我们相信使之成为可能的时代已经到来。我们也需要探讨使相关人员制定的措施成为可能的组织架构。

另外，国家公园的一些规定，有可能使与草原关系的重建存在一定的困难。阿苏实施了以草原环境教育为代表的各种措施，希望重新唤起人们对于已经脱离了现代生活的草原（野草地），和在那里生存繁衍的植物与昆虫的关注。但是，一方面对当地的孩子们进行草原环境教育，另一方面当孩子出现无意摘花这类行为时又会受到《自然公园法》上明确规定的限制。孩子们在草原上玩耍的过程中，这些限制是否会阻碍到他们对草原的情感和理解的加深呢？为了让孩子们从小就对草原产生感情，也为了下一代能够继续保持这种守护美丽富饶的草原的情感，有必要从公园的规定、从制度的角度梳理当地居民与自然之间的连结。

最后，我要衷心感谢推动阿苏草原再生项目的各相关人员。另外，本文中所涉及的内容并不代表作者所属组织的意见，特此声明。

番匠克二
（原载于《国家公园》2014 年 5 月刊）

（注1）从阿苏草原再生项目开始时，我们就将需要人工维护和管理的非天然草原记述为"野草地"了。另外，将经过改良的草地记述为"人工草地"。因为使用的词语不同，当地人接收到的印象也会完全不同。
（注2）当初的"野草地环境保护实施计划"这个名称，是参考自然再生推进法之后形成的。此法规定制定实施计划之后须上交给主务大臣，然后听取自然再生专家会议的意见。我们曾希望由进行农牧业经营的牧区公社制定的"野草地环境保护实施计划"也能上专家会议，但实际操作存在很多困难，最终未能实现。

第六章　奄美国家公园

小野寺浩、阿部宗广

一、本文的目的

位于奄美群岛冲永良部岛北端的国头小学的院子里有一棵大榕树。树高 7 米，不算很高，但其树冠直径近 22.6 米。走近观瞧，就能看到大榕树被许多的铁管和旧轮胎支撑着。根据看板上的介绍，这棵树是 1898 年小学建成那年的毕业生栽种的，历经了一代又一代人的培育。在 116 年的漫长岁月里，大榕树经过教师、学生、父母、兄弟姐妹以及当地人的悉心照料，长成了今天的样子。

"共生"一词，指的是人与自然处于一个良好平衡的关系中。这个词被当作环境保护的基本理念已经超过 20 年了。但我认为"共生"的思想基础是 116 年悉心照料的时间，也是存在于当地人心中的一种情感。

这次我们来写奄美国家公园。虽说奄美目前还是国定公园，但奄美被指定为国家公园以及登录世界遗产名录的各种认证工作正处于白热化阶段。

提及奄美的目的在于，第一，探讨在奄美发现的新风景；第二，思考地方与国家公园的新型关系。

二、世界遗产和国家公园

2013 年 1 月 31 日，日本政府向联合国教科文组织在待定名单中提交了奄美的世界自然遗产的申报书。同年 12 月 26 日，由专家组成的科学委员会提出将奄美大岛、德之岛、冲绳本岛北部的森林地带以及西表岛也列入申请候选地。目前看来申请成功最快也要 3 年之后，现在申遗的各项工作正在紧张进行。

之所以预计花费 3 年的时间，是因为首先要把现在的国定公园扩展成为以森林为中心的国家公园之后才能办理正式申请手续。

此处的自然环境从世界范围来看是出色且典型的代表，这是成为世界自然遗产的首要条件。其次，此处的自然环境要受到该国制度的保护，这是第二个条件。无论是从哪一条看，奄美大岛和德之岛的森林都是完全具备的。

三、新的风景——奄美

（一）奄美是什么

1. 奄美的布局和形成

奄美群岛位于九州本土和冲绳本岛之间，南北长 200 千米，由奄美大岛、喜界岛、德之岛、冲永良部岛、与论岛五岛组成。从北部的奄美大岛到九州本土距离 387 千米，从最南端的与论岛到冲绳本岛北端距离 23 千米。奄美大岛面积 71248 公顷，是群岛内面积最大的。与论岛面积 2047 公顷，面积最小。奄美大岛的面积在全国的岛屿当中仅次于面积 85414 公顷的佐渡岛。群岛上居住着约 12 万人。奄美大岛和德之岛的面积约占群岛总面积的 9 成，人口占近 8 成。

奄美群岛与冲绳及小笠原群岛一样，同属亚热带气候，位置在最北部。受到季风地带以及流经岛屿北部的黑潮暖流的影响，它虽然处于亚热带地区，却十分罕见地拥有丰沛的降水量，年降水量可达 2000 ~ 3000 毫米。

五个岛屿之中，奄美大岛与德之岛是 1000 万年 ~ 2000 万年前从海底挤压上来的花岗岩岛，喜界岛、冲永良部岛、与论岛是隆起的珊瑚礁岛屿。2000 万年前它们都是与大陆连接在一起的，后来历经反复地隆起与沉降，最终形成了现在的样子，它们作为岛屿与大陆分离也是在一万几千年前的事了。

奄美群岛一览表　　　　　　　表1

	总面积 （公顷）	人口 （人）	森林面积 [公顷（%）]	农地面积 [公顷（%）]	最高海拔 （米）	观光者数 （人）
奄美大岛	81255	67624	69389（85.4）	2183（2.7）	694	232315
喜界岛	5693	8333	1063（18.7）	2210（38.8）	204	24556

	总面积 （公顷）	人口 （人）	森林面积 [公顷（%）]	农地面积 [公顷（%）]	最高海拔 （米）	观光者数 （人）
德之岛	24777	26440	10961（44.2）	6880（27.8）	645	65792
冲永良部岛	9367	14061	959（10.2）	4510（48.1）	240	40794
与论岛	2047	5581	82（4.0）	1060（51.8）	97	37073
群岛合计	123139	122039	82（67.0）	16843（13.7）		400530
	2009 年数据	2009 年数据	2008 年数据	2008 年数据		2006 年数据

出处：根据鹿儿岛县《奄美群岛的概况》等作成（奄美大岛包含了吕麻岛、请岛、与路岛）

2. 奄美的生物多样性、历史与文化

形成今天奄美群岛如此格局的主要原因在于其天然形成的特点。从奄美的生态系统、物种特征看看，固有种中有植物 72 种、动物 1147 种（其中昆虫 1038 种），濒临灭绝的物种中有植物 246 种、动物 242 种。如果从奄美群岛的总面积不过占日本国土面积的三百分之一来考虑的话，无论哪一类的物种数量都是巨大的。一般认为这些在大陆上产生的物种经传播来到奄美地区，虽然有的物种在大陆上已经灭绝，但在奄美这个岛屿封闭的空间内，它们独自进化并最终生存下来。其中一个典型例子就是奄美的黑兔。

处于南北过渡地带也造就了这个群岛的生物特征。植物的北部物种 239 种，南部物种 97 种。

奄美的历史也很有特色。它长期持续着古代流传下来的群居生活方式，15 世纪初纳入了琉球王朝的宽松管理。1609 年开始被岛津接管。岛津藩强制推行甘蔗种植和藩内财政改革，进行了榨取奄美的激烈行为。

从奄美群岛的地理位置及历史沿革看，岛文化也很复杂且多层面。比如岛屿的民谣音阶，奄美大岛、德之岛是大和音阶，而冲永良部、与论却是琉球音阶。群岛的自然环境在从南到北的诸岛中逐渐变化，以自然为基础形成的文化也同样按照这种方式逐渐过渡。

（二）奄美的新风景

与被称道的其他风景相比，奄美风景的特征有以下三点：①岛屿的海岸和海域的风景；②亚热带常绿阔叶林（照叶林）以及特殊的生物物种等生态风景；③人与人之间深厚的联系，即环境文化的风景。

1.海的风景

奄美群岛是位于东海的诸岛屿，由从海底被挤压上来的花岗岩为主的奄美大岛、德之岛以及隆起的珊瑚礁为主的喜界岛、冲永良部岛、与论岛构成。前两个岛屿由于反复的上升与沉降作用拥有了典型的里阿斯式海岸，海蚀崖也是其景观特征之一。沙滩和珊瑚礁是后三个岛屿的主要特征。因此，1974年，奄美群岛以其独特的海洋及海岸风景被指定为国定公园。

2.森林的生物多样性

现在作为国家公园和世界自然遗产候选地的奄美，着眼于森林特定的生态系统和本地物种。

岛屿上的土地面积狭小，农林业持续占用森林的部分面积也是不得已的事情。大部分森林是次生林便证明了这一事实。在占群岛森林面积97%的奄美大岛和德之岛的常绿阔叶林中，天然林分别只占6.5%和3.5%。这一数字与全国19%的天然林比率相比很小。奄美的森林里几乎都是栲属和栎属常绿乔木的萌芽林以及琉球松。

但是，即使亚热带常绿阔叶林具有旺盛的再生能力也需要花费30～40年复原，现在至少森林的样貌从外观上已经逐渐恢复。大部分原有物种及濒临灭绝的物种在森林或森林中的小河周围星罗棋布，一点点划分出各自的生活空间悄然共生着。

3.文化风景

一直到半个世纪以前的1956年，这里的人们使用的主要燃料还是薪柴和木炭。"二战"后为了制作纸浆，这里进行了大规模的森林砍伐。但另一方面，由于这一地区对于森林和大海在宗教和风俗习惯上有一种传统的自然保护意识，它很好地维护了开发和保护的平衡，基本防止了乱开发现象。

（三）风景的变迁、新风景的发现

奄美的风景，以往并没有得到专家和国家公园相关人员的一致肯定。专家的主流观点认为这里绵延的山丘、常绿阔叶林、岛屿、海岸和海洋风景在规模和地形上都缺乏变化。

在此之前，对那些以富士山、中部山岳·上高地为代表的海拔 3000 米以上的高山给予高度评价，一直是日本国内进行景观评估、判定国家公园的一个基本思路。

1952 年国家公园的判定标准出台。从中可以看出，在国家公园选定时的评估基准中，地形占了 60 分，而地表也就是植被，被赋予了地形一半的价值，也就是 30 分。这个判定标准虽然是"二战"后制定的，但也可以认为它是沿袭了自 1931 年国家公园成立以来形成的风景观。

此后虽然在 1971 年追加了野生动物、海洋动植物、海洋地形，2002 年追加了生物多样性这几项标准，但却并没有迹象表明要对景观的评价标准进行重

自然公园判定要点（1952 年 9 月）

在出色的自然风景地当中，具备下述要点的可以被判定为自然公园。

第一要件——景观

一、国家公园 在相同的风景类型中不仅可以代表日本的风景，从世界范围看也是值得骄傲的出色的自然风景。

二、国定公园 参照国家公园的景观描述并有出色的自然大风景。

三、都道府县立公园 可以代表都道府县的出色的自然风景。

注：第一要件的判定

1. 根据自然风景地的景观特征将其各自分类为不同的风景类型，在类型之下再判定景观区。

2. 对于各景观区的景观，要以其 A 规模、B 要素、C 壮观性、D 变化度、E 原始性为基础，对以下各项内容进行评价。

1）地形 60 分

2）植被 30 分

3）自然现象以及文化景观 20 分

合计 110 分

3. 以上述评分为基础，对景观进行排位。

图 1　自然公园判定要点

新讨论。

惹人怜爱的风景会随着时代的发展而变化。风景观的变化作为一种社会意识的变化，首先是以城市化、生活方式等社会条件的急剧变化为暗流，再加上外国人的评价、国际条约、生态学知识以及思想的普及等而发生的。

富士山，是自《万叶集》问世以来的国民景观。上高地和穗高连峰，在1893年得到英国传教士、登山家威斯顿的宣传之后，才开始受到日本国民的瞩目。屋久岛也是在1993年12月加入为世界遗产之后，才开始为人所知。

在钏路川中栖息着一种带有迷幻色彩的远东哲罗鱼；日本面积最大的湿地中混杂着低层与高层湿地等，这些专业知识和信息的普及，使更多的人得以欣赏到钏路湿地夕阳西下的美丽风光。

奄美的风景在此之前从来没有被拿出来讨论过。因为在传统的景观评估的概念里，这里被常绿阔叶林覆盖的连绵山丘过于平淡无奇。从这个角度看，奄美国家公园的建立，正是将常绿阔叶林的优美景观作为评估对象的一个开创性的案例。

四、奄美国家公园的新视角

（一）奄美群岛国定公园的现状

奄美群岛国定公园是在1974年被认定的，当时正值经济高速增长全面展开的时期。

陆地面积7861公顷，临近陆地的国家公园区域只有1千米的海面被划为普通区域，这一部分的面积有24578公顷。为了保护珊瑚礁和热带鱼而设立的海中公园（现在是海域公园）共有5处，面积为446公顷。

该国定公园的特征是一处以大海和观海胜地为中心的公园。森林，特别是奄美大岛、德之岛的中央区域的森林，基本不算在内的。究其原因，是由于私人土地较多、纸浆林采伐盛行等。特别是从国家公园的传统风景观来看，在海拔数百米的山丘上，以次生林为主体的常绿阔叶林并非是一个充满魅力的存在，并且特有物种的存在在当时的国家公园价值评估中仍处于较低地位。

（二）奄美国家公园的视角

我们现在讨论的奄美国家公园，除继承了原国定公园的区域，又将奄美大岛和德之岛的森林部分扩充进来。此前在专家和地方的讨论中提出，这座国家公园的理念：一是"生态系统型"，二是"环境文化型"。

"生态系统型"主要是对在这片森林中生长栖息的固有物种和濒临灭绝的物种等所处生态系统的保护，这一点是国家公园认定的主要依据。从重视生态系统的独特性和典型性的世界遗产的登录条件来看，这一点也是首先要考虑的。

"环境文化型"认为人与自然的密切关系构成了一道独特的风景，它以此为判断标准。这种评价方式和过去对国家公园景观附属的人文景观进行评价有所不同，它认为由自然和人类活动互相影响、累积所创造的景观本身应当作为国家公园景观的核心价值进行评估。

奄美的森林并非是未经人工干预的原始森林，而是一片被过度开发的森林。次生林所占的高比例就是最好的证明。在岛上这种完整而狭小的空间里，生活区域和自然区域重叠在一起形成了一种密切关系。耕地开发等人类活动甚至深入到了森林部分。尽管如此，奄美地区的固有物种及生物多样性还是得以保存下来。其最主要的原因是亚热带地区自然的强大复原力。但是，在自然的能力范围内利用地方智慧来缓解过度开发，也是很重要的。同时这种互相影响积累下来也产生了一种独特的景观。

五、奄美国家公园的提案——从奄美到全国

对此前所述的奄美国家公园的意义再次归纳，我们得出以下三点结论：①新风景的发现；②对次生自然的评估；③以地区为核心的国家公园。

新风景的发现，指的是由于奄美国家公园的加入，使国家公园在历史上第一次增加常绿阔叶林这种新风景。还有一种观点认为这是对此前常常被对立看待的生物多样性、珍稀物种的保护和自然景观的保护进行统一的一个契机。因为生

物多样性的保护理应考虑到整个国土，而以优美风景为对象的国家公园只是考虑一部分国土，作为两个不同的概念，二者经常被认为是矛盾的。但是，从平凡的自然到优秀的自然的过渡，理应是一个循序渐进的过程。以自然为基点对土地使用进行有序的规划，从这一点来看，两者原本是互补的。所以，可以把"综合概念"作为判断自然景观的一个切入口，这在进行土地利用的有序规划时是十分有效的。

新风景的发现，正如上述风景观的变迁所显示出的那样，也体现出日本社会意识的丰富。

对次生自然的评估，不仅是三年前在名古屋召开的 COP10[*] 上日本政府所提倡的里山的视角，也体现出奄美地区一直讨论的环境文化的想法。这个概念的建立，使得曾被从生活区域切割开来、拥有优美自然风景区域的国家公园，得以从区域整体的角度被重新考虑。

通过环境文化这一新的考察方式，把人类活动与自然相互影响的关系作为国家公园的景观而做出积极评价，呈现出与以往不同的国家公园形象和自然保护的理念。不是对山区的原始自然区域进行专属保护，而是展示一种"边利用边保护"的理念和方法，换句话说，就是让包含日常生活在内的区域整体形象与自然保护同时并存的方式。同时，这也是看待曾被专家们认定，并从地区的日常生活中脱离出来的国家公园的新的方式。

回望日本的近代发展历史，特别是"二战"后所谓的"成功"，从国土景观的视角看，却是一段无序化和破坏的历史。当下的社会已经在向缩小而成熟的方向过渡，围绕奄美国家公园的讨论，已经超越了对一个国家公园的讨论，它还是为了整顿国土利用规划、再生国土风景所迈出的重要一步。

小野寺浩、阿部宗广
（原载于《国家公园》2014 年 3 月刊）

---

* COP10：指《生物多样性公约》第十次缔约国大会——译者注

奄美群岛的基本数据

1. 土地使用面积

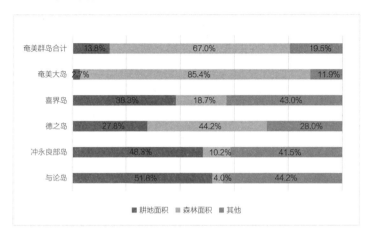

	总面积 （平方千米）	耕地面积（公顷）			森林面积（公顷）		
		水田	旱田	合计	国有林	私有林	合计
奄美群岛合计	1231.33	70	16800	16800	7894	74560	82454
奄美大岛	812.51	59	2124	2183	4133	65254	69389
喜界岛	56.93	0	2180	2180	—	1063	1063
德之岛	247.77	4	6880	6880	3760	7200	10961
冲永良部岛	93.65	3	4510	4520	—	959	959
与论岛	20.47	4	1060	1060	—	82	82

出处：奄美群岛概况（鹿儿岛县）

注：
1. 总面积来自国土地理院的调查数据（截至 2008 年 4 月 1 日）。
2. 耕地面积来自按市町村分类的数据（截至 2007 年 7 月 15 日）。在统计方法方面，合计数值可能会出现不一致的情况。
3. 森林面积来自 2007 年度的农林业的统计数据。
4. 奄美大岛的濑户内町包含了加计吕麻岛、请岛、与路岛。
5. 岛屿面积和町的总计不一致是因为町包含了偏远小岛的面积。
6. 奄美群岛的总面积是各岛屿面积的总和。

2. 人口数量的变化

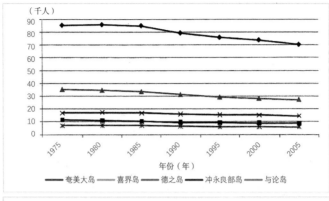

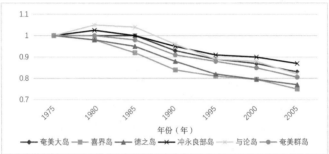

	奄美大岛	喜界岛	德之岛	冲永良部岛	与论岛	奄美群岛
1955 年	103.9	16.0	50.9	26.6	7.9	205.4
1960 年						196.5
1965 年	94.3	14.2	45.7	22.0	7.2	183.5
1970 年						164.1
1975 年	85.2	11.5	35.4	16.9	7.0	155.9
1980 年	85.6	11.2	34.6	17.3	7.3	156.1
1985 年	84.8	10.6	33.6	16.8	7.2	153.1
1990 年	79.3	9.6	31.2	16.0	6.7	142.8
1995 年	75.8	9.3	29.2	15.3	6.2	135.8
2000 年	73.9	9.0	28.1	15.2	6.1	132.3
2005 年	70.5	8.6	27.2	14.6	5.7	126.5

2008 年度奄美群岛概况
国势调查

3. 区域内生产总值

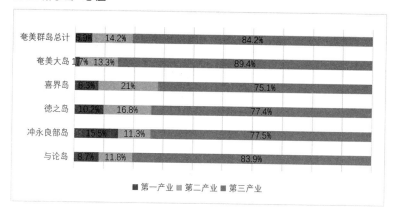

按岛屿和产业分的町内生产总值（百万日元）

	奄美大岛	喜界岛	德之岛	冲永良部岛	与论岛	奄美群岛总计
町内生产总值	191106	22325	71230	44218	14270	343149
第一产业	3185	1847	7243	6873	1240	20388
第二产业	25500	4693	11987	5004	1685	48869
第三产业	170789	16762	55118	34277	11970	288916

出处：奄美群岛概况（鹿儿岛县）

町内人均生产总值

	奄美大岛	喜界岛	德之岛	冲永良部岛	与论岛	奄美群岛总计
人口（2005）：千人	70.5	8.6	27.2	14.6	5.7	126.5
人均町内生产总值：千日元	2712	2604	2622	3039	2490	2713
各岛比较	1.000	0.960	0.966	1.120	0.918	1.000

各岛屿生产总值占比

	奄美大岛	喜界岛	德之岛	冲永良部岛	与论岛	奄美群岛总计
各岛町内生产总值占比	55.7%	6.5%	20.8%	12.9%	4.2%	100%
人口占比（2005 年）	55.7%	6.8%	21.5%	11.5%	4.5%	100%

4. 入岛者总数

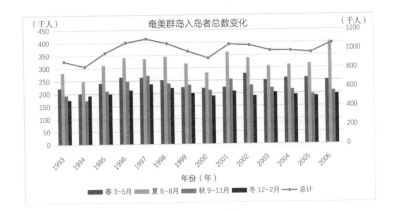

奄美群岛总计

（千人）

入岛者总数 年份 时间	春 3 ~ 5月	夏 6 ~ 8月	秋 9 ~ 11月	冬 12 ~ 2月	总计
1993 年	221.6	281.9	193.7	175.2	872.4
1994 年	200.2	249.9	173.7	192.3	816.1
1995 年	240.8	311.0	210.1	198.5	960.4
1996 年	264.2	342.2	247.5	213.5	1067.4
1997 年	263.3	336.9	270.3	236.3	1106.8
1998 年	252.5	344.8	239.3	221.2	1057.8
1999 年	223.5	317.9	233.1	200.3	974.8
2000 年	220.6	280.0	212.3	189.2	902.1
2001 年	223.3	361.6	254.5	207.5	1046.9
2002 年	276.5	339.0	231.0	189.2	1035.7
2003 年	250.9	306.5	220.4	202.6	980.4
2004 年	259.3	310.6	214.6	193.3	977.8
2005 年	260.0	316.7	195.4	188.6	960.7
2006 年	251.9	402.4	209.0	195.9	1059.2

出处：离岛统计年度报告 2008 ~ 1995 年

5. 入岛游客数

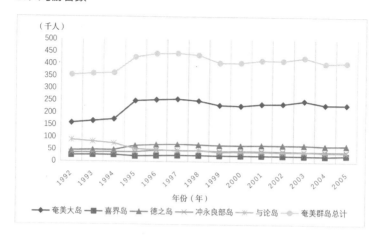

入岛游客数（推算）
（千人）

年份 游客数 岛名	奄美大岛	喜界岛	德之岛	冲永良部岛	与论岛	奄美群岛总计
1992 年	158.4	26.0	45.4	35.9	89.0	354.7
1993 年	166.2	27.4	47.4	37.1	82.1	360.2
1994 年	173.6	27.6	47.5	39.2	75.5	363.4
1995 年	248.4	22.5	65.6	39.4	51.3	427.2
1996 年	252.9	24.3	69.6	46.3	48.7	441.8
1997 年	255.8	25.9	71.5	45.9	44.2	443.3
1998 年	249.1	26.0	69.4	46.0	45.7	436.2
1999 年	231.5	25.0	66.8	42.5	39.0	404.8
2000 年	229.1	25.1	66.4	44.0	40.9	405.5
2001 年	236.7	25.3	67.9	44.1	41.4	415.4
2002 年	237.8	25.1	68.0	43.0	40.2	414.1
2003 年	249.8	24.6	68.4	42.5	41.6	426.9
2004 年	233.8	23.8	65.4	41.9	38.7	403.6
2005 年	233.9	26.4	66.4	41.3	38.3	406.3

出处：奄美群岛概况（鹿儿岛县）

各岛屿入岛游客数占比（2005 年）

岛名 游客数及占比	奄美大岛	喜界岛	德之岛	冲永良部岛	与论岛	奄美群岛总计
2005 年入岛游客数	233.9	26.4	66.4	41.3	38.3	406.2
各岛占比	57.6%	6.5%	16.3%	10.2%	9.4%	100%

6. 住宿容量

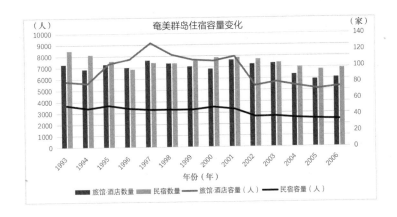

住宿容量	旅馆·酒店		民宿	
年份	数量	容量（人）	数量	容量（人）
1993 年	102	5771	119	3681
1994 年	96	5612	114	3417
1995 年	102	7317	106	3679
1996 年	98	7749	96	3406
1997 年	107	9169	104	3311
1998 年	103	8128	103	3299
1999 年	99	7679	106	3296
2000 年	96	7574	110	3514
2001 年	107	7962	110	3324
2002 年	102	5380	108	2671
2003 年	103	5709	104	2700
2004 年	89	5374	98	2551
2005 年	83	5090	95	2476
2006 年	85	5300	97	2414

出处：离岛＊统计年度报告 2008 ~ 1995 年

＊　离岛，又称外岛，意指远离主体的岛屿。日本把除北海道、本州、四国、九州之外的岛屿均称为离岛，日本自称有 6800 多个离岛，其中只有 315 个岛屿有人居住。

住宿容量及占比 \ 岛名	奄美大岛	喜界岛	德之岛	冲永良部岛	与论岛	奄美群岛
旅馆·酒店（数量）	35	8	22	11	7	83
旅馆·酒店（容量：人）	1799	241	1149	763	1138	5090
各岛占比	42.2%	9.6%	26.5%	13.3%	8.4%	100%
各岛占比	35.3%	4.7%	22.6%	15.0%	22.4%	100%

第七章　西表国家公园

野村环

大多数人都知道"西表"。一提到这个地方，大家的脑海里便会浮现出南国、热带丛林、西表山猫、最远端的岛屿之类的印象，还会满怀憧憬吧。

西表国家公园（现为西表石垣国家公园）被指定为国家公园，通过追溯西表被指定国家公园的背景和事实，我想围绕解读指定相关各方的想法，能为今后新的国家公园的指定提供一些参考，特写下此篇文章。

一、西表岛的概况（自然环境、社会环境等）

（一）西表岛的位置、地形·地质

西表岛周长约130千米，面积约289平方千米，是仅次于冲绳本岛的冲绳县内第二大岛屿。西表岛距离冲绳本岛大约430千米，与中国台湾相距约250千米，位于日本西南端附近。它与竹富岛、鸠间岛、小滨岛、黑岛、新城岛、波照间岛（以上属竹富町）、石垣岛（石垣市）、与那国岛（与那国町）等岛屿一起构成了八重山群岛，纬度与中国台湾中部、美国夏威夷群岛等大致相同，在北纬24°附近，属于亚热带海洋性气候。

整个岛的地形呈海拔400米左右的台地状。古见岳、御座岳等构成了一片平缓的山脊。河流在山间流淌，形成了一个陡峭的V形溪谷，因为这里温暖多雨，所以水量也很丰富。主要的河流有浦内川（全长18.5千米，是冲绳县内第一长河）、仲间川等。在浦内川下游大约8千米处潮水上涨，形成一片广阔的潮汐带。地质结构方面，大部分是第三纪的岩石层，因为是由页岩构成的，所以很容易被侵蚀。海岸线多是由隆起的珊瑚礁形成的石灰岩构成。

（二）西表岛的生态系统

几乎是原始林、由冲绳里白栎和长果锥等构成的常绿落叶林约占整个岛屿面积的70%，绵延2万公顷，在日本是首屈一指的森林。在潮汐带上，有着由木榄、红茄苳等构成的红树林。西表岛上生长着日本国内所有的7种红树林植物。

以1965年由户川幸夫发现、今泉吉典博士判定为新物种的西表山猫为代表，黄缘闭壳龟、八重山狐蝠、蛇雕等固有物种大量栖息在此地。位于生态系统顶端的西表山猫，它的生存所需的食物是靠多种多样的被捕食动物支撑起来的。也就是说，西表岛生态系统的一个特征就是动物之间或者动植物之间的关系作为一个整体被完整地保留下来。

西表山猫的活动范围不是原始林深处，而是西表岛的整个区域。它的主要活动范围，是从山脚到海边的低地区域。这一区域水量丰沛，沼泽、河流、红树林、湿地、草原、水田、森林的边缘地带等各种环境相互交错，还有可以作为捕食对象的各种动物在此生息繁衍。西表山猫以蜥蜴、蛇、青蛙、昆虫、狐蝠、鸟类等各种动物为食。和其他猫科动物相比，西表山猫的食物种类明显较多，这是它的一个特征。从全世界来看，西表岛对于食肉兽类来说实在是个非常小的岛，但是因为这里有丰富的生态系统和多种动物，西表山猫适应了环境、以各种动物为食物，在岛上生息繁衍。据最新调查估计，2007年大约有100只西表山猫栖息在这里。同样是离岛的对马岛，其上栖息着对马山猫，在2004年估算有80～110只，这两个物种的数量都有递减的倾向。

岛的周围有鸠间岛、西部的祖纳、白滨等，礁湖散落其间，形成了一片美丽的海中景观。特别要提到的是，在西表岛和石垣岛之间有一片东西横跨约30千米，南北纵贯约20千米的石西礁湖。这片浅海域（水深20米左右）中被确认的造礁珊瑚有363种之多，其种类和数量不仅是日本国内最多的，而且比大堡礁的330种还要丰富。

（三）西表岛的人口、产业等

"二战"前后，竹富町的总人口数量一直在将近 1 万人左右徘徊。在此之后，西表岛的人口从 1950 年到 20 世纪 70 年代后期一直持续减少，到了 1977 年就只有 1452 人了。即使是竹富町的总人口也在 1981 年减少到了 3270 人。与之相对应的是同一时期冲绳县的总人口，从约 70 万人增加到了 100 万人。西表岛的人口通常占竹富町的 4 成以上，进入平成年代（平成元年：1989 年）之后更是超过了5 成，并且还在不断增加。西表岛的人口对竹富町整体的人口动态起到了很大作用。作为八重山诸岛中心的石垣岛，它的人口在战前曾减少到了 2 万多人。"二战"后又转为增长，在 1965 年达到了 41315 人，虽然是"二战"前的大约 2 倍，但这之后又开始减少，在 1975 年减少到了 34657。在这之后又有了逐渐增加的倾向，在 2014 年 12 月增加到了 48910 人。再来看西表岛的年龄构成，2003 年 3 月末 65 岁以上的人口约占 19%，但是到了 2014 年 3 月底就减少到了大约 17%。在此期间岛上人口增加了约 200 人，由此可知育龄人口或者说年轻人的数量是在增加的。与此相对，大致在同一时期，全国 65 岁以上人口从大约 20%（2005 年）增加到了大约 25%（2013 年）。

关于产业方面，虽然没有单独针对西表岛的统计，但竹富町整体在 1965 年之后，第一产业始终持续走低，第三产业持续增长，第二产业则发展平稳。到了 2010 年，从事第一产业的有 407 人，第二产业 150 人，第三产业 1574 人，其中第三产业约占四分之三。西表岛的游客数，到 1985 年之前还不到 10 万人的程度，但到了 2007 年就已经超过了 40 万人。在此期间，冲绳县整体的游客人数从大约 200 万人增长了三倍达到了 600 万人，由此可见西表岛的游客增长速度比冲绳县还快。在 2008 年的雷曼事件之后，虽然游客人数开始减少，到 2011 年减少到大约 25 万人，但在此之后又有了回升的迹象。而且，竹富町整体的游客数的变化，是与竹富岛、西表岛、小滨岛的变化相关联的。

再来看同时期的町内土地利用的变化。包括占据广阔面积的西表岛原始常绿阔叶林在内的森林面积，通常保持着八成的程度，没有太大的变化。虽然游客数大幅增加了，但是却并没有为此而进行使得土地利用比例发生巨大变化的大规模开发。

二、西表国家公园的指定背景

（一）琉球政府管理下的自然公园指定

"二战"后，在被 GHQ（驻日盟军总司令）占领的冲绳，开始施行由琉球政府制定的政府立公园法，这和《自然公园法》（1957 年 10 月 1 日施行）大致在同一时期。冲绳开始着手设立自然公园。在政府立公园审议会的讨论中，西表岛仲间川沿岸与北部山林、盐屋·羽地内海、名护恩纳海岸、与胜海上、南部战争遗迹一起，作为候选地被筛选出来。审议会认为有必要由专家进行详细的实地调查，但因为八重山地区的实地调查一直没有开展，因而在最初的政府设立公园认定中，只有冲绳海岸、南部战争遗迹、与胜海上这三座公园在 1965 年被认定。之后西表才被指定为政府立公园，因此被拖延了一段时间。

（二）关于西表岛被指定为国家公园之前的一些事件

无论是"二战"前还是"二战"后的八重山诸岛，都不曾遭受过太平洋战争的侵袭，特别是西表岛，因为曾经爆发过疟疾，所以没有进行过大规模的开发。它的确是日本西南端的一座孤岛，作为野生动植物的乐园，历经了漫长的岁月。"二战"后，这里作为一片有望进行林地开发、农地开发的土地，在 1953 年，琉球政府与八重山开发股份有限公司签订了 50 年内允许采伐 18000 公顷森林的协议，并在 1960 年派出了日美联合调查团，为了从人口密集的冲绳本岛进行人口的迁移以及冲绳的经济自立，出台了对未开发岛屿进行开发的计划，调查团最后得出了"可以进行数万人的移居"的结论。

针对这样的举动，1966 年世界自然保护联盟进行了如下劝告："西表岛上保存着具有亚热带地区特征的自然植被，为了不破坏原始景观，一定要设立自然保护区"。日本政府方面于1970年3月，基于总理府特别区域联络处制定的冲绳技术援助计划，以厚生劳动省为中心，派遣了一支名为"1969年冲绳诸岛自然公园调查"的调查团，其中，"西表岛、八重山海域自然公园候选地景观调查"也在同时进行。

这一系列调查结束之后，各专家学者对西表岛的生态环境进行了如下评价："位于亚热带地区的西表岛是一座自然环境得以近乎完整保存的岛屿。（中略）基于预先进行的充分而科学的调查并由此得到的资料，希望能尽可能地为开发措施提供参考，以便开发之际能够对西表岛珍贵的自然环境进行充分保护，不留下任何遗憾"（东海大学教授·新野弘《地形、地质、海中景观》）。"即使是在冲绳群岛诸岛之中，西表岛也是拥有极高的自然度，且人为干扰很小的植物群落所覆盖的岛屿。因此，如果只是为了应对新时代对自然利用的要求，如果不是以西表岛整体作为国家公园来进行保护的这种决心为前提，那么将来再坚持对余下的原始林进行保护就会很困难了吧"（横滨国立大学·宫脇昭《植物生态学》）。

此外，厚生劳动省还将调查内容综合起来进行了如下评价："西表岛的常绿阔叶林，（中略）整体的植物群落的组合是极其接近于原始林的。其自然程度可以与北海道的知床、大雪山相匹敌"。还有一个问题也被提出来："今后30年，原始林的70%，也就是18000公顷将会被采伐。像这样的采伐不仅会破坏西表岛珍贵的原始林在学术、文化、休闲上的价值，还会破坏西表山猫等珍稀野生鸟兽的栖息地"。

（三）西表国家公园被指定之前本土方面的动向

由于本土20世纪60~70年代开始的旅游热潮，土地开发被急速推进。作为其应对方案，国定公园的指定被积极推行。现在的56个国定公园中，有26个国定公园是在20世纪60~70年代被指定的。环境污染成为社会问题，1971年环境厅成立。同年 9 月 16 日的自然公园审议会总会上，环境厅长官大石武一在谈到解决尾濑道路问题的同时，用下面这段话作为开场白："我想要彻底根除那种'如果是为了经济发展，为了增加国民财富，为了开发的话，破坏自然环境也是没有办法'的想法，把'为了确保子子孙孙能有一个宜居的生活环境，对于那些应当被严格保护的天然地区，开发这种事情是绝不能被允许的'这种想法渗透到全国各地"。同年 11 月 19 日，自然公园审议会的计划部召开会议，虽然当时那个场合并不是讨论仍处于琉球政府管理下的西表是否应该被指定为国家公园的时机，但是当"把小笠原、利尻礼文国定公园、足摺国定公园单独作为国家公园候选地是合适的。而且，因为冲绳境内也有像西表地区（包括八重山海域）这样有充分条件可以被指定为国家公园的地方，因此为了不让自然保护的对策方面出现空白，希望可以进行妥善处理"这样的意见汇集起来，能够感受到来自本土方面对于认定西表国家公园的强烈意愿。

不只是这些以厚生省为中心的举动，政府也在 1970 年 11 月 20 日的内阁会议上通过的对策纲要（第一次的内容）中，发表了振兴对策："关于西表岛及其周边海域要尽快讨论其公园区域、公园规划，关于必要的区域，不仅要指定为国家公园，还要配备好公园的使用设施"。

（四）指定时被认可的内容

我想从自然公园指定的必要条件这方面稍作分析。在之前指定的 23 处国家公园中，被日本人评价为传统之美的多岛海洋景观、与历史文化紧密联系的人文景观，以及基于明治维新后从国外传入的景观评估标准而定义的山地或者火山的景观美等，是此时的公园特征；而被指定为第 24 处（"二战"后第 12 处）国家公园的西表国家公园，作为"西表山猫等珍稀动物的栖息地，日本首屈一指的、有着广阔珊瑚礁景观的石西礁湖"被高度评价，是第一个把焦点放在稀有野生动植物的栖息繁殖地以及海中景观上的国家公园。

西表国家公园的指定相关的动态 表1

1945 年 3 月 26 日	美海军军政府布告（尼米兹布告）宣布西南诸岛上日本政府的行政权停止和美国军事统治的开始
1952 年 4 月 1 日	在美国的军事统治下设立了琉球政府
1957 年 8 月 30 日	琉球政府颁布的政府立公园法（立法第 56 号）开始施行（同年 7 月琉球立法院审议通过）
1962 年 12 月 18 日~1965 年 5 月 24 日	琉球政府行政主席向政府立公园审议会咨问指定候选地该审议会进行报告
1965 年 10 月 1 日	冲绳战争遗迹、冲绳海岸、与胜海上 3 个公园被认定为政府立公园
1970 年 3 月 6 日~同年 3 月 20 日	基于总理府特别区域联络处制定的对冲绳技术援助计划，实施了"昭和 44 年度（1969 年）冲绳诸岛自然公园调查"；其中也实施了"西表岛、八重山海域自然公园候选地景观调查"
1970 年 10 月	将西表自然公园调查报告进行汇总
1970 年 11 月 20 日	内阁会议决定了冲绳对策纲要（第一回的内容）其中写道："二、厚生·劳动 9 自然公园为了对冲绳珍贵的景观进行保护和利用，将对自然公园体系进行整顿。为此，关于现在的琉球政府立公园和西表岛及其周边海域要尽快讨论它的公园区域、公园规划，对于必要的区域，不仅要作为国家公园进行认定，还要配备好公园使用设施。"
1971 年 7 月 1 日	设立环境厅
1971 年 8 月	对西表八重山海域（临时名称）国家公园候选地的公园区域及公园规划（草案）进行汇总（环境厅自然保护局）
1972 年 4 月 18 日	指定为西表政府立公园（琉球政府）
1972 年 5 月 15 日	指定为西表国家公园（第 24 个）

三、从西表被指定为国家公园的经历中学到的

西表国家公园的指定正值日本经济的高速增长期，国土开发的势头涉及全国各个角落。因为担心原生自然环境迟早会有人类活动介入，知床、南阿尔卑斯、屋久岛（以上三地在 1964 年）以及小笠原（1972 年）接连被指定为国家公园。西表被指定为国家公园之际，更多地被关注的不是其自然风景，而是其生态系统的保护。在西表国家公园被指定的前后相继被指定的知床、屋久岛、小笠原，

在此之后也列入世界自然遗产名录。作为在经济高速增长时期推进自然保护的结果，这些地方在之后的年代也被再度评价并作为人类遗产而保留下来，这或许并非偶然。西表岛以列入世界自然遗产名录为导向，不断改进国家公园的公园规划。如果这个改进不断进行下去的话，岛的相当一大部分将会被划为公园区域。为了接近那时宫脇昭指出的"全岛国家公园"形象，我们至今仍在不断努力着。

野村环
（原载于《国家公园》2015 年 3 月刊）

参考文献：

从自然公园成立史的观点来看琉球政府建立公园的特征，小泽晴司（2013），景观研究 76（5）：439–442 页
昭和 44 年度冲绳诸岛自然公园调查报告，厚生省国家公园部 44 年度厚生省冲绳自然公园调查团（1970.4）
西表自然公园调查报告（1970.10）

采访之一：一切从现场开始

原环境厅审议官　鹿野久男

<简历>：
鹿野久男，1968 年进入厚生省。在国家公园现地工作后，任长崎县自然保护课课长、环境厅国家公园课课长、计划课课长，1998 年起任自然保护担当审议官。2000 年卸任后，历任财团法人自然环境研究中心专务理事、财团法人休闲度假村协会常务理事、财团法人国家公园协会理事长。

最初的现场（工作地点）在万座

为了重新审视国家公园这 80 年的历程，我们组织了学习会和杂志连载。虽然原则上打算用论文的形式，想要把这件事持续地做下去，不过现阶段也在考虑用采访的形式。

作为这一系列的第一回，我们想请鹿野先生来谈谈关于国家公园和自然保护行政管理的概要。请多指教。

首先，您过去为什么想要进入政府机构工作呢？

我喜欢自然，高中时还曾加入生物社团。我常听到偶尔出现在社团的前辈们提到"护林员"这个职业，渐渐地我也想成为一名护林员。这是再平常不过的原因了。

我成为一名公务员是在 1968 年，那时候环境省环境厅都还没有成立，我就进入了厚生劳动省的国家公园部。虽然三年之后环境厅成立，并被移交给自然保护局，但当时社会对自然保护关心程度不高，我完全没想到几年之后"环境的时代"会到来。

最初的一年您是在（厚生省）本部工作的吧？

是的。当初被录用以后，我先在本部做了一年的杂务，专门负责发放许可。因为那时候还没有知事委任事项（注：把小规模工作中所需的物料等的许可权限从国家下放到各都道府县的知事），所以连立一根电线杆这种事都要经过护林员、都道府县再上报到本部。我一个人一年大概处理了 5000 件此类申请。这让我对什么物料是必须要批的以及国家公园的实际状况有了更多了解。

您最初的任地是万座吧。1969 年您刚赴任的时候，当地的氛围如何？

当时的事务所兼宿舍就在滑雪场的下方，常常被误认为是厕所。没有专线电话，只有酒店的内线电话。那时候的万座还在即时通话区域之外，从东京来的电话申请要等上一个多小时才能接通（笑），就是那样一个悠闲的时代。

虽然一开始也有很多不知所措的时候，但是当地居民对护林员很友好，我和酒店、滑雪场的人都成了朋友，在我的记忆中这是一段非常愉快的经历。当时的本部对护林员管得很松，万座这里也没什么需要取得许可的申请，所以我这一年充分享受了滑雪、登山等活动。

万座是老牌的温泉胜地，作为滑雪场也有历史了。当时的万座跟现在相比有什么不同吗？

我赴任时的 1969 年正处于日本经济高速增长的全盛时期。这一时期日本国内各个旅游景点都开始涌入大量游客，万座也进行了滑雪场的扩建和酒店、旅馆的增设。

万座同时拥有滑雪场这一新的旅游景点和温泉疗养场这一古老的温泉胜地两种形象，下雪和不下雪的时候，是完全不同的两种状态。因为经营滑雪场、酒店的大资本和很久以前就在经营温泉疗养场的温泉旅馆同时存在，即便这里是很小的旅游景点，情况也十分复杂。包括草津町在内的这片区域内的人们都拥有一种"这里是国家公园"的自豪感，谁都不曾想到游客数量减少的时代也会来临，大家谈论的全都是对美好未来的憧憬。我每年都会去一次万座，但是看到它现在成了一片毫无生气的观光之地，不禁有些伤感。

去因为旅游热潮而热闹起来的十和田八幡平赴任

您到后生挂这个地方是在一年之后的 1970 年是吧？

我觉得刚刚熟悉万座的人际关系，就被调职去了八幡平的后生挂。因为赴任之后直到 6 月都在下雪，去不成事务所，不得不在鹿角的县土木事务所里摆了张桌子办公。到了冬天，又把办公桌搬到了十和田事务所（这一年在休息小屋成立了有所长在的事务所）。夏天在八幡平、冬天在十和田，我这样的生活持续了 3 年。在这 3 年里我学到了在国家公园工作的基础内容。

现在再回过头去看后生挂、十和田时代，想必您会认为当时的十和田八幡平国家公园很好吧？

日本在国家层面因为旅游热潮而沸腾起来的时期，东北地区也是如此。东北地区的旅游中心是十和田湖，因为处于旅游景点、国家公园都发生了巨大变化的时代，十和田湖也产生了关于酒店、食堂、售货亭等的大量审批业务。想来这个时期或许就是十和田湖的鼎盛时期吧！

虽然十和田湖的自然环境并没有因此发生太大变化，但是八幡平的自然景观却发生了改变，一条连接现在的岩手县八幡平市和秋田县鹿角市的高山观光

线路——盾形火山线，极大改变了它原来的样子。每天大量人群的涌入，导致山顶附近的湿地遭到践踏破坏，我曾在学生时代在那里见到的风景优美的湿地和池塘已经荡然无存。在国家公园机构毫无意识的情况下，八幡平从登山之地变身为周游景点。

尽管这一年也就是1970年召开了"公害国会"，社会发生了巨大的变化，但是在当地的感觉却并不明显。第二年，也就是1971年7月，我所在的厚生省国家公园部被改为环境厅自然保护局。

回到东京是在1973年

那之后您就在1973年回到了东京，直到1985年调职担任长崎县的课长，经过了12年，您在本部待的时间真的很长啊！

这12年里有三分之二的时间做的是国家公园相关许可的审批工作，另外在规划课也待了4年。

回到本厅以后，我真实地感受到了社会环境的变化。当时的报纸一连几天报道自然遭到破坏的内容，和自然保护团体一起曝光各地的违规行为。我因为处理别墅分售地开发、林道建设等违规行为也出差过好几次。

以尾濑道路问题为导火线，各地旅游道路建设引发的自然破坏问题遭到谴责也是这时候的事。其中，因为南阿尔卑斯超级林道问题的出现，围绕地区发展以及开发引起的自然环境破坏，在审议会上多次进行了激烈的争论。老师们激情四射的观点直到现在都留在我的脑海中。

认证工作与国家公园的现场工作密切相关，制定认证标准也是在这期间。我在计划课还做了国家公园的项目立项以及九州中央山地和早池峰等国家公园的认证工作。

关于认证标准请您说明一下。

国家公园内几乎所有的项目方案都必须取得《自然公园法》的许可认证。进行认证的时候，当地职员的意见至关重要。以前职员人数少，很多时候都是一个人进行管理。每三年的人员轮岗调动，可能会让许可认证工作的应对有些微妙的变化，即使没有变化，当地人也会对变化抱有一种不安的感觉。法律法规也不会记录那么多的细节。

另外，数十年的认证个案也让我积累了一些经验。将这些经验进行整理，制定出一个标准，尽可能让任何人都可以提前参考。

那个时候，当地数量庞大的申请指导让我变得筋疲力尽。其中，没有获得许可的项目也不在少数，因而一直在寻求一个标准，能为不断上门来拜访事务所的开发者们设立一个门槛。

认证标准得以明确公示这件事，是一次非常大的进步。但是大量出现的高度、容积率等数字指标，却导致过度依赖指标的倾向，这或许是个反面教材。认证标准的本质是为不能被认证的内容提供界限，而不是为了通过认证而订立的基准。但不知不觉之间就变成了只要满足认证标准就可以获得许可。我始终认为还是现场的实际判断更重要。

公园的保护、使用状况等实情的掌握、整备计划的制定等，也就是"调查事项"都是您亲自完成的，请问您当时是如何将它们关联到一起的呢？

和现在相比，当时的调查预算可能算是非常少的。即便如此，我们作为提出调查要求的一方也非常密切地参与了调查的内容和结果。在那项调查中要具体调查什么或者计划什么，调查的结果如何应用于当地，以及如何利用下次的预算要求等等，从设计草案的时候就都需要认真考虑。报告书的相当一部分内容也是我们自己写的，并没有完全丢给委托方做。临近报告提交的截止日期时，部门前辈就会发出号令，于是休息日也要加班写报告书，这种事情好像每年都会发生。那时候还真是有点辛苦啊（笑）。

您担任长崎县课长期间发生的有新时代意义的案例是什么呢？另外原本不喝酒也不打高尔夫的鹿野先生，在那里把这两样技术都掌握了，真是很让人吃惊啊（笑）。

回想起来我在长崎县做的县里的设施整备以及离岛调查等工作都是很愉快的。如果要举出至今尚未解决的案例，那就是县营国民宿舍的废止问题和谏早的填海造田问题。谏早问题在当时的国会上就是个大问题，在县内也引起了很大的骚乱，至今仍悬而未决。虽然具体来说是关于环境评估的话题，但直到现在我也在关注它的后续进展。

学会打高尔夫球也是在这个时候。云仙的县营高尔夫球场是由自然保护课进行管理的。这个高尔夫球场是在 1913 年建成的，因为过去高尔夫球曾是国家公园推荐的运动项目，直到 1973 年它都是公园事业中的一项。

那么我们把时期稍微往前倒退一点，请您谈谈关于甲壳虫计划的事情。我在 1981 年作为计划课的股长回到东京的时候，读了那篇报告之后感受到很大冲击。

国家公园是自然保护的管理重心

环境厅的自然保护局以国家公园为管理的重心，社会上关心的天然林采伐等问题也是关于保护自然环境的。但是，当我们放眼环顾我们的四周，可以看到城市周边的自然环境逐渐变得贫瘠。尽管城市公园等从视觉上把绿色一点点搭建起来，但是环境厅自然保护局不只是对山上的自然，而是对整体国土的自然环境都负有责任，因此为了提高城市自然环境的质量，恢复让小鸟和萤火虫等昆虫都可以生存的环境，这一动机促成了计划的制定和提案。从我个人角度来说，或许这就是一个昆虫少年的梦吧，很早以前我就想要建造一座昆虫乐园。因为抽象的计划比较难以理解，所以就制定了一个以新宿御苑为具体实践地点的计划。那是 1980 年的事情。

在那之后，后辈们在此计划的基础上，创建了自然观察森林项目。我觉得它在一定程度上发挥了作用。此后城市化的脚步一直没有放慢，虽然这个项目才只

鹿野久男

是开始，但我认为它作为城市理想状态的一个提案，在将来也会是一个重要的议题。

环境厅的成立、保护自然环境基础调查的开始，第一次让人们对国土整体的自然现状有了一定了解。

某种意义上讲，自然保护管理得以扩展到整个国土，或许这里就是出发点。通过进行科学的把握，社会大众的看法也有所改变。1971年环境厅成立，自然环境的基础调查工作可以算作最初的一个大项目。如果没有这些数据，也许就没有后来的自然环境政策的立案以及国民对自然的理解的普及了吧。

关于生物多样性和世界遗产，您的工作跟这些内容有哪些联系呢？

1988年我从长崎县回来之后，先后调任到水质保全局、自然环境调查室、环境研究所。生物多样性这个词就是从那个时候开始使用的，但和我的工作并没有太多关联。

如果说有关联的，就是生物多样性中心的整备工作了。这个项目与其说是整备生物多样性中心，不如说是为了让当时计划课的自然环境调查室独立出来。虽然从那时起就说今后将成为生物多样性的时代，但这是一个很难渗透到社会中去的概念，这个词一般也不容易被人接受。

与世界遗产密切相关的工作，就是为了加入遗产公约而进行的各种斡旋以及对国家公园的范围划线进行调整这些事情。像现在世界遗产时代已经到来这种局面，我那时是想都没想过的。

对于公务员无法避开的国会及国会议员，您和他们的关系是怎样的呢？

我们护林员这个职业，在被要求对当地的许可进行说明和被委托对设施整修的预算提案进行协助这些事情上，和国会议员有着相当多的接触。但是和国会或议员就法律法规的修订进行接触从来都是法律事务官的事，这也并不是太日常的工作。然而，随着自然保护局的工作越来越多，其社会层面的重要性也在提高，有一些国会要出对策的工作我们也不得不参与进来。这其中的典型代表就是 1999 年对《鸟兽法》的修订。

这次修订引入了特定鸟兽保护管理制度，现在或许令人难以置信，但当时在对鹿进行保护这件事上遭到了自然保护团体的集体反对，事态甚至发展到了除自民党以外的所有党派都持反对意见。为了打开局面，我们向委员会申请将表决推迟一个月，最了解制度和当地实情的护林员审议官、课长以下的职员全都奔走于国会议员之间，为法律的修订通过进行了不懈努力。这件事让我明白了即使面对的是国会议员，了解当地的实际情况也能发挥很大的作用，这件事也提升了全体技术官员的自信心。

每个人的亲身体验是一切的基础

以鹿野先生 40 多年的工作经验，关于国家公园和自然保护管理，您有什么总结或者感想吗？

我从厚生省调到环境省之后，因为工作机构改变了，工作的范围也有了很大变化，扩展到了物种灭绝、世界遗产以及生物多样性等方面。换句话说，我觉得和在国家公园做单一工作的那段时间相比，后来工作的社会角色越来越多，工作性质也有所改变。随着人们对自然环境重要性认知程度的提高，我感到肩上的责任越来越重。

国家公园的现场作为我们工作的出发点，与实践直接对接，在当地实际工作的过程中慢慢积累对自然管理的感觉和经验，这一点在现如今却有弱化的趋势。生物多样性的内容被加入到自然保护的核心内容，再加上时代的变迁，这些都让国家公园的认知度有所下降。但在我看来，自然环境局的每个人的"现场感觉"如果变得淡薄了，那才是大问题。

国家公务员一般都是在东京工作，他们的工作生涯中只有在很有限的时间才有派驻到其他机构、县厅甚至外国的机会。不过，即使有地方的工作体验，大部分人也只是到了县厅的政府机构所在地而已。在自然环境局，常常有比进入当地政府机构更深入现场的工作。在工作现场，对当地的自然、旅游和进行农业活动的人们多一些认知和理解，回到（东京）霞之关本部以后，将这些认知以预算、法律的形式抽象出来是一件非常重要的事情。我看国家的组织机构中，能够以这种方式进行工作的也就只有自然环境局了。

自然领域也有它自己的性格特点吧。

自然是人类社会的基础，从事与自然相关的工作，必然会对事物的本质进行广泛而深入的思考。虽然经常容易产生错觉，但是人类活动的规模和自然相比只不过是极其微小的存在。"3·11地震"的海啸，就让人们再次认识到了这一点。

回到自然环境的行政管理话题，物种灭绝、生物多样性、世界遗产登录等这些工作虽然也很重要，但自然环境是人类生活以及土地的基础，更重要的是要有把自然作为工作对象的意识。

最近我感觉环境省也把制定和修订法律作为目标而不断行动着。这是不是就叫"霞之关化"了呢？制定法律，修订法律，然后就是想要利用法律来守护些什么，而"由我们来守护环境"这种意识却正在减弱。

百无禁忌重新审视国家公园

那么，让我们重新审视一下回国家公园。

在自然保护行政管理中，作为最充实的、有强大权力的就是国家公园制度。放眼世界遗产之中，不用说自然遗产，就是作为文化遗产的富士山，对它的保护提供支持的也是国家公园。关于这一点首先让我们再次表示肯定。在我看来，国家公园的人气低、认知度低这些情况没必要特别在意。然而毫无疑问的是，国家公园已经进入一个需要从根本上进行重新审视的时期。

我认为思考的方向有两个：

第一，从国家公园的现场角度再次对其进行彻底审视。

第二，从整个社会或是整个国土的角度，对国家公园的作用进行重新定位。

从国家公园的现场角度对其重新进行审视，指的就是和当地的人们一起再次对国家公园的自然环境所发挥的作用进行思考。对于国家公园的自然环境所带来的各种恩惠，不仅要从科学角度，也要从社会角度和文化角度进行综合分析整理，并将整理结果与当地的人们一起分享。

虽然对于自然恩惠的价值评估随着时代的变化而变化，但能将其坚定地维护下去也正是国家公园的价值所在。

另外，我认为在现场对公园使用者的需求进行把握也是十分重要的。因为现场可以直接听到使用者的需求，而且如果能在现场对公园的使用动态有所把握的话，就会明白自己和使用者们对于国家公园都在期待些什么。

对于从社会整体或者整个国土的角度对国家公园的作用进行重新定位这项工作，在此之前也举办过各种研讨会。这些研讨是基于此前从科学角度，对国土的自然环境进行保护而进行的。基于社会层面的思考在过去的公园配置计划中虽然有所提及，我认为有必要以当今的社会环境为依据重新审视。特别是与地方文化之间的关联这一视角也十分重要。

希望国家公园研究会能放手一搏

大概从一年前开始，自然环境局的人和我们一起创立了国家公园研究会。在杂志上连载也办了 8 次。您对国家公园研究会有什么建议吗？

我觉得这是一个非常棒的尝试。对这个领域从根本上进行重新审视的时机已到，对此我也有同感。对于此前积累下来的成果，评估成果的同时不要害怕被误解，要大胆地讨论、满怀信心地创建一个全新的国家公园形象，我对此十分期待。

（采访时间：2014 年 5 月 2 日；采访人：小野寺浩、阿部宗广）

第二篇

"为什么当下我们要谈论国家公园？"之二：纵观国家公园的制度与管理

栖右嗣《从小笠原父岛遥望南岛和母岛》

三栖右嗣《从小笠原父岛遥望南岛和母岛》
1977 年

小笠原国家公园 / 小笠原诸岛最突出的特点是其拥有很多在本土见不到的野生动植物。在这个作品中，以特写的形式放入的父岛南端象征亚热带的花和水果，呈现出凝望海面的样子。南岛在它们的眼前展开。左上角的远端，在地平线之上隐约可见的就是母岛。

第一章　国家公园制度的演变

中岛庆二、河野通治

一、绪论

关于以国家公园为核心发展而来的自然公园制度的演变，我们想试着以年表作为参考对其进行一个客观的总结。自然公园制度到目前为止是如何发展起来的？又在何时有了怎样的转折？在此请允许我们做一个非常粗略的概括和总结。

为了纵观国家公园这80年的发展历史，首先我们把公园的指定和公园管理分开来看。这80年是制度重心从公园的指定（量）转移到管理内容的充实（质）的80年，把二者分开来看会让整理工作变得更容易一些。

二、到目前为止国家公园的指定工作是如何推进的

我们认为，自1934年起的国家公园指定，到1974年（指定利尻礼文佐吕别国家公园）为止算是告一段落。同样，自1950年起国定公园的指定，也在1982年（指定九州中央山地国定公园和早池峰国定公园）告一段落。日本国家公园制度出台之后，公园的指定工作经历了大约50年的一个较长时期，可以说这50年基本完成了已有的指定工作，从大趋势上看已经不再会有新的指定出现。我再解释一下，这里所说的"新的指定"，不包含现有国家公园的分离和独立、国定公园的升级，以及由于指定基准发生变化而导致的新的指定和大幅度的扩张。以尾濑国家公园为首的从已有国家公园中分离独立的事项、庆良间诸岛国家公园等从国定公园升级而来的事项，以及根据海域公园地区制度的创设进行的海域指定等，在此之后也一直在进行着。

新的公园指定基本结束大约在1982年前后，当时全国各地为了让那些应该

优先进行自然风景保护的地区以国家公园的形式得到确认（而进行新的指定申请），这应该是意识到无论如何要先把重要的地区给保护起来吧。1987年，新指定的钏路湿地国家公园在当时被认为是"最后"指定的国家公园。包含这次指定在内，直到20世纪80年代末期，自然公园行政管理的主要课题都是公园的指定和由此产生的开发规定。

然而，在这个"指定的时代"还有一个大事件，就是太平洋战争。

"二战"前后发生了巨大变化的是基本人权的变化，而新宪法中对于财产权的限制仍然很有限。在这样的变化之下，"二战"后的国家公园指定依然能顺利进行，可以说是由于对旅游开发的期待起到了推动作用。这种期待对于推进国家公园指定来说是一个必要条件，因为即便是对国家公园私有地也可以有力主张其规则。

一般认为国家公园制度和公园指定得以推动的最大动力源自于对旅游开发和地方对经济发展的期待。然而，"二战"前，不只是地方，国家自身也把国家公园当作是旅游政策（也是为了能获得外汇收入的经济政策）的一环。即便是现在，地方对于旅游开发和游客数量的增加这些方面仍然抱有很多的期待，1971年之后环境厅开始负责旅游政策，此时的政策与其说是经济政策，不如说是正式立法之前以自然保护政策和提供休养场所的形式进行的运用。然而，近年来以追求入境游客数量快速增加为目标，与政府整体旅游政策以及地方振兴相协调的相关活动再度开始成为关注热点。

再来看最近的指定动向，前文提到的与旅游政策的协调、保护生物多样性等时代背景，在2010年关于国家·国定公园综合检查项目的报告基础之上，指定的思路也在发生着变化。2014年针对庆良间诸岛的新的指定（从国定公园中分离、升级）、对于奄美·山原的新的指定申请的调查研讨等，在国家公园的自然风景保护中涵盖了保护生物多样性的内容，这是调整思路之后进行的措施。此外还有一条线，就是从尾濑开始的分离独立的动向，一直波及到屋久岛、妙高户隐连山。还有像三陆复兴国家公园这样的，对以灾后复兴为目标而冠以特殊名称的国家公园进行的指定，以及在几个公园中进行的海域面积的大规模扩张，最近公园的指定进行得真是如火如荼。如果把分离独立和从国定公园进行的升级都包含在内的话，可以说这些指定实际上已经相当于重组的工作了。

现在看来，公园在国土面积中占据了相当大的比例，单是国家公园就占了5.6%，国定公园和都道府县立自然公园的合计占14.4%，海洋面积中公园所占的比率在急剧增长。在前面提到的国家·国定公园综合检查项目中，道东湿地群、日高山脉·夕张湿地以及东海丘陵的小湿地群等被抽选出来，作为新的指定以及大规模扩张的候选地点。由于被认为应当受到保护的"景观"的范围不断扩大，不只是奄美·山原，可以预见今后新的国家公园指定工作会一直持续下去。

三、国家公园管理制度是如何发展的

我们把到目前为止的国家公园管理制度分解为以下几个内容：（一）开发规定；（二）使用规定；（三）使用设施的整顿；（四）使用的推进；（五）生物多样性；（六）管理体制。在此，对它们此前的发展过程分别进行概述。

（一）开发规定

关于开发的各种相关规定是构成地域制国家公园制度的基础要素，伴随着公园及特别区域的指定来发挥其效用。因此，到20世纪80年代末，也可以说是指定和开发规定的时代。"二战"前到20世纪50年代中期主要是水力发电开发，之后的经济高速增长期到80年代末是山岳旅游道路开发，与之同时期或稍晚些时候出现国有天然林采伐问题，最后是泡沫经济背景下以兴建滑雪场、高尔夫球场以及共管式公寓为主体的疗养地的开发，伴随着1991年泡沫经济的结束而终止。这类自然保护问题一直层出不穷。

此后，兄岛发生的小笠原机场建设问题、长野冬季奥林匹克运动会修建滑降赛道问题等，这些公共开发问题很有代表性却又很发散，但是作为民间事业的开发问题却销声匿迹了。

最初的开发规定分为特别区域和普通区域两类。但在 1949 年设立了特别保护地区制度、1970 年设立了海中公园地区制度，1974 年又将特别区域的土地种类分为三类并加以制度化，这些制度再加上 1970 年制订（1971 年施行）的作为许可（不许可）基准的关于认证审查方针的通知，逐步形成为了推进严格的保护和清晰的规定而制定的制度体系。"二战"后的大约 30 年间，是国家公园应对国土开发的艰难时期，对于开发规定的制度上的对应可以说是大致完成了。

虽然开发项目的种类会随着时代变迁而改变，但是在泡沫经济结束之后，国家公园中涌现的开发热潮逐渐平静下来。东日本大地震发生核电站事故之后，当下对可再生能源的开发，特别是地热资源开发寻求放宽规定的声音不断高涨。这又是将全球变暖对策和自然保护对立起来的一项崭新的课题。

（二）使用规定

20 世纪 80 年代末，国家公园内的自然保护问题平静下来，过度使用的问题取而代之显现出来。特别是在尾濑区域，在粪便处理十分困难的条件之下，每年 60 万人的使用者数量很明显是超负荷的。自然保护团体提出了将使用者转移到山间小屋的水源区域之外，并收取高额的入山费等建议。

在制度上，虽然制定公园计划时包含了对使用规定的计划，但是除了扰民行为禁止条款（这一条款成为关于街头贩卖的相关规定的依据）之外，在自然公园法中却没有规定具体措施。我们认为更有效的手段，不是直接对公园的使用者进行限制，而是通过制定公园计划中的使用设施计划、依据公园项目决议来决定设施规模和容纳人数的上限、使用设施的设置及取消等方式间接地进行控制。唯一一个可以称得上是直接限制使用者的使用规定，是在以上高地为首的使用集中的地区对私家车的规定，但这不是以自然公园法为依据，而是以道路交通法为依据的一项规定。

2003 年实施的自然公园修正法中加入了地区使用调整制度，这是《自然公园法》首次从规定上对使用的数量而非质量进行限制。不过，很难说这项制度在各地都得到了有效推动，目前被指定的只有吉野熊野国家公园的大台之原地区和知床国家公园的知床五湖地区这两个地区。为了更有效地运用这一制度，有必要通过分析上述事例，在明确导入目的并共享相关内容，和土地所有者之间的协调以及与利益相关者之间建立信赖关系等方面做出努力。

在 2007 年制定的《生态旅游推进法》中，对于那些可能会由于游客的行为活动而受到损失的自然旅游资源，在作为特定自然旅游资源进行认证以寻求保护的同时，根据需要还可以在其所在的区域设立进入限制。那些适用于《自然公园法》或其他法律，已经被适当保护的自然旅游资源虽然不是认证的对象，可适用该法律。对于国家公园普通区域中的自然旅游资源，由于相关规定不够细致全面，也可以有效运用该法律来加强保护。在 2012 年 6 月进行认证审核的庆良间地区生态旅游整体构想中，"庆良间珊瑚礁"（不超过水下 30 米）作为特定自然旅游资源进行了认证（此外，随着 2014 年 3 月庆良间诸岛国家公园的认证，这些海域也被认证为海域公园地区）。

另外，对于公园的过度使用问题，通过收取费用而实现合理化使用也经常被拿来讨论，实际上也有以合作金的形式向公园使用者收取费用的案例。2014年制定的《关于地方自然资产区域中自然环境的保护及可持续利用的推进法（地域自然资产法）》相关法律中，在地方公共团体谋求自然环境保护及推进可持续利用的基础上，确立了关于进入地区的入场费用这一重要条款，该条款是否适用于国家公园区域也有必要进行讨论。

（三）使用设施的整顿

关于使用设施的整顿，其预算大幅度增加的契机是 1991 年开始的自然公园内公共厕所紧急整修项目，以及 1994 年开始的自然公园等一些项目的公共事业化。不只限于设施整修，也包括自然再生项目，是国家及公共团体进行公园事业的实质性的巨大转变。国家公园的设施从法律制度上是由国家进行整修的，在此之前并不能确保充足的预算，对县的补助也只是勉强维持而已。根据 1993

年组阁的细川内阁出台的方针，使得各省公共事业的固定份额被废除，公共事业化由此出现转折。以此为契机，在强化自然保护、恢复和修复的同时，国家为了促进自然观察、自然探索等亲近自然的活动，在国家·国定公园的核心区域实施了"自然公园核心地区综合整顿项目（绿钻石项目）"，该项目使自然环境保护及修复、自然体验营地整修、使用基地的整备、使用导览据点的整备得以全面展开，一部分国家公园的设施整备工作因此也有了飞跃性的进步。

此后，2005 年伴随着三位一体改革，国家公园内对都道府县主导的设施整备提供补助金的制度被废止，但在 2015 年又设立了新的国家公园补助金制度。虽说现在还是不够完善，但在一定程度上能够满足地方和使用者的要求，大大改变了日本国家公园就是制度条款这种刻板形象，也改善了与居民和自治团体之间的关系。

（四）使用的推进

关于国家公园在使用上的推进，是上文（三）使用设施的整顿（硬件）中所述的观点为中心发展而来的。在制度上，虽然公园规划书中有为了使用而进行的设施规划，但为了使用而进行的软件项目却不在其中（上述使用调整地区在公园规划中有规定）。全国的国家公园中，以自然观察会为首的亲近自然的项目虽然长年一直在实施，但从国家公园的恰当使用这一角度来看，这些项目所指向的目标及预期效果，在公园规划中并没有明确。回到《自然公园法》"增进使用""国民保健、疗养及教育"的初衷，并且将生态旅游、地方振兴之类最近的潮流也一并考虑在内，对于国家公园在使用上的推进，制定制度时在软件方面尚有思考的余地。

（五）生物多样性

2013 年《生物多样性基本法》出台，《生物多样性公约》第十届缔约国大会（COP10）决定在爱知召开，关于生物多样性的社会需求进一步提高，在此基础上国家公园也开始被要求积极承担其保护生物多样性的重要职责。受此影响，2009年修订的《自然公园法》中，追加了"为确保生物多样性作贡献"这一目的。此前为了促进保护优秀的自然风景地并增进其使用，实际上自然公园内的生物多样性的保护已经在实施，这一修订明确了其在法律上的地位。此外，该次法律修订还建立了一套"生态系统维持恢复事业制度"。近年来，由于日本鹿、棘冠海星等引发的严重食害，由外来物种入侵导致的本地物种减少等问题在各地发生，仅仅依靠以往的限制手段已经无法保护自然风景的事时有发生。因此，这样的背景之下产生了上述制度。

此外，回溯到2002年，为了保护生物多样性而颁布的关于自然再生的法律规定是一个以整体国土为对象的法律，覆盖了全国25个地区。至于国家公园，到2015年10月为止，在钏路湿地、阿苏九重等7个国家公园中进行的相关项目，应该可以在保护生物多样性的大潮流中捕捉到这些项目的意义吧。

（六）管理体制

现在在法律上虽然还没有关于国家公园管理的规定，但实际的管理从法律制定时开始就以各种形式不停变换着，或者说一边执行一边不断完善。当初本该由国家进行的管理事务实际上也曾经由各县来代行，不过随着国家的地方管理体制逐渐变得充实，原本国家自己该做的事务也开始由国家自己进行。另外，根据地方分权一揽子法，机关委任事务被废止，在国家公园由国家管理、国定公园由县管理这一清晰易懂的职能划分下，国家公园相关的事务在法律上被划分为国家的专管事项，直到现在，管理所需的人员和预算都在不断充实。

然而，国家公园是具有地域性的，在实际管理中和地方自治团体的合作必不可少。另外，对于国家公园内的自然再生、外来物种对策等问题，因地制宜的管理很有必要，专家的参与也不可欠缺。这些都需要相关人士共同探讨和交流有关整个国家公园的愿景、管理运营方针、行动计划等信息，以国家利益与地方利益的共存为目标，将合作具体化，共同寻求一种更切合实际的实现方式。

四、结语

对于过去两年来的连载，本文尝试用年表的形式对其进行客观总结。我觉得国家公园变迁中大致所有的项目都在表中列出了，但也还是有些不充分的地方。比如说从制度初定时起就有的保护和利用的"对立"或者说"关系"，整理得还不够充分。另外，国家公园在整个国土空间中的作用、地方和国家公园之间的关系，这些内容也还在整理中。

以上虽然是围绕国家公园制度的一些问题，它也是涉及自然保护、环境保护的思想和理念的问题。今后我们也会一边探索在现地的具体对策，一边进行制度和预算这种抽象的工作，为解决问题而不断努力。

注：关于年表请参考本书卷末参考资料"7.自然公园制度的历史"

中岛庆二、河野通治
（原载于《国家公园》2015 年 12 月刊）

第二章　人口减少时代下的国土与自然环境

岩浅有记

一、绪论

　　日本的总人口数量在 2008 年达到约 1 亿 2800 万人的峰值之后就一路下滑，人口减少的时代正式到来。日本社会今后将会经历有史以来首次的人口剧减。

　　人口急剧的减少将会给国土及自然环境带来怎样的影响？国家公园内的人口今后将会如何变化？关于国土的使用和管理今后将如何进行？本文将针对这一类问题进行论述。

二、日本未来的人口预测和老龄化的发展

　　根据国土交通省的数据，日本的人口数量预计到 2050 年将减少到 1 亿人，到 2100 年将跌破 5000 万人（图 1）。与此同时，人口在地域上的分布不均将会加速，虽然大都市圈的一部分地区的人口会增加，但是地方圈的大部分地区

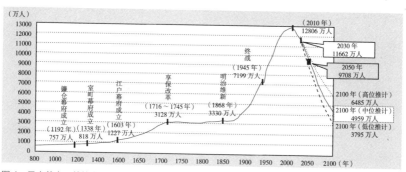

图 1　日本总人口数的变迁

资料：2010 年以前的数据来自总务省的"国势调查"，同"2010 年国势调查人口等基本统计"、国土厅"日本列岛人口分布的长期系列分析"（1974 年），2015 年以后来自国家社会保障·人口问题研究所"日本未来人口推算（2012年1月推算）"，资料制作国土交通省。

的人口将会大幅减少。具体来说就是，预计到 2050 年，现在的居住区域中约有六成地区的人口将会减少到一半以下，甚至其中约两成地区将无人居住。此外，从市町村的人口规模来看，可以看到人口规模越小的地区，人口减少率越呈现出增加的倾向。比如现在人口不到 1 万人的市町村，未来人口将会减少到一半（图 2）。

此外，老年人（65 岁以上）的比例在 2013 年超过了 25%，今后还会持续上升。预计 2025 年将超过 30%，2050 年将接近 40%。地方圈的老龄人口会在 2025 年前后达到峰值，大都市圈的老龄人口预计将会大幅增长。

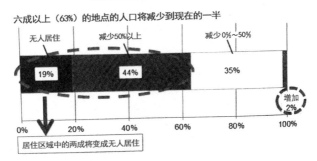

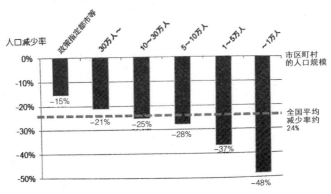

图 2　按人口增减比例划分的地点数和按地区町村人口规模划分的人口减少率

三、国家公园未来人口数的预测

利用前面所提到的人口预测数据，我们尝试着对国家公园的人口进行了预测。以1平方千米为区划尺度，将30个国家公园的人口分别进行统计，从而推算出国家公园中的人口数（表1）。

从推算结果中可以看出，2010年国家公园内的人口约有190万（约占日本总人口的1.5%），2050年将会减少到约105万人（约占日本总人口的1.1%）。人口数量几乎减少了一半，平均计算下来每5年减少约10万人。日本的总人口数在近100年的时间里将减少一半，而国家公园内的人口只用一半的时间也就是50年里就会减少一半。

但不同的公园人口减少比率是有差异的。北海道、东北地方的人口减少比率很高（减少幅度超过六成），而九州、冲绳的人口减少比率却很低（减少幅度二到四成）。人口减少比率高的公园有：南阿尔卑斯（减少100%）、足摺宇和海（减少69%）、十和田八幡平（减少67%）；人口减少比率低的公园有：小笠原（减少4%）、西表石垣（减少18%）、屋久岛（33%）。

国家公园的人口预测结果　　　　　　　表1

序号	公园名称	2010年人口数	2050年人口数	减少率
1	利尻礼文佐吕别	6107	2131	−65%
2	知床	393	139	−65%
3	阿寒	3841	1394	−64%
4	钏路湿地	3664	1543	−58%
5	大雪山	885	329	−63%
6	支笏洞爷	8545	3856	−55%
7	十和田八幡平	1129	374	−67%
8	陆中海岸	36195	14362	−60%
9	磐梯朝日	10332	3781	−63%

序号	公园名称	2010 年人口数	2050 年人口数	减少率
10	日光	33768	17138	−49%
11	尾濑	677	313	−54%
12	上信越高原	30467	15782	−48%
13	秩父多摩甲斐	37480	19316	−48%
14	小笠原	2371	2276	−4%
15	富士箱根伊豆	183236	101302	−45%
16	中部山岳	2487	1264	−49%
17	白山	487	179	−63%
18	南阿尔卑斯	35	0	−100%
19	伊势志摩	113371	53232	−53%
20	吉野熊野	71344	31235	−56%
21	山阴海岸	50112	27243	−46%
22	濑户内海	1015629	611053	−40%
23	大山隐岐	28403	12659	−55%
24	足摺宇和海	20290	6365	−69%
25	西海	85606	40740	−52%
26	云仙天草	67025	28450	−58%
27	阿苏九重	52347	30408	−42%
28	雾岛锦江湾	31012	14245	−54%
29	屋久岛	3732	2489	−33%
30	西表石垣	9936	8191	−18%
	共计	1910905	1051788	−45%

如表 1 所示，预计今后日本人口的减少将会进入前所未有的局面，特别是地方和国家公园的人口数量将急剧减少。

从国家公园内的人口减半速度是全国总人口减半速度的两倍这件事来看，可以说国家公园是日本人口减少的先导者。此外，日本的国家公园制度从开始施行已经历了 80 余年，今后有必要从人口减少的角度来对国家公园重新进行审视。

人口减少率相对较低的国家公园中，有小笠原和西表石垣这两处。小笠原村的特殊出生率为2.09%（2012年），石垣市为2.06%（2013年），远远高于全国平均的1.43%（2013年）。从国家公园和自然环境的角度来分析那里年轻人多、生的孩子也多的主要原因，可以为其他地区提供参考。

国家公园内无人居住会减少人类活动对自然环境的影响，从自然保护的角度来说这是件好事。但在采用地域制的日本，如果国家公园内的人口减少，不仅里山等地的维持会变得困难，还会产生住宿、餐饮、生态旅游为主的各种各样的问题。此前对于适当的使用者人数进行过很多研究，现在我们也可以探讨一下在人口减少时代，适当的居住者人口数量以及国家公园内的人口减少对公园的使用造成的影响。

四、日本过去30年各土地类别面积的变化及今后的预测

接下来让我们来看看过去30年各土地类别面积的变化（根据国土交通省1985年至2012年的数据）。具体来说，农业用地（548万公顷→455万公顷）、森林（2530万公顷→2506万公顷）、原野（31万公顷→34万公顷）、水面·河川·水路（130万公顷→134万公顷）、道路（107万公顷→130万公顷）、住宅用地（150万公顷→190万公顷）、其他（282万公顷→324万公顷）。农业用地面积减少，森林、原野、水面·河川·水路面积大致没有变化，道路、住宅用地以及其他用地面积则有增加的倾向。其他面积的增加主要来源于废弃耕地。

上个月的内阁会议上决定的国土资源利用计划中，确立了2025年各土地类别面积的目标。虽然目前只是农业用地面积减少，其他大致不变，然而预计2020年前后户籍数转为减少，住宅用地面积也会随之减少。继人口减少之后，国土使用面积也将会进入一个缩减的时代。

五、国土及自然环境的变化

森林是自然环境的主要构成要素，如上所述，森林的面积虽然没有太大变化，

内容上却发生了巨大的变化。比如，江户时代是一个山地荒废的时代，但是现在，秃山、草甸、薪炭林等几乎已经消失了。经过"二战"后的高速经济增长时期，天然林已经减少到不到2成。"二战"后的50年间，人工林从500万公顷成倍增长到了1000万公顷。从数量上来看，日本森林的总存量是过去40年间的2倍以上，单看人工林的话则增长到4倍以上（林野厅《2014年森林·林业白皮书》）。下河边在《社会资本的未来》（日本经济新闻社，1999）中写到，明治初期日本有4000万人口，在100年间明明增长到了3倍，日本国土的60%却还是以森林的形式留存下来，这是因为增加的这9000万人全都住到了沿海地区。他还指出，人口集中在东京是功是过虽然众说纷纭，但从国土管理的角度来看，可以算是一件功劳了。

"二战"后森林的变化是由产业及社会构造的变化带来的，它与①从轻工业到重化学工业的转变；②能源的来源从薪炭等生物质能源到从化石而来的石油能源的转变；③从地方·农村地区到都市·沿海地区的人口流动等都有着密切的关联。

关于"二战"后森林的变化是好是坏，很难做到一概而论，但像现在这样的使用管理状况如果继续维护下去的话，从国土整体看，今后由于人口的减少，植被将会进一步的演替，长此以往，预想的自然环境可以缓慢恢复。

另外，在福岛县会津地方的废弃村庄，无人居住之后虽然已经过了40多年，但那里却并没有演变成一片稳定的森林。丛生的芒草和细竹，废弃的竹林，缺乏管理的人工林在不断扩张，废弃小屋等建筑物散布其间，荒废的环境就那样一直留存着。另外，兵库县丰冈市的山林中，由鹿造成的植被破坏及土壤侵蚀状况十分严重。树皮剥落，新树没长出来，也看不到林床上的植物和腐殖质层。据当地居民说，植被破坏情况比十年前还要严重。人口减少是鹿的数量增加的主要原因，今后，因为鹿的数量增加以及分布区域的扩大，荒废的森林面积可能会越来越广。另外，一部分水坝、堰堤的构筑达到上限，并伴有设施的老化。今后部分地区的人口即便会减少，但如上所述，短中期来看植被演替被阻断，自然环境被荒废，这种情况十分令人担忧。

综上所述，可以预想今后人口的减少会对国土及自然环境造成各种影响。

因此，我们要从定量和定性两方面好好把握人口减少对自然环境的影响，并寻求必要的对策。对于国土的使用和管理，做到不让自然环境荒废掉，也尽量不再支付更多的成本。

六、今后国土使用和管理的方向

正如我们此前看到的，现在日本已经进入人口减少型社会，预计今后以地方圈为中心将会有急剧的人口减少。从整个国土来看，随着对土地的需求减少，可以预见在国土的使用和管理上各种形式的缩减将随之而来。为了避免出现国土管理水准下降、土地的利用率降低等情况，在人口减少型社会中构建恰当的国土使用管理方式将成为一项重要的课题。在持续的人口减少和财政预算限制之下，还能对所有的土地投入和此前一样的劳力和费用进行管理是很困难的，因此我们需要寻求一种比以往更加注重成本管理的国土经营方式。

那么，到底注重成本管理的国土经营方式是怎样的呢？

根据"只要交给自然本身，随着时间的推移，大自然迟早会安定下来的"这样的"生物多样性保护地域"的生态系统理论，有必要考虑采取将人为介入降至最低限度、优先保护的国土经营方式（比如，一定海拔以上设置无人居住区域等）。另外，也考虑以自然理论为基础，进行缓和的人工介入管理。

比如，在欧洲以多瑙河流域为代表，各地都在开展大规模的回归自然的行动。以农业补助金为主的中长期农业用地维持管理成本占据了欧盟（EU）全部预算的一半，与之相比，回归自然事业的成本似乎更为低廉。让土地回归自然，虽然会失去其作为粮食生产等农业用地的各种便利，但却能够创造出湿地浅滩所带来的便利，如：防灾、减灾、休闲娱乐、动植物的繁衍和栖息地的维护等。

美国的波特兰大市就注意到，仅仅依靠维修河川的护岸、排水管之类已有的基础设施作为防汛对策不仅有限，而且成本也很高，因此他们推进在屋顶、路边等街道的每个角落都规划出绿色植被，以便让水慢慢流入河中的方案。还有曾因飓风桑迪造成巨大破坏的纽约市，不只利用此前建造的护岸、防护堤等

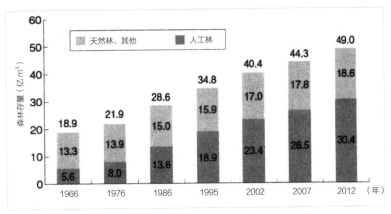

图3　日本森林存量的变化（来自林野厅《2014 年度森林·林业白皮书》）

图4　放弃里山产生的偏差示意图

基础设施，还有效地利用湿地的减波、防侵蚀等生态系统功能来防灾减灾。为什么要推进这样的对策呢？虽然理由有很多，但是据两市负责人所说，首要原因是成本低廉。

　　人口增加和经济成长时代的国土开发是以混凝土搭建的人造建筑物为主体的，但在人口减少和经济发达时代，我们对国土的使用管理除了借助原来的基础，也要摸索出巧妙利用自然的力量和方式的低成本对策。

　　除此之外，使用土地时把自然的力量和方式也纳入考虑也很重要。比如，战国武将武田信玄所修建的霞堤，多作为信玄堤受到人们的关注。此处需要特别指出的是，霞堤周边地区禁止居住，同时作为农业用地来利用，即使被淹没也没什么问题，这是把小概率的溃堤问题也考虑在内并且对土地进行了合理使用，没有造成额外的浪费。"二战"后，随着人口的增长和流动，有很多新的住宅地被整修，其中有一部分住宅地位于河流泛滥区、泥石流灾害区等高风险地区。去年广岛在泥石流中受灾严重，虽然广岛在记忆中是个很新的地方，但它过去的地名叫"八木蛇落地恶谷"，也就是说这里原本就是一片容易发生泥石流灾害的土地。与信玄的时代不同，虽然现在把居住区域转移到安全的地方并不是件容易的事，但还是有必要坚持不懈地推进这项工作。

有一点我想要强调，抓住人口减少这个好机会，把握住每片区域原本的自然特性，引入自然的力量和方式来使用土地，这是保证很低成本的方式。

七、结语

避免土地荒废，以可持续的形式对国土进行有效使用和管理，这是进行国土的使用和管理时大家所持的一个基本且普遍的观点，与人口的增减无关。在当今人口减少且已经高度发展的社会中，再用当初人口增长、经济高速增长时代的观点，会出现很多无法解决的问题。

基本原则就是依靠生态系统的理论，将人为的管理降到最低限度（成本也会降低），促进再生林和不完善的人工林的演替。将实施森林再生事业等诸如此类转变思维的措施提上日程。

今后，关于与人口减少和经济发达社会相符合的规划体系的讨论，面向自治团体制定的方针等必要措施方面，国土交通省将在与相关机构进行合作的基础上，将之不断推进下去。也请各位读者不要有顾忌，多向我们提出意见与合作。

岩浅有记
（原载于《国家公园》2015 年 9 月刊）

第三章　国家公园管理体制的变迁与课题

冈本光之

一、绪论

《国家公园法》于 1931 年出台，自 1934 年成立 8 处国家公园起，到今年已经 80 年了。环境省的国家公园行政管理体制和地方的管理体制在此期间发生了很大的变化，内容也越来越充实，比如增加了护林员数量等。负责管理地方事务的事务所，其业务范围扩展到全球气候变暖、废弃物治理等方面，事务所的办公地点也从国家公园所在地转移到了城市。虽然从整个组织结构看，管理体制日益充实完善，但是国家公园的地方管理机能有没有实质性的完善呢？本文将利用数据对此进行考察。

此外，本文中所用的"护林员"一词，指的是环境省的"自然工程师"，他们在环境省之外的地方组织（如国家公园现地或地方环境事务所等地）工作。

自然工程师是从国家公务员综合职务或一般职务考试的合格者中经过面试录用的，在环境省本部或地方环境事务所、自然保护官事务所等全国各处不停调职工作，也有调往其他省厅、国际机构、地方自治团体等处的情况。

自然工程师现在总共有 328 人，80 人（24%）为女性，其中 38 人在地方做着护林员。近年来女性的录用数逐渐增多，最近 10 年新录用者中有近 4 成为女性。

二、国家公园管理体制的变迁

（一）环境省本部的组织结构变迁

1931 年《国家公园法》出台，国家公园归内务省卫生局保健课管辖。1938 年国家公园被移交给新设立的厚生省，之后更名为体力局设施课，1941 年更名为人口局大练课，1942年更名为人口局修练课，1943年更名为健民局修练课，1944年随着第二次世界大战的进行，相关业务也因此停止。从当初的保健休养和教育，吸引外国游客，到"二战"期间在政府内部被定位成一个提升国民体力的场所，这一系列所属名称的变更，表明了国家公园设立目的的演变。

"二战"后，1946年国家公园的主管课室变为厚生省卫生局保健课，之后又变成了公众保健局调查课。1948年公众保健局设立了国家公园部，下设管理课和规划课两个课室。1962年休养设施课成立，从而形成了三课体制，1964年升格为国家公园局。1968年由于行政改革又再次降格为"部"（注1）。

1971年以公害对策、自然保护措施一类的环境行政管理的一元化为目的设立了环境厅，国家公园的行政管理由环境厅的自然保护局计划课、休养设施课主要负责，同时企划调整课作为总务课也参与进来，形成了这样一种管理体制（除此之外环境厅内还设置了从林野厅移交出来的执行《鸟兽保护法》的鸟兽保护课）。又在1975年增设了保护管理课，国家公园部被上述四课共同管理（鸟兽保护课在1986年改组为野生生物课）。

1991年保护管理课编入国家公园部，与计划课一起，对国家公园的主要业务进行一元化管理。这次重组以国家公园计划的制定到保护管理的业务一元化为目的。由于这次重组，国定公园、都道府县立自然公园的业务开始由计划课管辖。

2001年省厅重组设立环境省，环境省内自然环境局的5个课室中，负责国家公园行政管理的课有国家公园课、自然环境整备课。随着这次重组，国定公园、都道府县立自然公园的业务都转移到了国家公园课。从原来的计划课转制的"自然环境计划课"的业务范围有了飞跃式的扩大，随之而来的就是国定公园等自然公园的行政管理都统一归到国家公园课。自然环境整备课从2005年成为自然环境整备担当参事官室，一直持续到现在。

（二）现地管理体制的变迁

1953年，9名国家公园管理员（护林员）被配置到支笏湖畔、休屋（十和田）、日光汤元、上高地等地。1958年，40名国家公园管理员作为厚生省的工程师被正式编入（注2）。

以1960年日光国家公园管理事务所的设立为契机，到1973年为止，这期间，全国有10处公园设立了国家公园管理事务所，不断建立起管辖范围内的管理员体制。

1979年，全国27处国家公园划分为10个区域，已有的10处国家公园管理事务所被定位为"地区事务所"，所有公园的管理员都由地区事务所管辖，原本由总部审批的许可业务的一部分也专门交由国家公园管理事务所所长进行审核，以此实现业务的合理化（1987年钏路湿地国家公园管理事务所设立，因而重组为11所地区事务所）。为了明确护林员是国家公务员，1984年将国家公园管理员改称为"国家公园管理官"。

1994年，与"关于保护濒危野生动植物的法律"相关的部分事务工作开始由国家公园管理事务所进行处理，全国11处国家公园管理事务所的名称被冠以"东北地区""九州地区"等地方名称，改为"××地区国家公园·野生生物事务所"。2000年，鸟兽保护区的设立和管理成为事务所的业务内容，又更名为"××地区自然保护事务所"，国家公园管理官也更名为"自然保护官"。2001年，环境省成立时还在自然保护事务所设立了负责野生生物相关业务的支部。

2005年，环境省的驻外机构进行了重组，和地方整备局、农政局一样在组织结构上升格为"地方支分部局"，重组后全国由7处"××地方环境事务所"组成的格局一直持续到现在（因为从11处地方事务所重组为7处地方支分部局，因而在钏路、长野、那霸三个地区，在自然环境领域设立了几乎拥有同等权限的"自然环境事务所"）。

以上就是现地管理体制的变迁，1982年濑户内海国家公园管理事务所从儿岛地区转移到了冈山，以此为开端，川汤地区（阿寒）→札幌，石垣→那霸，十和田→仙台，新宫（吉野熊野）→大阪，安云村（中部山岳）→长野、名古屋，阿苏→熊本，如此，地区事务所渐渐从国家公园的所在地转移到了城市。这是考虑到随着地区化管理，为了方便相关自治团体、公园事业者而实施的决策。

三、现地管理体制的实际情况

（一）驻地护林员人数

1. 护林员人数的变化

1958 年护林员人数为 40 名，之后略微增加，1971 年设立环境厅时变为 53 人。1980 年又几乎成倍增长到了 100 人。这十年是护林员人数迅速增加的第一阶段。之后持续缓慢的增加，1992 年进入护林员人数迅速增加的第二阶段，从 1991 年的 117 人到 23 年后的现在的 269 人，增加约 2.3 倍，是最初 40 人的护林员数的 7 倍。这是在政府削减国家公务员数量的整体趋势下，增员的必要性得到认可的少数例子之一（图 1）。

第二阶段大幅增员的背景之一是 1982 年起开始接收来自其他省厅的"部门调整职员（即部门调动）"。特别是 1992 年接收人数剧增（现在几乎为零了）。

2. 在现地工作的护林员的人数

我们从护林员的整体人数中挑出驻"现地"（即国家公园内及其附近等）的护林员人数来看看它的变化。1979 年，现地的护林员有 86 人，而城市为 0 人。由于地区事务所的转移，1989 年的护林员人数变为现地 75 人，城市 11 人，之

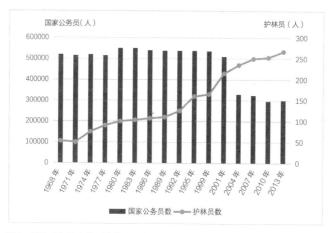

图 1　国家公务员人数和护林员人数的变化

图 2 护林员的配备人数（地方和城市）

图表说明：
1979 年（昭和 54 年）：地区制导入
1982 年（昭和 57 年）：濑户内海事务所从儿岛迁至冈山
1987 年（昭和 62 年）：钏路湿地事务所在钏路成立
1989 年（平成元年）：北海道地区事务所成立，从川汤迁至札幌
1992 年（平成 4 年）：大山隐岐事务所从大山寺迁至米子
1994 年（平成 6 年）：更名为国家公园·野生生物事务所
1997 年（平成 9 年）：冲绳地区事务所从石垣迁至那霸
2001 年（平成 13 年）：环境省设立了 11 处支所，东北地区事务所从十和田迁至仙台
2005 年（平成 17 年）：地区环境事务所成立，中部地方设在名古屋，九州地区设在熊本

■ 地方事务所配备人员
■ 城市事务所配备人员

后城市增加到了现在的 158 人，增长约 14 倍。"现地"护林员数在 1999 年增加到了 107 人之后又反复调整，直到现在的 101 人，这 25 年间没有什么变化（图 2）。这表明，虽然自然保护官事务所增加等导致"现地"的护林员数增加，但由于地区事务所向城市的转移，增员的部分大致相抵了（注 3）。

（二）护林员的业务实况

随着现地护林员变得越来越忙碌，时常听到"细致的对待变得越来越困难了"这样的声音。当然这其中有各种原因，在这里我们通过以下三项指标来进行比较分析。

1. 国家公园的总面积和护林员数

1962 年国家公园的总面积为 179 万公顷（20 处公园），而在大约 40 年后的 2013 年则变成了 210 万公顷（31 处公园），面积增加约 1.2 倍。护林员数在 1962 年为 52 人，2013 年则为 264 人，大约增长了 5 倍（图 3）。对护林员人均负责的公园面积进行简单计算的话，1962 年为人均 3.4 万公顷，2013 年则变为了人均 0.8 万公顷，由此可见单位面积的护林员密度变大了。

2. 国家公园内的许可件数

与国家公园内的开发行为相关的许可事务，是护林员的主要工作之一，其

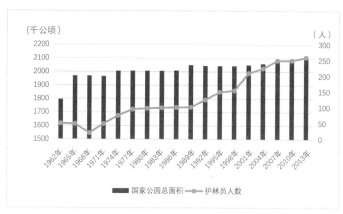

（千公顷）　　　　　　　　　　　　　　　　　　（人）

图3　国家公园的总面积与护林员数的推移

件数大幅增加。1999 年为止还是全年 900 件的程度，到了 2000 年就激增到了全年 1900 件，到 2010 年则达到了 2900 件（图 4）。对护林员的人均负责的案件数进行简单计算的话，1999 年为 5.6 件 / 人，2010 年则成倍增长为 11.5 件 / 人。

即使只是国家公园的许可这一项工作，也能看出护林员体制并没有满足业务量增加的需求。

对于比较轻微的开发行为的许可曾经作为"机关委任事务"都委托给都道府县处理，这一制度在 1999 年被废除，是许可事务增加的主要原因。

3. 护林员依据的法律法规数量

护林员依据的法律法规，最初只有一部《自然公园法》（当初叫《国家公园法》），但在 1994 年加入了《种子保存法》的相关事务之后，护林员依据的法律法规数量就渐渐增多，现在管辖着与《鸟兽保护法》《外来生物法》《自然环境保全法》等 11 部法律相关的业务，业务范围大幅扩大。关于这一点，很多来自现地的声音都表示护林员人数的增加赶不上业务量的增加。

应当注意的是，各项法律的业务量之间是存在差异的，业务量并非简单增加到 11 倍。而且，在不同地区自然保护官事务所依据的法律法规数目也不同。

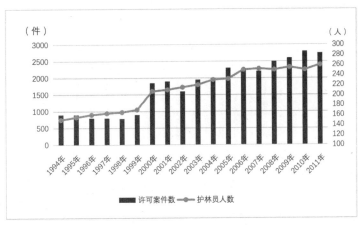

图 4 许可案件数与护林员人数的推移

（三）护林员的职务经验年数

对 30 年前和现在在"现地"工作的护林员的工作年限进行比较，其结果为，1984 年为人均 12.3 年，2014 年为 9.9 年，全国护林员的平均工作年限减少了 2.4 年。

虽然比我们想象的差别要小，但是由于近年来录用者数量的增加，出现了年轻职员和经验丰富职员两极分化、中坚职员人数不足的倾向。

如上所述，虽然护林员的人数增加了，地方事务所等支援体制也完备起来，但国家公园的"现地"这一层面，很难说体制得到了强化。因为随着野生生物措施这类新的行政课题相关的业务，以及国家公园许可事务数的增加，"现地"的体制却并没有满足业务量增加的需要（注 4）。

四、结语

日本的自然环境行政管理始于国家公园制度，历经"二战"前、"二战"中的波折，"二战"后作为自然公园制度发展至今。环境厅设立之后，一直致力于野生生物对策、生物多样性保护、环境教育以及生态旅游等课题。国家公园也把那些课题作为"日本生物多样性的支柱"引入到法律法规的目标及管理措施中。

因此，在国家公园等现地的业务和课题不断增加。地区事务所的体制和以前相比取得了一定效果，然而"现地"的人员数量呈现持平状态没有变化，因此也有人认为实质上还是人手不足。

环境省的护林员，作为自然工程师往返调职于本部和国家公园等工作现场之间，这种在政府机关里很少见的组织体制已经持续了60多年。自然保护官事务所位于市町村公所的附近、温泉街等最前线地区，比其他省厅及都道府县厅的组织还要靠近现地。通过和町村、事业者及旅馆协会、当地的非政府组织等相关团体、居民等进行的日常接触、深入讨论以及各种合作关系，可以对该地区的自然及社会状况有更确切的把握，并且有可能将这些经验应用于霞之关总部的政策制定中。

虽然国家公园的地方组织还不够完善，但和只有"管理员"的时代相比还是更充实了，这一点毋庸置疑。在这之中，当务之急是一边维持环境省自然环境局"现地的自然环境行政管理""与现地相连的霞之关总部"的特质和优势，同时充实并强化现地管理的体制。

冈本光之

（原载于《国家公园》2014年12月刊）

参考资料：

《自然保护行政的进程》（1981）
《重生的国家公园》濑田信哉（2009）
《环境厅二十年史》（1991）
《国家公园》89号，607号
其他环境省资料等

（注1）"二战"后在GHQ（驻日盟军总司令）的关注下，重新开始了国家公园相关的事务。以美国国家公园专家里奇（音译）所写的《里奇备忘录》等为推动，寻求公园认证及管理体制强化等措施。
（注2）"二战"前没有国家公园的现地管理体制，由国家财政拨款向道、县派遣工程师和技术员，他们不断地到现地出差，同时还要负责现地的管理工作。这种委托工程师和国家公园管理员并存的制度在"二战"后曾持续了一段时间。
（注3）在本文中，将那些为方便巡见而驻在国家公园内及其附近、其他自然区域（佐渡、对马等野生生物相关的地方以及白神山地等国家公园以外的地方）的护林员称为"现地护林员"。在地区事务所之外设立的自然保护官事务所等的数量，从1984年的39所增加到了2014年的85所。
（注4）2005年开始，在全国招募了总计约80名自然保护官助理（助理护林员），作为兼职职员协助进行巡视等业务。

女性护林员（自然保护工程师）

2015 年 12 月，内阁会议所决定的第 4 次男女共同参与计划的基本规划中提出目标：要在国家公务员的录用中将女性比例提高到 30% 以上。

2000 年开始，环境省与自然保护相关的工程师，即护林员中，女性的录用数急剧增长，到 2015 年，有 10 名女性护林员被录用（占全部 24 名录用者的 42%）。由此，在全部的 350 名护林员中，有 90 名也就是 26% 的女性了。

录用后，护林员将承担往返于本部和国家公园等现地的工作，在远离都市的原生态自然中一个人工作也是常有的事。考虑到这种工作的特殊性，对女性来说算是严酷的业务，对于现在已有近三成女性护林员这一点，在此特别指出。

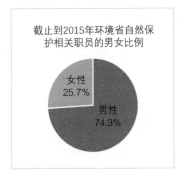

护林员总数 350 名
男性 260 名 74.3%
女性 90 名 25.7%

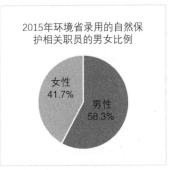

护林员总数 24 名
男性 14 名 58.3%
女性 10 名 41.7%

小野寺浩

采访之二：对国家公园的建议

中道宏、石坂匡身、金泽宽、林良博

记忆中的风景是稻佐山

中道宏
（原农林水产省构造改善局次长）

<简历>
中道宏，1963 年入职农林省。在农政局等地方工作后，担任构造改善局建设部部长等职，1992 年担任同局次长。1994 年卸任。曾在特殊法人、财团工作，和朋友一起开设"Seneca21St"网站。农学博士。

在京都大学时加入了青年徒步旅行社团

我出生在长崎市，直到高中都一直生活在那里，是每天看着稻佐山长大的。大学上了京都大学。当初选择京都并不是因为什么特别的理由，只是一心想穿越一次关门海峡。

我高中时读到的一本书上写到由于战争赔偿事宜，在缅甸还是泰国建造了水坝。我选择农业土木专业，或许是因为受到这本书的影响吧。大学的专业课有很多实际操作的内容，回忆起那段时光非常辛苦。但是这一经历为我之后去现地工作派上了用场……

在京都没有什么能比在没有熟人的街道上散步更让人感觉美好的事情了。大学时我加入了青年徒步旅行社团。那时，我对于是去读研还是去 FAO（联合国粮食及农业组织）纠结了很久，最后去了农水省。那是 1963 年的事情。

我觉得进入政府机关真的是一个非常好的地方。总之就是每个人的工作做得都很棒。我在现地待的时间很长，回到本部已经是九年后了。1980 年我又被派往秋田县，在那里又待了两年半。

在政府部门工作期间，印象最深的是担任建设部部长的 1991 年，那时候工作内容完全发生了改变，农业农村的治理费用也大幅变更。在没有法律支持的情况下，把工作重心向农村整顿、环境、政策综合等方面进行转换和扩大。工作能得以顺利完成，离不开工作人员的集思广益和诸多帮助。

在秋田县的时候，当地负责人曾跟我说，希望我不要对县知事、县议员言听计从。这句话成为我警戒自己的警句，直到现在仍深深印刻在我心中。

护林员要为地区的发展贡献智慧

到了美国的国家公园入口处，会清楚地让人知道这里是国家公园，并大大方方地收取入园费，真是简单明了。相比之下，日本的国家公园给人的印象就没有如此鲜明。

最近日本国家公园游客中心的建设也步入正轨。有朋友偶然在上高地得到了护林员的向导服务，听取了该公园的自然地貌等的解说，感到十分开心和感激。

我认为日本国家公园给人留下的印象不够鲜明的原因是，其涉及的风景、登山、娱乐、温泉、参观游山等项目内容过于繁杂。然而，即使是在世界上，有足够多种类的动物生存在此的国家公园也是十分珍贵的，不是吗？

国家公园包括农村山村、半岛、离岛等。通过国家公园的设立，我们也期待能给这些山村和离岛带来收入。但是，就偏远地区而言，最大问题就是缺少有想法的人，我希望作为拥有相关知识的护林员，要为了地区的发展积极地献出自己的智慧。比如，由熟悉生态和地貌的当地人来负责对生态旅游游客提供导游服务等。

在屋久岛，无论是公交车司机还是民宿主人，大家都十分亲切对客人进行引导，这是最让我佩服的一点。我想这和此前说到的地方的导游制度有关。

另外，作为环境省研究大课题的里山问题，充分利用木柴是一个好的解决办法。这个办法也是改善全球变暖、解决对国土资源的有效利用、平衡贸易收支的一个思路。想要开展此项工作，我认为首先应该从在护林员工作站、游客中心等处安装木柴暖炉这样具体的内容着手。

原始风景就是稻佐山

于我而言，记忆中的风景大概就是这样的。今年夏天计划去吉尔吉斯的列宁峰（7139米），经过别人提醒我才注意到，我喜欢的、想要登的山都有着优美婀娜的山形。这样的形状就是过去我每天都能看到的长崎的稻佐山啊。

（采访日期：2015年3月19日）

为地方带去智慧是护林员的职务

石坂匡身
（原环境事务次官）

\< 简历 \>

石坂匡身，1963年进入大藏省。曾任会计局主任（农林系）、会计局调查课长、大藏大臣秘书官、主税局审议官、理财局局长、环境厅计划管理局局长等职务，1995年任环境事务次官，1996年卸任。2007年起任财团法人大藏财务协会理事长，2016年起任该协会顾问。

大学的青少年徒步旅行社团

我出生于东京，幼年时居住在仙台、前桥。

初中和高中阶段我居住在麻布并就读于麻布中学，主要是因为居住地麻布二之桥距离学校很近，也可能有该学校校风自由的原因。初中阶段我加入柔道俱乐部并在其中度过了两年时光。

我的祖父是一名法律学者，是东京大学和京都大学的教授，父亲又毕业于法律专业。大概是受祖父和父亲的影响，我从麻布高中毕业后进入东京大学仍选择了法律专业。成为一名行政官的想法从很早就有了。

大学期间，我加入了青少年徒步旅行社团，经常登山。大学二年级的时候，从剑山出发至枪岳山，从鱼沼三山出发至奥只见、会津驹、燧、尾濑等地，均是历时十天左右的登山活动。现在想来，所经之地全部都是国家公园的领域。

大藏省时代

进入大藏省，是因为我认为国家财政才是一切的根本。在大藏省工作期间，我在财政领域工作了很长时间，也负责过对农林水产省预算的主审。

在大藏省期间，我参与了 1975 年为赤字公债发行而制定的法案，1989 年担任审议官时期完成了消费税的重新修订法案，这两件事让我印象深刻。在此期间，从 1982 年至 1985 年，我担任了竹下大藏大臣的秘书官。

环境省迎来转变期

1994 年，我进入环境省，从治理公害到专注地球环境问题，有关环境的政府工作进入了重大的转变期。在此期间，里约峰会召开，倡导可持续发展成为主流。

我从 1994 年起担任计划管理局局长的 7 年时间中，制定了第一次环境基本计划。在担任环境省次官时期，还制定了生物多样性的第一战略。为了适应时代的变化，我认为解决水俣病问题迫在眉睫，为彻底解决该问题全力以赴，最终得到了最高裁判所等法院的判决。虽然该问题还未得到彻底解决，但整体框架在我执政期间已经完成。

另外还有环境省自身的规划工作。我和其他年轻职员一起，制定完成了环境省重要施政方针十年规划（1996 年至 2006 年）。还不到十年时间，这些当时制定的规划，现在已经基本完成了。即便是现在，制定长期目标及与之对应的时间表也是当务之急。

护林员的智慧对地区的必要性

国家公园的数量增至 31 处，这是值得一提的成果。但另一方面，娱乐活动多样化、国家公园的吸引力降低、利用者减少等严峻事实也摆在眼前。

另外，随着农村地区人口减少和经济整体下滑，我们不禁要问自然保护的重任该如何担当呢？

为解决这些问题，有必要制定多样的对策，我认为应该让环境省的护林员们发挥作用。也就是说，要在护林员的现有业务之外，将后援会进行具体的组织化，协同市町村长实行自然保护及自然利用的措施和政策，这样的具体措施应该还有很多。除此以外，不要仅仅考虑提高硬件设施的条件，我们已经进入一个需要在软件服务内容方面下功夫的时代，比如给孩子们提供与大自然亲密接触的活动等。

总的来说，我认为让在地方工作的护林员为该地区的发展献出自己的智慧是最关键的。

对我来说记忆中的风景是东京黄昏时的风景。在家中远眺便可以看到富士山，我对以富士山为背景的黄昏景色有着不可言喻的喜爱。

（采访日期：2015 年 3 月 20 日）

鹫羽山是我的起点

金泽宽
（原国土交通省技术总括审议官）

<简历>

金泽宽，1972 年进入运输省。曾就职于港湾建设局、国土厅、鹿儿岛县等地区，曾任运输省港湾局技术课课长、国土交通省港湾局局长等职位，2004 年担任同省技术总审议官，2005 年卸任。2007 年任独立行政法人港湾机场技术研究所理事长兼顾问，2015 年任国家研究开发法人港湾机场技术研究所顾问。工学博士。

从冈山到京都大学

在冈山土生土长的我，眺望着濑户内海玩耍着长大。冈山是个水土资源丰富、文化性强的地区。直到大学入学我才离开冈山，来到京都大学学习土木专业。那时正值学生运动激烈的时期，我在大学三四年级的时候曾被路障围住，度过了一段几乎没有课程的学生时代。

随着对专业课程的不断学习，我渐渐意识到土木工程是社会的基础，是与政治、行政有着密切关联的领域，因此想进入国家机关从事管理工作。由于我所学习的土木规划专业是一个新的领域，大学中没有研究相关专业的人，于是请来了一位运输省的教授，以港口和机场的航站楼为研究对象。研究生期间，我主攻研究集装箱码头的合理规模和效率性。从事这项研究的原因在于，在此之前，集装箱船的出现使得港口物流发生了革命性的变化，物流的全球化开始急速发展。

港湾事业是以环境和自然为对象的工作

1972 年我进入运输省后，马上被派遣到京滨外贸码头公团，从事第一线的工作。

1974 年我进入新潟第一港湾建设局，负责秋田港的大规模开发计划。由于在此之前的规划具有开发一边倒的倾向，于是我尝试计划引入重视环境的美国评估技法。在土木事业中加入环境、景观因素的考虑方法，在当时的日本可谓是最先进的。1985 年当辅佐官员的时期，我负责天桥立的沙滩侵蚀防治工程。使用的是重视景观、不使用消波水泥块而是只借助海砂进行滩涂防护的"养浜"景观保全施工法，该方法作为国家的新兴事业开始实行。现在想来，这正是整合国家公园和港湾建设的工作。

我年轻的时候得到过一个经验：如何调整港口的建设与自然环境的关系，使建设与环境能够共生是非常重要的。从八年前开始，我在相关机构的研究所里对"潮退后露出的滩涂"进行了专项研究。包括在实验场中饲养鸟类，以及研究人工滩涂的食物链结构等。

歌谣中常出现的"港口"

硬件设施常被看作港湾建设的中心。其实，港湾的建设需要面对海洋这样的自然环境，也需要面对在港口地区工作和生活的人群。因此，港湾建设不仅需要重视环境和自然，也需要充分意识到其对人们的生活和文化方面的影响。

最近，我对年轻人半开玩笑地说，在歌谣的标题中出现的"港口"很多。根据我对卡拉 OK 的调查，出现"港"的歌曲有 100 首、"道"有 40 首、"川"有 30 首。东西南北当中"北"出现的最多。根据调查，出现"北"的有 250 首、"南"50 首、"东"8 首、"西"6 首。人们的心为何与"港""北"联系如此紧密呢？这是一个非常有趣的分析对象。仔细分析的话，这也许是与日本人的社会意识及深层心理有关的重要研究课题呢（笑）。

从鹭羽山远眺的原始风景

在我还是小学生的时候，教科书里是有记载国家公园的，那时候，没有不知道国家公园的人。我家附近的鹭羽山就是濑户内海的国家公园，我真是为此觉得骄傲。带有内燃机的渔船发出突突的响声在海面上驰骋，这对孩童而言是多么赏心悦目的场景啊！即使在现在，这个场景和内燃机欢快的节奏也时时回荡在我脑海中。进入政府机构后，隔了些日子再去鹭羽山，看到海对岸的香川县坂出市填海造地并建造了巨大的工业园区，这使我受到很大的冲击。鹭羽山周边的风景荡然无存，不仅让人失望，甚至让人感到愤怒。这也成为我对环境问题和风景抱有强烈兴趣的契机。

初中的修学旅行是一场横渡九州的旅行。其中我对阿苏的风景印象最为深刻。外轮山、米塚的绿色圆形山等风景都非常美好。

五六年前，我和家人一起去了上高地。梓川和河畔林的绿色映入眼帘，穗高山脉的风景也很美。与孩童时的记忆相比较，现在人们不把国家公园看作一个整体，而是将其中的个别区域分别视作自己感兴趣的对象，这种视角的转换也许包含着国家公园重新振兴的启示吧。

（采访日期：2015 年 3 月 24 日）

从立山山脉远眺的风景很独特

林良博
（国家科学博物馆馆长）

<简历>
林良博，1975 年东京大学农学博士，同年成为东京大学医科学研究所助手。曾担任哈佛大学访问研究员、康奈尔大学访问助理教授等职位，1987 年任东京大学农学专业助理教授，1990 年任教授。曾任农学专业系主任、副校长。2010 年退休，同年任山地鸟类研究所所长。2013 年起在职至今。

广岛出生富山长大

我父亲是与"满铁"有关联的军人，1946 年战争结束后，我在妈妈的肚子里，跟随他们回到了母亲的故乡——广岛，说是广岛，其实是距离岛根县很近的中国地区*的山地。后来，我们一家人又搬到了父亲的故乡——富山县砺波市。我从高冈高中毕业后进入东京大学就读。高冈高中是应试学校，但最开始我的成绩并不是很好。高中二年级的时候我去了东京，堂兄弟带我逛了逛东京大学，我的心灵被雄伟的建筑触动而感动不已，从此开始发奋图强，认真学习。大学时期进入农学专业也很偶然，归根到底或许有欣赏宫泽贤治的生活方式这样的原因吧。

研究生时期进行的野猪的地理性变异研究

（东京大学）驹场的学生会活动很繁忙，没有时间学习，于是我最终进入了考取难度不大的畜产兽医专业。我想要做解剖，尽管做过仓鼠的解剖，仍想以野生动物为研究对象，于是博士课程中收集了 700 个左右的野猪头盖骨，进行野

---

* 地名，指日本的中国地区——译者注

猪的地理性变异研究。其实在当时还没有研究野猪的学者。我想我可能是受到了获得诺贝尔奖的动物行为学者康拉德劳伦茨的影响，他曾说野猪很有趣。

研究生期间我结婚了，为平凡社里一本叫《ANIMA》的研究野生动物的杂志提供稿件，过着白天在东大，晚上在"灵魂"编辑部的生活。那位后来成为著名作家的、当时研究博物学的荒俣宏过的是和我一样的生活。

1975 年去往奄美大岛

从 1975 年的 10 月份开始，我作为助手，被派遣到附属于奄美医学研究所的病害动物研究站。研究的主要方向是毒蛇的防治及丝虫寄生的预防。到达奄美后，我立即考取了狩猎许可证和小型船只驾驶证，并成为渔协的工会会员，因此有了很多钓鱼的机会，当然这都是出于研究的目的，但实际上心里也感到很开心。在奄美生活 4 年半后，我又回到了农学专业担任副教授。在担任副教授这个时期，我结识了后来成为著名作家的养老孟司，我们学的专业都是解剖。1990 年，我升至教授。漫长的研究生活给我留下了很多记忆，但其中印象最为深刻的还是在奄美的那段时光。也许是因为在第一线研究的都是很具体的课题吧。在奄美时，除了进行减少和防治毒蛇的基础性研究外，还对奄美黑兔开展了研究。

我所喜爱的知床国家公园

因为要研究野鸡，我经常去泰国。泰国的国家公园约有 100 个，禁猎区约有 80 处。其中，禁猎区只允许研究人员进入。泰国为自然保护而制定的规章制度非常严格，和日本的国家公园真是不一样。

在日本的国家公园中，我尤其喜爱知床国家公园。棕熊和虾夷鹿离人们距离很近，所以有很大的概率可以看到它们。与非洲这样的热带气候，以及草原地区不同，因为亚洲森林茂密，无法在空旷的场地里看到大型动物。所以在日本的很多国家公园里，积极地考虑营造广场和草原这样的场地以利于观察动物，并为此下了不少功夫不是很好吗？我认为像知床这样的场地是绝好的。还记得有一年的 5 月份，一到知床就下起了雪，我感到很兴奋。

日本的国家象征是国家公园里的动物

在环境省举办动物大型展览如何？从动物遗骸到骨骼标本什么的都可以。全球化的时代，一方面也是日本自我认同的时代。当我们提到日本，要说明和展示些什么呢？其中，提及日本国土中有哪些动物就十分重要，因为这样的说明方式对外国人来说更容易理解和接受。

在环境省的国家公园事务所里，有一群被称为"自然保护官"的兼职专业人员。我认为这是一个值得关注的体制。建立兼具正式职员、外聘人员和志愿者的协作体制，在今后的现场管理中十分有效，也是一种值得推广的方法。

我是被富山、砺波市养育长大的，因此立山连峰的风景对我而言有着特殊的意义。从富山港的对岸两侧眺望远方风景绝好。

（采访日期：2015 年 3 月 31 日）
听众：小野寺浩、阿部宗广

第三篇

"为什么当下我们要谈论国家公园？"之三：围绕国家公园的各种议题

石井柏亭《云仙·春》

石井柏亭《云仙·春》
1934 年

云仙天草国家公园：云仙的观光魅力之一是大片的杜鹃花，过去由于牧马而形成的这片地方，现在通过人工修剪、割草来维持。该作品描绘了高尔夫球场的一角到矢岳的场景。

第一章　世界遗产屋久岛

小野寺浩

2014 年 7 月，在屋久岛宫之浦的屋久岛环境文化村中心，迪斯尼电影《冰雪奇缘》的发布会免费举办，这是一场在没有电影院的岛屿上举办的电影发布会。招待岛屿上孩子们的计划受到普遍欢迎，电影上映 3 次共有 657 名儿童参与。

上映该电影的环境文化村中心，作为屋久岛申请世界遗产名录的一环，于 1996 年在鹿儿岛县创立。环境文化村中心拥有 70 毫米宽片的大银幕，平时用来向来岛者播放介绍屋久岛自然风光的电影。这次用来举办电影发布会的想法，是运营该设备的屋久岛环境文化财团（1993 年 3 月设立）中的年轻干部提出的。

本文章阐述了国家公园屋久岛加入世界遗产名录的经过以及此后的变化，并针对世界遗产和国家公园展开思考。

一、屋久岛世界遗产登录

（一）屋久岛的概要

从九州最南端的佐多岬向南 60 千米，便是漂浮在海上的岛屿屋久岛。其北边坐落着种子岛。面积约有 505 平方千米，是日本面积第四大的岛屿。最高峰宫之浦岳海拔 1936 米，是九州地区的最高峰，在全国的离岛中海拔也是最高的。大约 1000 万年以前，从海底拔地而起的花岗岩形成了这座岛屿，薄薄的土层覆盖在岩盘之上。经气象局测量，靠近海岸的年降水量为 4477 毫米，位居日本首位。在山的中心地带的降水量据说能达到 8000～10000 毫米。

这种特殊的地形和气候，形成了该岛独具特色的自然条件。其中具代表性的是屋久杉。薄土层导致屋久杉的年轮长得极为致密，也使得屋久杉的树龄能够超过千年。绳文杉的树龄据说达到了几千年，在日本拥有极高的人气。

自零海拔到约 2000 米海拔的高度差，自亚热带到亚高山带的植物的垂直分布，还有生物种类的多种多样，都是屋久岛的特征。该岛上生长着 1292 种植物，约占日本的植物种类的四分之一。

岛上的动物有 3 万头屋久鹿，1 万只屋久猿，但没有兔子、狐狸和野猪。最近几年鹿和猿的增长速度令人惊讶。原本岛上没有狸，但是在 20 年前，有人在岛上目击到狸，而后狸数量的增加，成为困扰人们的一大问题。

岛上的人口有 13366 人（2014 年 7 月的数据），分布在海岸边的 24 个村落里。最大的村落是北边的宫之浦，约有人口 3300 人，其次是东部的安房，人口约有 1200 人。整个岛屿曾被等分为南北两部分，北边是上屋久町，南边是屋久町，2007 年时两町合并为屋久岛町一町。从各产业的就业人口来看，从事第一产业的人口为 14%，从事第二产业的人口为 18%，从事第三产业的人口为 68%（2008 年），其中从事第一产业的就业比例最低。岛屿的 89.7% 都是森林，其中 79% 是国有林。

该地的人均收入相对较低，只有 205 万日元（2008 年），但其物价却比该县平均水平高 1 到 2 成。

屋久岛因其奇异的自然景观，于 1993 年 12 月 11 日入选世界自然遗产（哥伦比亚·卡塔赫纳召开的世界遗产委员会），是日本首个入选的岛屿。同时被指定为自然遗产的还拥有山毛榉森林的白神山地，被指定为文化遗产的是姬路城和法隆寺，共计 4 处。在这个时期，《世界遗产公约》本身并不广为人知，申请世界遗产的热潮是在此后一段时间才开始的。

成为世界遗产需要满足以下条件：符合审查标准，通过专家严谨的资料调查和现场考察，并被一年一度召开的世界遗产委员会（由 21 个国家构成）承认。

与自然遗产相关的审查标准，有以下几点：

7. 独特、稀有或绝妙的自然现象，或具有罕见自然美的地带；

8. 构成代表地球演化史中重要阶段的突出例证；

9. 构成代表进行中的生态和生物的进化过程的突出例证；

10. 濒危物种栖息地等具有重要生物多样性的栖息领域。

（1 ~ 6 为文化遗产的标准）

（二）成为世界遗产之后的变化

距离屋久岛成为世界遗产已经过去了 20 年，屋久岛也发生了翻天覆地的变化。人口维持在 13000 人左右（与之相比，近 20 年全日本离岛人数平均减少23%），屋久岛的年生产总值在 1985 年到 2006 年期间翻了一倍。

这些经济效果大部分都是通过观光取得的。观光人数自昭和末期的 7 万人，增至现在的 30 万人以上。岛上的旅馆、酒店的住宿容纳量从 1985 年的 1500 人至 2012 年的约有 5000 人，增长了 3.3 倍。1989 年，屋久岛中没有山地向导，而现在已有 170 人。可以看出，申请成为世界遗产后，催发了岛上新的职业种类。

这些观光效果的取得几乎可以归功于成为世界遗产带来的功劳。虽然遗产登录给地区经济带来了很大的贡献，但诸如为了看绳文杉而引发的过度登山潮等新问题也层出不穷。

（三）屋久岛环境文化村构想

作为世界遗产的先行者，鹿儿岛县策划了屋久岛环境文化村的构想。该构想是 1990 年策划的县综合基本计划的战略企划之一，以屋久岛的自然环境为中心，探索不同于过去的全新的地域振兴策略。

1992 年 11 月总结归纳的"屋久岛环境文化村构想"包括以下几点：

1. 提出以"共生和循环"作为理念；

2. 完成的具体项目：有大型放映设施的环境文化村中心及作为自然学习基地的进修中心这两项核心设施；

3. 为了实践理念及运营上述设施，设立屋久岛环境文化财团。

1991 年 4 月 29 日，在第一届屋久岛环境文化恳谈会上，作为委员的国家公园协会理事长大井道夫的发言提到"要将屋久岛申请成为世界遗产"，这是在构建上述目标的过程中影响深远的一件事。当时的日本还未加盟《世界遗产公约》，世界遗产本身也不为人所知。

从结果来看，就在大井发表言论的 1 年 8 个月之后，也就是 1993 年 12 月，屋久岛成功列入世界遗产名录。这期间的 1992 年 6 月，国会批准加入《世界遗产公约》。

尽管存在着各种困难，屋久岛还是成功登录世界遗产，理由有以下几点：

首先，有关地区构建的问题得到了广泛且深刻的讨论。代表日本知识分子的"环境文化恳谈会"，以县内学者为中心的"环境文化基本设计研讨会"，以及当地人士参与的"研究会"同时举办，报告各自的成果并持续推进，并且以上的三个委员会都是对外公开的。在全国巡回进行的环境文化恳谈会在一年半的时间里举办了六次，每次都吸引了 200 ～ 300 人的旁听者。

其次，各委员会相互合作，开展了有一定高度的讨论，并最终达成一致意见。

"共生和循环"理念是哲学家梅原猛的主张，同时也是当地研究会的提案。

世界遗产申报书
1992 年 8 月

屋久岛环境文化恳谈会全体委员

我们申请将屋久岛申报为世界遗产。

去年以来，为了实现以构建自然、共生的新型地区为目标的《屋久岛环境文化村构想》，在与鹿儿岛县共同研究后，我们确信屋久岛迷人的自然风光在世界上是独一无二的。

屋久岛的山顶部分有年均一万毫米的降水量，自海拔两千米起 140 条河流和无数的瀑布一同汇入大海。另外，从亚热带到亚寒带的植物垂直分布，从绳文时代起生存至今的巨杉林立，其自然的丰富性和景观的美观性，着实是日本的代表。

从这样的认识出发，我们向世界呼吁保护屋久岛美丽的自然风光。这件事对日本而言意义深重，我们再次申请将屋久岛申报为世界遗产。

1992 年 8 月
屋久岛环境文化恳谈会代表下河边淳

屋久岛环境文化恳谈会委员：
秋山智英（社）海外林业顾问协会会长
井形昭弘鹿儿岛大学校长
上山春平京都市立艺术大学校长
梅原猛国际日本文化研究中心所长
大井道夫（财）国家公园协会理事长
兼高薰旅行记者
下河边淳东京海上研究所理事长（主席）
C・Wnikoru（音译）作家
沼田真（财）日本自然保护协会会长
日高旺（株）南日本新闻社社长
福井谦一（财）基础化学研究所所长
大山勇作屋久岛野生植物研究所主席
日高光志农业（屋久町乡土志编辑委员）

图 1　世界遗产申报书

另外，当地研究会的提案将整个岛屿大致划分为自然保护、调整、生活优先三个区域，并以共生为根本。

"共生和循环"这一理念，在名古屋构想形成一年半后，已成为1994年日本制定第一次环境基本计划的理念。

二、世界遗产和国家公园

（一）世界遗产

《世界遗产公约》是1972年通过的国际公约。为了保护埃及因建造阿斯旺大坝而可能被淹没的努比亚遗迹，联合国教科文组织发起了大规模的抢救文化遗产运动，并促成了《世界遗产公约》的缔结。如今，世界遗产公约的加盟国已有190个国家，美国和中国也在其中。

《公约》的序文中有这样一句话：必须将文化和自然遗产作为全人类的遗产来保存。自然本身孕育的自然和人类创造的历史文化，都是人类留给未来的遗产。这是该公约的创新之处。

如今世界上登录为世界遗产的自然遗产有197处，文化遗产779处，混合遗产31处，总计1007处（日本拥有自然遗产4处，文化遗产14处，共计18处。2014年6月，富冈制丝厂登录为文化遗产）。

世界遗产的审批是由一年一度的世界遗产委员会（21个国家代表）会议决定的，自然遗产由IUCN、文化遗产由ICOMOS的诸位专家，经过严格的实地考察、资料审查决定。

成为世界自然遗产的首要条件是在自然生态系统的世界级水准中具有典型性。另外一个必须具备的条件是，被登录的地区、登录地的保护管理责任必须受申请注册国的国内法的保护。以日本为例，国家公园（屋久岛、知床、小笠原）受国家制度、《自然公园法》的保护，自然环境保护地域（白神山地）受《自然环境保护法》的保护。

（二）国家公园

1931 年《国家公园法》制定，1934 年第一批国家公园被指定。现在已有 31 个国家公园，奄美国家公园的建设工作还在进行中。国家公园的面积已达到 205 万公顷，占国土面积的 5.5%。

《国家公园法》（1957 年变更为《自然公园法》）的国家公园选定方针（1931 年）中提到的成为国家公园必要条件是，要选择"足以代表日本风景的宏大自然风景区"。最初实行该制度时，是重视地形、自然景观。随着战后经济的高度成长，保护森林等生态系统的意识也不断提高，以此为前提的保护管理更加得到重视。2002 年起，确立了保护生物多样性的制度框架。

从国家公园的现状和历史的角度出发，我们可以看到《国家公园法》虽然受到地域制的限制，但是在自然保护领域发挥着核心的作用。无论是制度上还是实际操作中，现实中都没有能和国家公园相媲美的保护制度。

（三）屋久岛国家公园

屋久岛是 1962 年雾岛国家公园扩张时被纳入国家公园的。2012 年，屋久岛独立成为屋久岛国家公园。大部分指的是岛屿的中间部分及以上的山岳森林地带。

岛屿面积为 5 万公顷，国家公园面积为 2.5 万公顷，世界自然遗产注册地区为 1 万公顷。遗产中包括 1975 年确定的原生态自然环境保护区全域 1219 公顷。

生活区域集中在沿海的环岛公路附近，不在山地和森林地区。岛屿的九成都是森林，江户时代起屋久杉的砍伐曾经十分兴盛，但实际上占大部分的是国有林林业，民营林业并不发达。

自昭和末期到平成初期，屋久岛和国内其他的离岛一样，人口持续减少，长期处于低迷状态。就在这期间，屋久岛环境文化村的构想被提出了。

三、屋久岛引发的思考

（一）遗产现象或遗产人气

对于世界遗产和国家公园之间的关系，广泛流传着这样的说法：注册为世界遗产的国家公园均是一流的国家公园，除此之外是二流的国家公园。出现这种说法的主要原因是大众传媒及其他有力的宣传，观光效果恰恰印证了这种说法。

很明显，世界遗产是以国内法这种保护措施为前提的，四处世界遗产中的三处，都是作为国家公园被登录的自然遗产。奄美琉球也是以被指定为国家公园为前提准备登录为世界遗产的。成为国家公园才能实现遗产登录，遗产和国家公园之间有着这样的关系。

另外，世界遗产的保护制度，是"将杰出的文化和自然遗产作为全体人类的遗产"来保存作为目标的。尽管所保护的遗产都是经过挑选的杰出范本，但遗产保护公约根本的目的是以健全的地区发展为目标，要在无序的开发中守护自然和文化财产，将其回归到地方社会的正确位置上。

（二）世界遗产

从世界遗产的真正目的来说，只宣传观光效果是非常浅薄且表面的看法。我们需要不断领会世界遗产的含义，并践行这种理念，追求不断提高地球上自然环境保护的水准，这才是世界遗产的真正目的。

对于落后其他国家20年才加入《世界遗产公约》的发达国家（荷兰还未加盟该公约）兼经济大国的日本来说，有责任向世界传递自然保护的新理念。该理念是指"可持续利用""共生"的思想，以及在此之上可实施的具体方案和可借鉴的范本。

日本的国家公园实行的是地域制度，也就是通过对经济开发活动施加稳健和缓的限制政策，以实现对自然和环境的保护，这和欧美国家严格的、排他的自然保护的方式不同。发展中国家所面临的自然环境保护课题，就是如何调整经济发展与环境保护的关系的问题。如果过于强调环境保护，那么环境保护本身就会遭到抵制。实现快速的经济增长的同时，在自然保护方面也取得一定成果的日本的地域制，也就是国家公园制度，对于为了调整经济开发和环境保护的关系上绞尽脑汁的发展中国家而言，无疑具有示范作用。

（三）屋久岛引发的思考

如果把日本国家公园的调整原理和具体的实施细则视作具有国际性的范本的话，那么屋久岛环境文化村的构想就是把这种范本更加向前推进的尝试。所谓尝试，是指把当地居民与代表日本知识界的精英放在平等的立场上进行公开讨论，对岛屿的未来达成共识，不只是提出以"共生和循环"为理念的远大目标，不仅规划了保护区，而且将整个岛屿分成三个区域，在保护自然的同时进行有序的开发。

作为一名直接参与设计此构想，以及参与申请世界遗产等实际工作的人员，我切身体会到，这次世界遗产登录的最大成果，同时也是能够申请遗产成功的最大动力，就是岛民们在研讨的过程中，对自己的岛屿和岛屿的自然环境有了自信，甚至说产生了荣誉感。

我们应该看到，改变地区经济，用新的思想推进地区振兴是需要时间的。屋久岛在构思策划、世界遗产登录后经过了20年，终于可以看到当初的"思想"开始萌芽。带游客进村的生态旅游事业，在没有电影院的岛屿举办的电影发布会，都是"思想"萌芽的例子。通过聚焦这些"萌芽"并进一步扩大其成效，环境文化村构想、国家公园、世界遗产，才能获得真正意义的实现。

小野寺浩

（原载于《国家公园》2014 年 11 月刊）

屋久岛基本数据

■ "屋久岛"的总人数和观光人数的变化

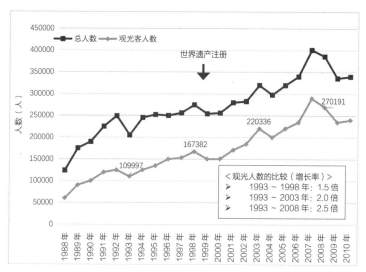

出处：熊毛地区的概况。未计算 2000 年以后的观光人数，在此是以总人数的 70% 推算的

■ "屋久岛"的总（净）生产值的变化

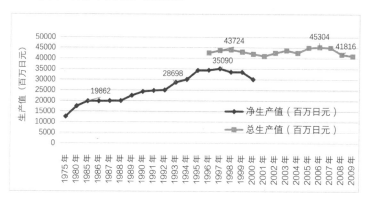

出处：市町村民收入推算报告书
1975 ~ 2000 年为各年度报告书中记载的净生产值
1996 ~ 2008 年为追溯至 2008 年修改的总生产值

■ "屋久岛"住宿设施数量和接待人数的变化

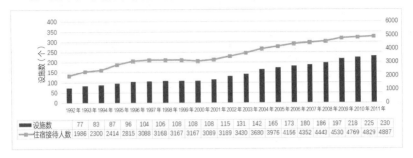

	1992年	1993年	1994年	1995年	1996年	1997年	1998年	1999年	2000年	2001年	2002年	2003年	2004年	2005年	2006年	2007年	2008年	2009年	2010年	2011年
设施数	77	83	87	96	104	106	108	108	108	115	131	142	165	173	180	186	197	218	225	230
住宿接待人数	1986	2300	2414	2815	3088	3168	3167	3167	3089	3189	3430	3680	3976	4156	4352	4443	4530	4769	4829	4887

出处：屋久岛保健所，数据来自各年年末

■不同产业的总（净）生产值的变化

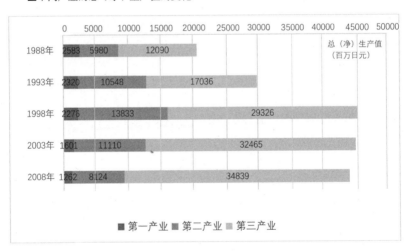

出处：市町村民收入推算报告书
1988 年及 1993 年使用了各年度报告书记载的净生产值
1998 年、2003 年、2008 年使用了 2008 年修订的总生产值

■"屋久岛"町民人均收入的变化

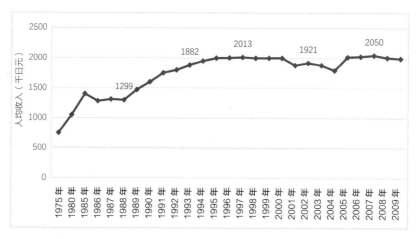

出处：市町村民收入推算报告书

■"屋久岛"人口变化

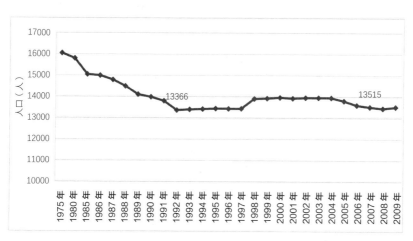

出处：市町村民收入推算报告书

第二章　国定公园与佐渡岛

长田启

一、朱鹮之岛——佐渡

新潟县佐渡岛在这个春天兴起一股追捧朱鹮宝宝的热潮。今年新生的朱鹮有 36 只，截至 8 月，佐渡岛一共有 131 只朱鹮。过去，这种动物在日本随处可见，但由于明治初期的滥捕滥杀，以及持续不断的森林砍伐，以及农药的过度使用，使得朱鹮的数量骤减。1981 年朱鹮曾一度在日本消失，人工繁殖也没有成功，最后的一只朱鹮在 2003 年死亡。

1999 年日本从中国引入一对朱鹮，再次开始人工繁殖。这以后日本又从中国陆续引入数只朱鹮，并开始对人工繁殖的朱鹮进行野外放归训练，2008 年开始放生。2012 年，8 只小朱鹮在野外筑巢，2014 年，11 对朱鹮繁殖的 31 只小朱鹮也在野外筑巢。随着大家翘首以盼的、父母都是野生的、第三代放生朱鹮的诞生，朱鹮的数量也开始迅速回升。

很多人都不知道，佐渡岛是日本最初列入国定公园的场所之一。1950 年 7 月，佐渡、琵琶湖、耶马日田英彦山和隔海相望的弥彦山一起被列入佐渡弥彦国定公园（现在的佐渡弥彦米山国定公园）。

那时候，日本的朱鹮在佐渡仅有 20 余只存活，能登半岛上也仅有不多的几只，但那时还未实施积极的保护措施。

这次有关国家公园的讨论中提到了初期作为国定公园之一的佐渡。现在我们以佐渡为例，概观国定公园的历史和现状，并探讨今后在自然公园体系中国定公园应该发挥的作用。

二、佐渡岛的国定公园区域

佐渡岛，大致分为：中央部分拥有宽广的水田地带的国中平原、南侧有平缓山地的小佐渡丘陵和北侧以海拔1172米的金北山为主峰的大佐渡山地(图1)。

其中，国定公园的区域包括：大佐渡山地山脊线部分和被称作外海府的海岸部分、岛屿南部及北部的半岛部分、岛屿东侧玄关的两津湾毗邻的加茂湖一带。作为主要的景观资源，在外海府海岸，有以电影《你的名字》取景地闻名的、与海蚀崖相连的尖阁湾，有以大片的萱草而出名的大野龟巨岩，以及被日本环境省选为"百家著名海水浴场"之一的二龟岩浴场等。岛屿南部的小木半岛的观光名胜有因"木盆船"而知名的矢岛、经岛。大佐渡山地中可见到多种高山植物，近年来作为花之岛，因大量前来登山旅游的观光客而呈现出一片繁荣景象。佐渡的国定公园面积（陆地地区）是19900公顷，平地、丘陵的次生林和水田地带基本都在区域外，与朱鹮的栖息地没有重叠。

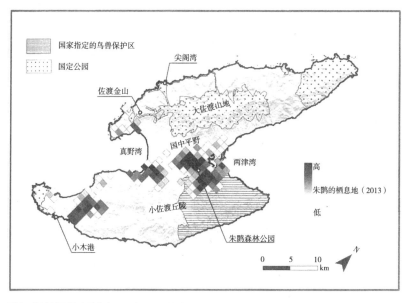

图1　佐渡地区的朱鹮分布及国定公园区域（2014年）

另外，小佐渡丘陵的东侧一带在 20 世纪 70 年代中期到 80 年代中期成为朱鹮种群的栖息地，1982 年以后，作为珍稀鸟兽保护区进行了一定的扩展，如今被国家指定为鸟兽保护区。

虽然小佐渡全地都被指定为县立自然公园，但这个"全地"仍然是普通区域，并没有作为自然公园得到妥善的管理。

三、初期的国定公园及其定位

国定公园是由环境大臣根据都道府县的申请指定的、以国家公园为基准、有着优异自然风光的风景地，并由都道府县来实施管理的保护地域。

1931 年，制定《自然公园法》的前身——《国家公园法》的时候，并不存在国定公园的规定。"二战"后的 1949 年，该法律被部分修订，追加了对以国家公园为基准的区域的指定规则。1950 年，以此为基础，前面提到的三个公园被指定为国定公园。1957 年，重新制定并施行的《自然公园法》取代了《国家公园法》，构成了现在的自然公园制度体系，并首次在法律条文中出现"国定公园"这样的文字。

"二战"时期自然公园的管理和运营一度被迫中断，但 20 世纪 40 年代中期到 50 年代中期由于战后国土的复兴，国家公园（伴随指定而来的国际观光复兴、国民经济的活跃）被赋予非常大的期待。仅在 1947 年的第一次国会上，有关国家公园的申请就有 22 件，之后的一段时间里，国家公园申报运动在各地兴起，申请多到让人难以应付。作为当时负有管理自然公园责任的厚生省认为，确保日本拥有大面积的保护区域十分重要，但如果不控制国家公园数量，任其无序增长，则国家公园整体的标准就会降低。

这里有一些值得注意的点：①厚生省试图将国家公园的数量限制在 20 处以内；②国定公园（准国家公园）不一定必须拥有优异的自然景观等考量；③多数的地方自治体申请国家公园所期待的不是自然保护，而是希望能够提高公园的知名度，同时希望申请成功后可以用国家预算改善配套设施。

关于①，最广为人知的是美国国家公园技师查尔斯·里奇的《里奇备忘录》（1949 年）。他在考察国家公园，并与管理当局面对面了解情况后撰写了该备忘录。备忘录中指出：指定国家公园的工作应谨慎进行，整体目标是在日本设立 18 ~ 20 处国家公园。国家公园的实际数量经过从战前到 1964 年为止的很长一段时间，从 12 处发展到 21 处（知床、南阿尔卑斯被指定为第 20、第 21 处国家公园）。但国定公园从 1950 年到 1964 年被指定的数量有 23 处，之后一直到 1975 年，每年都不断有新的国定公园被政府指定。

关于②，1949 年制定的"以国家公园为基准的区域的选定标准"中规定，以国家公园为基准的区域除地形等自然因素、古迹等文化因素的条件以外，还需具备以下条件：A. 以国家公园为基准的、需要保护的优异的自然风景区；或者 B. 因环境有利于多数人的健康，且可被多数人有效利用的、有必要保护的自然风景区。在《国家公园——现在和未来》（1955 年，国家公园协会著）一书中有着这样的描述："有着能与国家公园比肩的优异自然景观的国定公园需要被加以保护。"另外还有："即使自然景观不是特别优异，但是因为毗邻大城市圈而被人们作为野外休养地来使用，具有很高价值的地区"。

关于③，在 1948 年时任厚生省国家公园部计划课课长的石神甲子郎先生曾经表示，当时来自全国各地的申请如此集中的原因在于——"首先，各地都想要一个所谓国家公园的标签（以便宣传），但是却希望放缓为了保护景观必须停止经济开发的这一限制；其次，各地都希望尽可能多的申请国库补助，以此实现硬件设施的改善"。之后，厚生省决定着手研究重视国民福利的《国民厚生公园法》（暂定名称）。另外，1952 年在国家公园审议会上可以看到，当时作为自然公园候选地的一共有 19 处，这些候选地所在的地方政府需要自己决定他们提出的候选地是作为独立的国家公园或国定公园的候选，还是将候选地编入近邻的（已有）国家公园。当地方政府判断，他们提出的候选地没有资格成为独立的国家公园的候选地，而且附近有（已有的）国家公园的时候，地方政府往往选择申请将候选地编入邻近的国家公园，而不是申请成为独立的国定公园。

鉴于上述情况，对于国家公园管理当局来说，最初的国定公园是既充分考虑到地方政府的诉求，又尽可能的不使用国家管理的人力及设施费用，最大范围地确保日本的"自然保护区域"的一种重要手段。

国定公园相关年表 　　　　　　　　　　　　　表1

年号	公历	事件
昭和6	1931年	制定、实施国家公园法
昭和24	1949年	修订国家公园法，追加准用地区的规定 制定以国家公园为基准的地区的选定标准
昭和25	1950年	指定琵琶湖、佐渡弥彦、耶马日田英彦山为国定公园
昭和27	1952年	国家公园审议会审核——19处国家公园、国定公园候选
昭和32	1957年	制定自然公园法
平成22	2010年	国家公园、国定公园综合验收工作报告

四、再谈佐渡

国家公园制度的创始者田村刚，在包括佐渡在内的最初的三处国定公园被选为候选地的时候表示，佐渡因为存在"自然景观遭到严重破坏，无法获得能作为国家公园也就是大自然公园的集中地区"这样"重大的缺陷"，因此无法被指定为国家公园；但另一方面他也表示，"佐渡的优点，在于古迹、民俗等人文方面占据了很大优势"，因此田村刚表示，希望佐渡能够成为以"适用"国家公园制度而被指定的保护区域。

佐渡在历史上作为流放地而收容过众多被流放的文化名人，另外作为金山之岛的佐渡拥有多种产业，人口众多。岛屿中不仅拥有着陵墓、神社佛寺，以及占据日本整体数量三分之一的能乐舞台、金山遗址等具有文化独特性的建筑物；同时还拥有梯田等人文景观，存在着很多保有珍贵民俗文化的村落。然而，被指定的佐渡弥彦国定公园在《国家公园》718期中虽然有小泽晴司所介绍的大河津分水等例子，但公园区域和人文的景观资源之间的联系并不是很密切。公园的中心包括大佐渡山地的山脊线和尖阁湾的海岸线，金山和很多村落也在1970年的公园规划决策时被划分出去。像国中平原等平原地区、村落、矿区等很多有观光利用价值的被期待的文化景观都划到了公园范围之外。

佐渡的国定公园在保护区域的选定上，并没有遵循自然公园的大原则，即选定在后期利用上发挥核心作用的区域，以方便保护区域在今后的维护和发展。在初期的国定公园中这样的情况应该不少。

自国定公园诞生起至今已过 64 个年头。这期间，于 1999 年，因地方分权统一法，与国家公园相关的都道府县的部门委任工作被废止。2005 年由于三位一体的改革，给予国家公园内的都道府县工作的补助金停止发放，而另外国定公园的补助金变成了交付金[1]。虽然两者都由国家指定，但县政府对有关国家公园的设施配备、颁发认可等事项的干预能力减弱，而对国定公园的设施配备等事项的量裁权以及相关责任变大了。这些变化会带来什么样的影响，是今后需要关注的问题。

五、为了新的国定公园

现在，已有 56 处国定公园，面积 136 万公顷，占国土面积的 3.6%。国家公园有 31 处，面积 210 万公顷，占国土面积的 5.6%。两者合计 346 万公顷，约占国土面积的一成。

如上文所述，日本的国家公园、国定公园：①保护区域的指定与否不受土地所有权影响；②对于强烈意愿申请成为指定保护区域的地方，多种多样的土地利用方式经过和地方的协商会被采用。

如果在自然保护的细则上将国家公园和国定公园进行比较的话，我们会发现：在国家公园中，保护细则规定的相对宽松的普通区域的面积达到 5% 以上的，仅为 11 处（全体的 35%），与之相对，国定公园达到 42 处（全体的 75%）。

从土地利用、植被生长状态来看，天然林在国家公园中占比五成，而在国定公园中仅占比三成。次生林和人工林的总面积占国家公园的三成，国定公园

1　补助金和交付金都是国家拨款，且不用偿还，但是交付金需要提出具体的事业规划，且一般由地方政府交给当地民间企业执行——译者注

的四成（农地均占 4% 并无差别）。

在持续进行开发的国土中，国家公园和国定公园可以算是日本保持生物多样性以及自然保护的顶梁柱。另外，带动以观光为导向的地方经济的振兴也是国家和国定公园的本质所在。自然保护细则规定的较为宽松的"普通区域"以及天然次生自然环境在国家公园及国定公园都占有相当的面积，我们应该如何对待这些区域的发展呢？通过重新积极审视对应这些地区的政策，从而进一步扩大国家公园和国定公园的"可能性"是存在的。

例如，严格保护作为核心区域的重要自然地貌和景观当然是毋庸置疑的。问题在于其周边地区的处理方式，该如何调整保护环境与开发利用的关系呢？如果这种调整能够顺利实施的话，将周边区域作为缓冲区，不仅能够更好地保护核心区域，同时能够与核心区域互动，进而增加整体开发利用的效果。

另外，如果考虑濒危物种的栖息环境等因素的话，很明显，占国土面积四分之三的天然次生自然地区在生物多样性的保护上有很重要的意义，限制开发的"规定区域"及国家公园和国定公园在保护生物多样性上所承担的作用是明确无疑的。

国家公园和国定公园的比较　　　　　　表 2

比较类型	数量	面积				全年利用人数合计（千人）
		总计（千公顷）	占国土面积比（%）	私有土地比例（%）	普通区域比例（%）	
国家公园	31	2099	5.56	25.8	27.9	309043
国定公园	56	1359	3.60	39.7	6.9	270010

佐渡的朱鹮，是将水田作为取食地，在周边的人工林、次生林里搭建巢穴，在那里筑巢生活。这些场所目前看来与国定公园区域的关系并不明显，但是，如果今后可以将天然次生自然区域作为朱鹮活动的标准区域被纳入国定公园范围内，或者将国定公园及其周边环境在战略上综合整合的话，那么上述的水田及人工林对朱鹮的保护以及对国定公园所做的贡献便会一目了然，而佐渡国定公园的整体形象以及保护区域对当地的作用也会更加突出。

此外，佐渡有能乐舞台等珍贵的文化景观。在考虑自然保护之后，将其文化景观积极地纳入国定公园的范畴中也是很有必要的。正如《奄美国家公园》连载中所描述的那样，对于有些公园，将文化景观作为和自然景观对等的风景来保护是具有必然性的。不只是佐渡，大部分的国定公园，如果将文化景观纳入公园区域内，则会使游客感受到更多的亲和力，而由此带来的效果，也会使"保护环境"这一国定公园的出发点，变得更加易于实施。

长田启
（原载于《国家公园》2014 年 9 月刊）

第三章　自然观察森林

阿部宗广

　　在靠近首都中心部位的丘陵地带有一处森林，生长和栖息着种类繁多的动植物，这就是横滨自然观察森林。这里已确认生存着 800 种维管植物，16 种哺乳动物、140 种野鸟、两栖类 22 种、34 种蜻蜓、50 种蝗虫和包括 55 种蝴蝶在内的昆虫，共有 2453 种。在这片森林里，一年到头都有"徒步森林的四季""儿童自然探险队""亲子野鸟探寻队""与自然嬉戏"等各种各样的活动，几乎每周都有活动举办。森林中总能听到孩子们、父母们的欢声笑语。

一、本文的目的

　　本次选取了自然观察森林，它是能够在都市及其周边亲近自然，与小动物亲密接触的地点，是市町村依靠环境省和县提供的补助进行维护和运营管理的。

　　选取距离国家公园很远的都市作为研究对象的原因有以下几点：在这次的国家公园讨论中，如何保护和利用整个国家的土地和自然环境是今后很大的课题。所谓国土的自然并不是只以国家公园为代表的原生自然组成的，而是由乡村、乡村周边的山地，一直到都市周边的自然一起构成的。这些区域的利用和管理应该也是与国家公园等同的。如今，在都市中应该实现的自然生态的利用形态，只是在自然保护区域的核心地区能够看到。提高整个国土区域中自然生态的数量和质量是环境省自然环境局的责任，也是讨论都市自然的存在方式的意义所在。

二、横滨自然观察森林的大致情况

　　横滨自然观察森林位于横滨市的南部，三浦半岛的北端。一边是海拔 100

米至150米的里山，以《首都圈近郊绿地保护法》为依据，指定了面积达到1000公顷的近郊绿地保护区域。除自然观察森林以外，还有被横滨市政府管理的金泽自然公园和4个市民森林。在绿地保护区域内有横滨到横须贺的国道，绿地周围被住宅区、公墓和高尔夫球场等包围。

该森林是横滨市从1984年开始，经过3年整备完成的。在森林南端的正门附近，坐落着作为活动地点的自然观察中心（木制结构平房、建筑面积577平方米）。中心的北侧生长着枹栎、山樱花和灯台树等天然次生林，也残存着一块块不连续的锥栗属和润楠属的天然林地，地下水从地面浸出流淌，形成湿地、池塘和草地。

园内被划分为杂木林管理区、林缘区和迁移区等部分，分别坐落着被冠名为黄粉蝶广场、日本树莺草地、黄胸黑翅萤火虫湿地还有日本源氏萤火虫山谷等场所。其命名的依据是植被和环境条件，表现了该环境吸引来此栖息的目标生物。它们通过4条自然散步路线连接，总长度为5千米。自然风貌相对保留较多的北侧森林，作为保护区域限制游客进入。在园外，还有将附近的金泽自然公园和市民森林连接起来的徒步旅行路线（被命名为独角仙小径，稍后再述）。

自然观察森林自1986年开放以来，一直由日本野鸟协会受横滨市委托，进行维护和管理运营。多个（现在有6人）公园管理员常驻于此，承担接待来园者、实施自然观察会和协调志愿者等工作。

2013年度的入园者有14万人，自然观察中心的入馆者有47000人，参与小学的体验学习、综合性学习、企业的社会志愿活动等的团体有400个。另外，还有自然观察森林友之会这样的志愿者团体，其会员约有200人，志愿者组织了调查活动、杂木林修整等活动百余场。

包含森林的区域在2010年被指定为近郊绿地特别保护区，因此对其保护得以加强。自29年前开放以来，横滨自然观察森林以市民为中心，作为与身边自然亲密接触的场所、自然观察的场所被充分利用，作为在都市近郊保留下来的良好自然风貌，其地位和评价得到了稳步提升。

三、独角仙计划

自然观察森林的构想中有一个"独角仙计划"。1981年2月，由当时的环境厅自然保护局职员组成的研究团，发表了以"与小动物共生的都市环境——独角仙计划"为题的研究报告。

20世纪60年代中期，在经济高度成长的过程中，公害和自然破坏成为重大社会问题，1971年环境厅设立。当时，各地都呼吁自然保护和生态系统保护，全国兴起反对建设盘山公路、观光道路的社会运动。新成立的环境厅也把自然环境管理的工作重心放在了保护"宝贵的自然"上。到了20世纪80年代，此前的相应措施取得了一定成果，各方面的形势都开始稳定，如何保护并活用"身边的自然"成为行政课题。1980年，城市近郊的都道府县立自然公园积极主动地开展"故乡和自然公园"的环境治理项目，以推进市民和自然的亲密接触。与此同时，虽然经济得到了发展，但是街上的景观和环境依然相对落后，此时，"适意"这一概念代表舒适、有魅力的环境，逐渐受到关注。

研究团队将城市的"适意"问题作为讨论的中心，提出了城市中"日常的自然"的丧失问题，并得出了这样的结论——自然保护管理机构的责任，是重新恢复在城市的发展过程中失去的"自然"。"如何恢复失去的自然"，其具体方案之一选择了"有蝴蝶和萤火虫飞舞、野鸟啼鸣的城市"为主题，并讨论了使之实现的方法。这一成果被汇总为报告，并用孩子们喜爱的独角仙将其命名为"独角仙计划"。

报告中指出，灵活利用城市中现存的"自然的空间"，让人们能在日常生活中与易亲近的小动物有亲密接触的机会，重拾城市的风趣与悠闲之感，使人们能够动态地感受到季节的变化及其不同的景观风貌。报告进一步指出，要从小动物栖息环境的角度出发，分析城市的自然环境，筛选能够与城市共生的小动物的种类，并保全和维护作为其栖息地的理想的绿地和水环境，并以此为基础，提出城市公园的公共绿地、河川、海岸等具体的修复内容。

报告不仅提出了对其他行政机构的建议，作为环境厅自身的业务之一，提出了以下的具体构想：将环境厅自己管理运营的新宿御苑的一部分作为蝗虫和蜻蜓、独角仙和萤火虫的栖息场所进行再修整。该构想并未在现实中实现，但3年后通过自然观察森林的整备得到了具体的实施。

当时，日本尚处于不知何为"生物群落"的时代。

四、自然观察森林整备工作的大致情况

环境厅在全国修整了 10 处森林作为示范项目，其中自然观察森林的整备自1984 年起展开。内容为修整与动植物亲密接触的场所和观察设施，推进自然保护的教育，以下 3 点为基本方针：

1. 作为都市及其周边地区的推进自然保护教育的基地进行整备；

2. 通过对昆虫、野鸟、植物等常见生物的观察，让人们理解自然的构成，提高对自然的热爱和道德水平；

3. 依靠场所和设施的修整及常驻自然解说向导和志愿者的力量，将观察指导一体化。

示范项目的实施方法是：①项目主体是市町村；②每个地区的项目费用是2.25 亿日元，并由中央和都道府县各担负三分之一；③每个地区的整备时间为3 年；④全国共有 10 个地区进行整备。

以下 4 点是成为示范项目地的条件：

1. 在三大城市圈及政令指定城市（包括毗邻的市町村）范围内，从其中心城市可以轻松到访的区间内；

2. 有树林、小河、池塘等常见的自然景观，可作为观察对象的动植物栖息较多的地区（标准面积 10 ～ 20 公顷）；

3. 根据地方公共团体条例等规定，可以征借土地，将其作为自然环境保护的对象；

4. 以常驻的自然解说向导及志愿者为主体，能够独立管理运营该自然保护区域。

整备内容的基本形式有以下几点：

1.在保护区域内，为不同的动植物观察对象划分区块，形成适合其栖息的环境（诱导设施）；

2.建设作为自然保护教育活动基地的自然中心（中心设施）；

3.建设自然观察小径和观察小屋，以及方便游客自助游览的解说标识（观察设施）；

4.建设停车场、卫生间、广场（便利设施）；

5.建设必要的联络观察线路（独角仙小径），将周边的森林、小河、池塘作为一个整体进行观察。

五、自然观察森林整备工作的意义

自然观察森林整备工作作为当时的新创意，有以下三个特点：

1.该森林以自然保护教育为初衷，为提供教育场所而进行全面整备；

2.不止重视硬件设施，还重视软件服务内容，将协助常驻自然观察向导及志愿者作为必要条件；

3.这是第一次由政府实施的不以稀有物种为对象，而是以身边常见生物的栖息环境为对象实施的自然保护环境整备工作（NGO项目中存在先例）。

但是，政府内部与外部的意见会有分歧，也正因为如此，"自然观察森林"对自然保护而言的重要意义有以下两点：

1.自然公园范围之外首次实行的全面整备工作；

2.环境厅首次发表了有关对都市自然环境质量的意见，并用实例展示了具体的治理方向。

自然公园的整备工作自1957年开始，由两部分构成，一是政府直接管理国家公园并对都道府县提供补贴，二是对国定公园提供补贴（对于国家公园以及国定公园之外的远距离自然步道，自1972年起也享受了国家三分之一的补贴）。1980年，最初对都道府县立自然公园的补贴，开始于对故乡自然公园国民休闲疗养地的整备。

当时国家的设施整备预算总额不到 30 亿日元，不能为全国的自然公园提供足够资金。其中，虽说给（自然观察森林等）两个地区 6000 万日元（基本需求）不算很大的金额，但是对自然保护局来说，这是对自然公园以外的设施实施的新的预算立项，也有很大的风险。因为自然保护局内部有人担心，如果该预算不被（上级机关）认可的话，会造成自然保护局设施整治预算整体额度的减少。

另外，都市圈的环境治理一般被认为是建设省的职权范围，尤其是"三大都市圈及政府指定都市"更是都市圈的核心，在这些区域由环境厅主导进行环境设施治理，可以说是突破了日本政府机构的常规（更不用说最初的候选地是有法律规定的，由建设省管辖的指定区域）。而事实上，（在规划实施期间）环境厅确实感受到了来自建设省的强有力的反对，作为规划实施主体的市政府也感受到了来自建设省的压力。

NGO 的反应也各不相同。最初在设计自然观察森林构想的时候，我们想，与具有自然保护教育和生态环境整治等专业知识的 NGO 合作是否更好呢？于是我们与其中两家最大的团体进行了接触，但其反应是截然不同的。其中一家机构表示，十分支持环境厅对都市的自然环境治理并伸出援手，表示一定尽力帮忙。而另外一家机构认为环境厅连国家公园的保护工作还做得不够完美，反对环境厅扩大业务范围，并拒绝提供帮助。

提出自然观察森林构想，并实行申请预算的是计划课的两名股长和一名股员组成的自发团队，在环境厅内部及外部的反对声中，申请预算并获得成功简直是具有革命性的意义。

自然观察森林构想的实现，给其后的自然公园事业、都市公园事业（也许建设省不承认）都带来不小的影响。

环境厅从 1989 年起，以都道府县、市町村为对象，提供政府支持，在都市近郊及山区开展了与自然观察森林相同理念的"与家乡的自然亲密接触之所"的环境治理项目，到 2003 年共修整 24 处。在 1992 年至 1997 年期间，作为"亲密接触之所"的扩大版，"环境和文化的村庄"这一项目在四县进行实施。

建设省开始启动一种新型的都市公园——"保护和新建适宜野鸟等小动物的栖息地、具有代表性的植物群落等品质较高的绿地环境的同时，使自然回归都市，创建作为人类和其他生物亲密接触的地点的自然生态观察公园（都市生态公园）"（建设省《环境政策大纲》）。1993 年，神奈川县立座间谷户山公园作为第一个新兴都市公园对外开放（国土交通省资料）。

六、对整个国土自然的思考

"自然观察森林"，从名称上看是基于自然保护教育概念之下的项目。然而，环境厅作为对自然环境进行规划和治理的政府职责部门，不仅需要对以国家公园为主的国土原生自然进行管理，也应该对都市的自然环境治理提出理想的样本，这正是自然观察森林项目的真正目的所在。

"二战"后以经济发展为优先，在这样经济高度发展的社会中，日本的都市被无序开发。当时，都市公园只是将国民人均自然面积的保障作为最大目标，但大部分公园的自然环境质量都不高。

国家公园的风景和生态系统会产生不同于日常的惊喜和感动。即使是都市和生活区域，追求的也不是像装饰品那样非天然的绿色，而是可以让生物栖息的高品质的绿色环境，是否存在天然的环境成为人们对生活环境满意的关键。我们要做的是维护和不断提升整体国土的自然品质。恢复都市的自然环境，恢复野生动物及其他生物的栖息环境，这些事情都是一个整体。

当时意识到的问题是，如何看待都市低品质的自然环境，以及改善这一环境的责任是不是环境厅的责任。都市低品质的自然环境至今未改变。

阿部宗广

（原载于《国家公园》2015 年 4 月刊）

名称	所在地	项目方	成立年度
仙台市太白山自然观察森林	宫城县仙台市太白区茂庭字生出森东 36-63	仙台市	1991 年
桐生自然观察森林	群马县桐生市川内町 2 丁目 902-1	桐生市	1989 年
牛久自然观察森林	茨城县牛久市结束町 489-1	牛久市	1990 年
横滨自然观察森林	横滨市荣区上乡町 1562-1	横滨市	1986 年
丰田市自然观察森林	爱知县丰田市东山町 4 丁目 1206 番地 1	丰田市	1990 年
栗东自然观察森林	滋贺县栗东市安养寺 178-2	栗东市	1988 年
和歌山自然观察森林	和歌山县和歌山市明王寺 85	和歌山市	1991 年
姬路市自然观察森林	兵库县姬路市太市中 915-6	姬路市	1987 年
大的自然观察森林	广岛县廿日市市大野矢草 2723	廿日市市	1989 年
福冈市油山自然观察森林	福冈县福冈市南区大字桧原 855-1	福冈市	1988 年

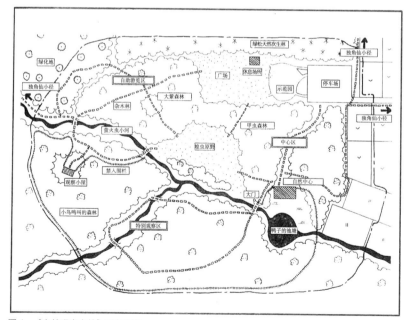

图 1 "自然观察森林"形象方案

第四章　岛屿和国家公园

枝松克巳

一、岛屿是什么

岛屿在地理上的定义是指"四面环水并在涨潮时高于水面的、自然形成的陆地区域"。

日本由 6852 个岛屿（周长 0.1 千米以上，海上保安厅调查数据）构成。除了"本土"五岛（本州、北海道、四国、九州以及冲绳本岛）之外，还有 6847 个"离岛"（国土交通省主页）。其中有人居住的岛屿有 418 个（2010 年人口普查）。

《离岛振兴法》是国家以有人居住的岛屿为对象制定的专项规定。另外国家还制定了《小笠原诸岛振兴开发特别措施法》《奄美群岛振兴开发特别措施法》《冲绳振兴开发特别措施法》。这些有专项法律法规的岛屿（以下指"法律指定离岛"）有 307 个，面积为 7527 平方千米，占国土面积的 1.99%，有占比全国 0.5% 的 63.7 万人居住于此（2010 年 4 月 1 日当天数据）。在本文中使用"岛屿"或是"各岛屿"这个名称，有些专有名词和特定对象，会使用"离岛"一词（如使用统计数据的情况用"法律指定离岛"）。

二、国家公园和岛屿

日本是个岛国，岛屿呈现的景观，以及很多因岛屿自身的条件形成的生态系统，都是日本的自然风光的代表。日本的国家公园也体现了这一特点，在全国 32 个国家公园中，有岛屿的公园有 14 个，从北边的利尻礼文国家公园到南边的西表石垣国家公园，在公园内均可以见到各种各样的岛屿。佐渡、对马、奄美群岛等岛屿也被指定为国定公园。

本文将从在岛屿面积中国家公园总面积的占比，以及指定为国家公园的岛屿上居住人口这两方面出发，探讨岛屿和国家公园的关系（参照表1）。

国家公园中法定离岛概要 表1

国家公园名	国家公园内法定离岛名	岛屿数量	离岛人数（H22国家调查）	离岛面积（H22）
利尻礼文	礼文岛、利尻岛	2	8705	264
三陆复兴	大岛	1	3125	9
小笠原	父岛、母岛	2	2371	44
富士箱根伊豆	大岛、利岛、新岛、式根岛、神津岛、三宅岛、御藏岛、八丈岛	8	24829	286
伊势志摩	神岛、答志岛、菅岛、坂手岛、渡鹿野岛、间崎岛	6	4258	14
濑户内海	兵库县内4（家岛等）、冈山县内12（白石岛等）、广岛县内2（大崎上岛等）、山口县内10（大津岛等）、香川县内20（直岛等）、爱媛县内21（弓削岛等）、大分县内1（姬岛）	70	37296	264
大山隐岐	岛后、中之岛、西之岛、知夫里岛	4	21688	345
足摺宇和海	嘉岛、户岛、日振岛、竹岛、冲之岛、鹈来岛	6	1074	19
西海	高岛、宇久岛、小值贺岛、高岛、中通岛、若松岛、日之岛、渔生浦岛、久贺岛、福江岛、岛山岛、嵯峨岛、平岛	13	64958	619
云仙天草	汤岛、中岛、横浦岛、牧岛、御所浦岛、狮子岛	6	4299	37
雾岛锦江湾	新岛	1	4	0.13
屋久岛	屋久岛、口永良部岛	2	13589	541
庆良间诸岛	座间味岛、阿嘉岛、庆留间岛、渡嘉敷岛、前岛	5	1625	29
西表石垣	石垣岛、竹富岛、西表岛、由布岛、小滨岛、黑岛、新城岛上地、新城岛下地、嘉弥真岛	9	50239	539
国家公园内的法定离岛总数		135	238060	3009
全国法定离岛总数		307	636811	7527

* 资料：2013年离岛统计年报等［当时，小豆岛不属于离岛不算在范围内。庆良间诸岛未被指定为国家公园（2014年3月5日被指定），但算在该范围内］

根据"离岛统计年报"（公益财团法人日本离岛中心发行）的调查，一部分或全体被指定为国家公园的法定离岛的区域有135个，从数字上来看占法定离岛总数的44%。居住人口23.8万人。其所属的国家公园的面积（陆地区域）

总计 1364 平方千米，约占整体的 18% 的离岛面积被指定为国家公园。与国家公园占全国国土面积的 5.6% 相比，是很大的比例。

在拥有岛屿的 14 个国家公园中，岛屿数量最多的是濑户内海国家公园，作为岛屿中居住人口较多的国家公园，西海的 13 座岛屿上约有人口 6.5 万，西表石垣的 9 座岛屿有人口 5 万，濑户内海的 70 座岛屿有人口 3.7 万。濑户内海国家公园里架设桥梁的岛屿很多（一旦架起桥梁后，该离岛就不再属于振兴对策实施地区即法定离岛），如果把这些架设了桥梁的岛屿的数量计算在内的话，其人口数量会变得更多。岛屿面积很大的国家公园中，富士箱根伊豆的 8 座岛屿面积达 276 平方千米，屋久岛的 2 座岛屿面积为 246 平方千米，西海 13 座岛屿面积为 169 平方千米。

三、在有人居住的情况下被维护的各岛景观

从被指定为国家公园的各岛来看，有多个岛屿的海洋景观，有海和单独岛屿形成的自然景观（海蚀崖、珊瑚礁等），还有像岛的中间有火山这样因特殊条件形成的自然景观，审核工作是根据岛屿的不同侧面来评价的。在此基础上，近年的评价标准更加注重离岛的生态系统，比如说因与大陆连接而产生的特殊的地质史、因被海环绕的而在小范围形成的闭环自然环境，及其因上述原因而繁衍出的独特固有物种的数量，或者该岛是否为迁徙鸟类的中转地等。

另外，因自然、生活、产业、文化均在一个岛屿融合，其景观的特异性及独特性也吸引了人们的目光。

事实上在 307 座法定离岛中，居住人数达 1 万人以上的岛屿有 14 座，不满总数的 5%（除此以外不是法律规定的"离岛"而生活人数在 1 万人以上的岛屿有淡路岛、天草上岛、下岛、平户岛等 10 座岛屿）。居住人数不满 1000 人的岛屿占比约 80%，其中近半数的 121 座岛屿为不满 100 人的小型岛屿。虽说数量少，但因为有人居住，自然环境和景观的维护情况还是不错的。

从 2008 年国土交通省选定的"岛屿百景"来看（来自同省 HP），涉及国

家公园的有 42 个（只指定周
围海域的情况除外），其推荐
的内容不只是自然景观，还
有历史、文化、产业、生活及
街景等与新文化活动相关的内
容，范围广泛。这些人文景观
的大多数是由节日活动、文艺
活动、历史遗迹等内容构成，
这些独特的产业形成了岛屿特
有的景观（参照照片）。国家
公园中的各岛在拥有多样的生
活文化的同时，可以说大多数
的景观特色也因有岛民居住而
得到提炼和升华。

图 1　日本最北端的昆布采集（北海道·礼文岛）

图 2　绝佳景色和放牧融合的"牧场"（岛根县·西之岛）

四、岛内生活及产业——以小豆岛为例

接下来，让我们聚焦在特定的岛屿，对岛内生活及产业特性展开分析。

香川县小豆岛面积 153 平方千米，人口约有 3 万人，是濑户内海中仅次于
淡路岛的第二大岛屿。该岛因风景秀丽的寒霞溪而闻名，80 年前濑户内海被指
定为国家公园的时候，小豆岛也成为国家公园。小豆岛是濑户内海中海拔最高
的岛屿，其最高峰是构成寒霞溪一部分的星城山，海拔为 816.7 米。小豆岛自
古就有人居住，岛屿森林的大部分是赤松和栎类这样的天然次生林。

在经济社会层面，尽管具有通航多，毗邻大都市圈这样的便利条件，但是
也有一般离岛都会有的特性和问题。接下来，将介绍一下笔者去年针对岛屿的
产业、观光、自然等相关问题，与 20 个关键人物的采访结果。

首先，被列举的是利用岛屿固有的自然条件所发展的产业。该岛屿长久以

来成了酱油制造产地。这最初是利用晴天多、气候干燥的气候特点，从海边制盐开始的。当时，材料的运输、商品流通都是通过海上交通完成，这是小豆岛酱油产业得以发展具有的交通便利条件，而且该岛也拥有适宜发酵产业发展的自然条件。从寒霞溪这样海拔较高的山上吹下来形成的独特的海风，是培育酵母菌和乳酸菌最适宜的环境。然而在汽车逐渐成为交通主力的大环境下，小豆岛的酱油产业失去了交通上的竞争力，开始逐渐衰退。如今，小豆岛在努力宣传本岛的酱油是使用传统木桶酿造的"地道"的酱油，同时宣传由酱油酿造、酱油储藏仓库等连接成的街区"酱油之乡"。小豆岛的酱油产业把存续的希望全部寄托在"酱油之乡"的宣传上。

另外，400年以来，小豆岛也是挂面产地。手工挂面在晴天之下，经受寒风吹干这一工序叫作"太阳风干"，很有名气。在冬天的农闲期，一家人可以从事挂面的生产活动，于是岛中的居民互相配合，使得挂面产业在此扎根。利用有限的土地资源，从事多种生产以维持生计，这是岛中居民的一种典型生活方式。

其次，人们对于自然灾害的记忆印象深刻。受1974年、1976年持续不断大型台风的侵害，因洪水、浸水等原因，造成了数十人死亡。很多上了年纪的人都热衷谈论这个话题，在灾害来袭时，全岛齐心协力抵抗灾害，这些记忆留在人们的脑海中。岛屿易受灾，特别是由于被海包围，经常遭受暴风雨等自然灾害带来的威胁，人们意识到不断地采取对策的必要性，并且要将这样的理念传承下去。

从社会特性来看，为了弥补岛屿特有的水资源缺乏和土地面积有限等劣势，以共同作业为基础的合作是不可缺少的。在防灾对策中也强调共同作业的部分。由此形成的良好人际关系不仅仅在日常生活，也反映在祭祀活动及保留至今的农村歌舞伎等文艺活动中。自治组织的存在也是其特征之一，祭祀的准备等自不必说，一定会出现村落间的对抗意识。另一方面，对岛屿而言，海洋会带来各种各样的外来人口，所以对外来人员具有开放性，这不只是小豆岛的特征，也是所有岛屿的特色。近年来由于厌倦都市生活的年轻人移居增多的原因，小豆岛呈现出每年约有100人移居至此的新动向。同时还有年轻女性提出与儿童成长环境相关的意见："由于小豆岛的天然环境和地方自治条件，所以它是有利于培养孩子的生活生存能力的地方，也是（妈妈们）养育孩子非常值得信赖的选择"。

现在的消费者在追求安心安全的同时，也加强了对"地道"产品的关注，所以通过依靠新技术的开发来缓和流通层面上的不利之处，可以说让小豆岛的产业和生活又受到新的关注。

五、"与自然共生"从对岛屿的严格制约开始

地理学对岛屿特性的描述是"环海性"（被海包围，其环境与社会构成均与海洋密不可分，另外由于被海包围可以形成一个独立整体）、"隔绝性"（与陆地分隔，与政治、经济核心地区没有接壤）和"狭小性"（由于所处环境及社会的规模小，各种资源及关联性有限，市场狭小）。这些因素限定了岛屿的自然环境和社会结构。

在流通便利的现代，岛上的超市中摆放着很多在岛屿以外出产的蔬菜。然而，因海隔绝依然是一个很大的限制条件。不仅仅是流通方面，和能与毗邻地自由来往的陆地不同，岛屿因自然环境及其场所性质受到很强的约束。所以自古以来的岛屿居民只能依靠既有的自然环境生存，也可以说不得不把自然条件利用到极致。屋久岛上流传的"山上十天，海上十天，荒野十天"这样的俗语就显示了岛屿生活的严峻性。

在岛屿狭小、资源有限的条件下，为了维持生计及社会运转，人们会意识到人类生活与大自然的关系要保持"可持续性"，在依赖自然资源的再生能力的同时，还学习和掌握了"适度"利用资源的技巧。

这一点在岛屿的土地利用上有所体现。比如在屋久岛，村落后方目之所及的范围为"前山"，这个范围是可以作为直接资源来利用的，也就是可以从土地获得食物、能源等生活必需品的范围。而"后山"，虽然在村落里见不到它的真貌，但是却被岛民视为极重要的存在，它不仅是水源地，也是其他"山珍"的产地。"后山"作为圣地，其进出有严格的规定。像这样，以日常生活为主的村落、田地的区域和作为自然环境的核心部分的"后山"，以及处在两者之

间的"前山"在岛民的意识中被区分开来，结果是岛屿作为一个整体，维持着丰饶的自然环境。

虽然环海性、隔绝性、狭小性制约了岛屿的发展，但另一方面也创造出只有在这里才能见到的地域文化和独特的景观。人们开始重新认识岛屿的价值。在近代工业化社会中，虽然实现了从自然制约和限定于地域自然的共同体制约中脱离的自由经济，但如今我们也不得不直面地球环境的有限性，为了追求效率性和便利性，都市社会变得庞大而单一，这反而损害了其效率性，这样的事实就摆在我们面前。相反，岛屿生活伴随着信息化和先进技术的发展，却已经找寻到克服制约条件的突破口，新的可能性已经展开。

六、岛屿在日本社会中的地位

今后考虑地区整体规划时，需要把该地域的自然环境的维系，当作一切规划的基础来考虑，这一点十分重要。也就是说，要反复考虑由该地区自然环境的特性而产生的地区的个性，在保护自然的同时让地区焕发活力。正因为日本已经达到了发达经济社会的标准，才可以将上述方针确定为具有普遍性的地区建设的方向。

从岛屿方面来看，当初岛民们是满怀对观光振兴的期待来迎接国家公园指定的。之后，国家公园的指定对经济开发的制约更加明显，近年来岛民们的认知也在发生逆转。他们开始意识到自然是岛屿生活的基础，是产业和定居的基础，是观光和交流的重要资源，在寻求提升地区品牌力的大前提下，岛民们开始思考什么才是打造本岛影响力的依据。实行"没有的东西就没有吧"这样宣传策略的岛根县海士町（隐岐岛前·中之岛）就是一个很好的例子。

以山村为例，调整自然与开发的关系是哪个地区都有的情况。由于岛屿是一个封闭的空间，很容易观察并分析出自然和人类生活的对应关系。因此在考虑地区建设的时候，可以说岛屿是范本。

另一种观点认为，日本的国土孕育着异彩纷呈的自然和文化。南北狭长的列岛周边，散布的各岛在多种条件下形成了多样的自然环境。在很多情况下，居住在像岛屿这样有限的空间中的岛民，与周边的自然和谐相处的同时，也维持管理着周边的自然。也就是说，岛民们在此经营着适宜环境的生活，孕育着只有这里才拥有的特异性文化，并进而实现岛屿文化整体的多样性。简而言之，在岛屿上，保留着可以代表日本的自然多样性、生活和文化。

七、结语

综上所述，岛屿是新时期区域发展的重要参照系，同时在保持国土多样性方面也具有象征性意义。

这些意义都因有人居住才得以实现。国家公园的景观意义也同样如此，管理人员在岛上的定居是必不可少的。然而，令人哭笑不得的是，现实中岛屿居住人口正在显著减少，严峻的危机状况正摆在人们眼前。人口迅速减少的离岛地区，即"人口稀少地区"已经远超平均值，在日本国土整体的人口老龄化和人口减少趋势中占先导地位。以《离岛振兴法》为对象的 260 座岛屿来看，自 2000 年至 2010 年的 10 年间，减少率达 16%。

既然国家公园是从国家层面对自然环境优越性评估结果的体现，那么我们自然期待国家公园能够在维护岛屿的社会结构、振兴经济方面所起的积极作用。将目光转向海外，在被称为世界自然遗产第一号登录地的加拉帕戈斯群岛，近年来国家公园和地区社会的持续发展齐头并进，并因此开始重视对当地儿童的环境教育。在日本，正如一开始所讲的，在考虑到国家公园的设立覆盖了多个岛屿这种特定情况时，我们应该让社会更加关注国家公园的社会责任，更加深入地探讨国家公园制度对岛屿的发展应该发挥的作用。

枝松克巳

（原载于《国家公园》2015 年 11 月刊）

第五章 创造"绿色三角"：法律、历史和政策 100 年

田中俊德

一、引言

重读 2014 年 1 月份开始的本连载的第一回，能看到对国家公园多有"制度陈旧""基础薄弱"等悲观的评论。另外，也有"质疑常规""大胆尝试"这样显示勇气的词汇出现，读者能够感受到这些话体现了编者认为日本的国家公园尚存巨大发展空间的意愿。第一回中，围绕日本国家公园的结构性课题，列举了"作为保护制度来说还是相对脆弱的"、"因保护国家公园而设置的各种限制阻碍了地方经济的发展"、"国家公园的使用目的不清晰"、"世界遗产登录地等国际评价和基准导致了对国家公园的优劣化和双重化的评价标准"等内容。笔者过去也提倡"脆弱的地域制"这样的概念，从行政部门的资源（人员和预算）及权限（法律权限和实际权限）的国际比较可明确得知，日本国家公园"不是由于地域制而脆弱，而是地域制本身就是脆弱的"[参考文献（1）]。另外，在 2014 年日本造园学会刊载的特辑论文 [参考文献（2）] 中，我论述了为了超越脆弱的地域制，应该追求什么样的国家公园管理制度。这次想尝试从新的角度论述日本的国家公园。

首先，日本国家公园的存在感和品牌力不高，而且（从制度层面）被《世界遗产公约》和《湿地公约》这样新兴的制度和概念压制（参考本书的前言"为什么是国家公园"及"座谈会"的内容），实在是让人感到某种危机感。但是，我还是想从国际视角出发论述一下，日本的国家公园制度是如何在法律、行政方面担任重要角色的。这也是对现在在各种场合参与对国家公园的保护管理工作的人员的声援。另一方面，我想参考美国国家公园的历史，论述日本国家公园行政管理中有待加强的措施。这些重要的政策措施就是促进"公共支持的基础"。对日本的国家公园不应只是感叹没有人员、预算和权限，而应该为推进

"自然的保护和适宜的利用"提出切实的理念和战略。提出"协作"和"管理"这样的词汇很容易，但是想要实现它，必须配合相应的体制支持。

二、从国际视角看国家公园

基于《世界遗产公约》和《湿地公约》、联合国教科文组织人与生物圈（MAB）计划这样的国际规范而指定的自然保护地急剧增加。能成为这样被国际制度指定的保护地，是地区的夙愿，也是荣誉。然而，人们并不知道世界遗产之所以能成为"世界遗产"，实际上是归功于国家公园。解开这个谜团的钥匙在于"保护担保措施"。

通常在批准、缔结、接受国际公约的时候，在国内调整相关法律是必不可少的。作为涉及地区指定的自然保护公约，《世界遗产公约》和《湿地公约》为人所知，接受这些公约，意味着国内法必须为其顺利实施进行担保。比如世界遗产公约的第 97 条运用方针便规定如下：

"世界遗产一览表中登录的全部资产必须依靠适当的长期立法措施、规定措施、制度措施以及 / 或者传统手法承担切实的保护管理。这时必须设定适当的保护范围（界线）。缔约国对于所推荐的遗产保护资产，同样要在国家、地区、市町村等各级行政管辖之内，具体提示依靠适当的保护对策以及 / 或者传统手法的保护对策"。

在一部分发展中国家和小岛岛国中，由于土地所有制度未实现现代化，有些地方采用了"共有"等传统方式实施保护措施，而原则上，基于国内法来指定自然保护地是前提。在日本，政策措施实施的惯例 [参考文献（3）] 是遗产指定地被列入国家公园，通过《自然公园法》进行保护。从已有的世界自然遗产四地域实施的保护担保措施来看，屋久岛、知床、小笠原各岛以国家公园为主实施保护担保措施，白神山地也以《自然环境保护法》为基准加入自然环境保护地，依据《自然公园法》对国定公园和县立自然公园实施保护担保措施。另外，准备申报自然遗产的奄美、琉球，也预定实施国家公园的担保保护措施。

特别值得一提的是，作为世界文化遗产的富士山，其构成资产的 99% 都属于国家公园，熊野古道和日光的神社寺庙也基于《自然公园法》，由国家公园承担保护担保措施。直言不讳地说，日本人想要宣传的"世界遗产"的本质就是国家公园（其历史背景在本文的"四、把人们带到国家公园来"中有描述）。

另外，《湿地公约》到 1990 年代为止，主要是从保护水鸟的角度为出发点的，所以在日本主要以《鸟兽保护法》作为保护担保措施。由于该《公约》1990 年采用了不仅限于水鸟保护，同时强调湿地重要性的蒙特勒标准，并在 1999 年接受至 2005 年为止将保护湿地的范围扩充到 2000 处以上的《圣何塞决议》，所以从 2005 年开始以《自然公园法》为担保的申请保护湿地数量急剧增加。因此，截止到发稿的 2015 年 8 月，在日本的 50 处受保护湿地中，达到近一半的 24 处湿地以《自然公园法》为保护担保措施，其中 12 处为国家公园。此外，以联合国教科文组织 MAB 计划为基准的生物圈保护区（日本通称：教科文组织生态公园），截至 2015 年 8 月，7 处中有 6 处是以《自然公园法》为主要保护担保措施的，其中有 5 处为国家公园。此外，日本有 7 处知名的世界地质公园，它们虽然在法律上归为自主实施环境保护规则的场所，但它们属于自然公园，其中 6 处为国家公园。

综上所述，以《世界遗产公约》为代表，国际性的自然保护制度的存在感、品牌力虽然一直在增加，但是国家公园和《自然公园法》依然是作为保护担保措施的最大接盘的基础。这也印证了在本连载第一回我所指出的，即便是从国际视角出发，"不论过去还是现在，不论质量还是数量，国家公园都是最重要的自然保护制度"这一观点的正确性。也就是说，如果把"必须保护好世界遗产"这种在舆论中广泛认可的观点转换为更加务实的说法的话，就变成"必须妥善维护好国家公园"。在某种意义上，尽管得到一定程度的国民支持，国家公园的重要性还是无法被人们充分理解，这到底是什么原因呢？

三、创建"绿色三角"

在政治学中，有一个金登教授提出的著名的"政策之窗"（Window of Opportunity）模型。这个模型指出，在某个问题的解决方案被作为"政策"决定时（也就是为了解决这个问题，已经制定了有关如何分配经费、人员等行政资源），其问题需要被市民和政治家广为认知，同时政策制定者有必要针对该问题准备几项替代方案。换言之，不管有多少专家和政策制定者集合起来讨论该问题，如果市民和政治家意识不到该问题是一项"重要的问题"，新的"政策"就不会得到认定。某种程度上说这是理所当然的，但是这个大前提对于日本的国家公园至关重要。在日本的国家公园行政管理中，设置着各种各样的审议会、委员会、恳谈会，就各种问题进行研讨。然而，正如我在第一期连载所说那样，问题总是堆积如山。之所以出现这样的现象，我认为在日本针对国家公园的公共支持基础并不完善，没有形成像"铁三角"那样的"绿色三角"。

　　"铁三角"原是指在政策形成过程中，政治家与官僚相勾结的贬义词汇。是政治家、官僚、金融界利用自己拥有的权力、信息和金钱，推行不必要的公共事业，以此为个人谋利益的政治结构。这种情况的出现，也源于国民对地方经济发展的期待。受此启发，我觉得以同样的形式构建"绿色三角"（政治家及官僚＋研究人员联合在一起，成为共同推进自然环境保护和区域可持续发展的引擎）不是很好吗？这一趋势，在美国是由市民运动和拥有100万会员的自然保护团体引发的，在德国，是从环境政党的活动中派生的。而且，这一趋势也可能从环境危机中产生，或者从面向未来的理念和战略中创造。20世纪50年代，为了阻止尾濑水坝的开发而结成的"尾濑保存期成同盟"（现在的自然保护协会）就是前者的例子，20世纪90年代敲定的"屋久岛环境文化村构想"就是后者的例子。该构想通过集合包括诺贝尔奖获得者的科学家、哲学家、记者在内的广泛成员的恳谈会和地区研究会，讴歌"循环与共生"这一理念。其领先之处在于，这个构想在日本催生了绿色三角的萌芽。然而遗憾的是，这种趋势未在整个日本得以推行。想要创造"绿色三角"需要怎样的战略呢？这一点将在下一章，以美国的国家公园史为突破口进行讲述。

四、把人们带到国家公园来！——建立公共支持的基础

国家公园制度被称为是"美国最佳的创意"（America's Best Idea），美国人对国家公园制度有着极大的自豪感和热爱。举一个例子，在美国的国会大厦游览中，美国建国以来制定的所有重要法律都在大屏幕上放映出来，与有名的《宅地豁免法》和《民权法》并列出现的是"1872年黄石国家公园设置法"。即便在日本也有同样的国会游览，但《自然公园法》（1957年）的介绍是绝不会出现的。实际上，即便是在美国，最初国家公园制度也是没有被广泛接受的。国家公园之所以能够作为美国的"文化"被接受，我们有必要回顾一下国家公园第一任局长斯蒂芬·梅瑟的政策。

自1872年黄石国家公园成立以来，美国的国家公园的数量虽然在逐步增加，但直到黄石国家公园诞生40年后的1916年，进行专业管理和运营的国家公园局才成立。在此之前由内政部担任国家公园的管理工作，但由于没有专业的部门和职员，也没有一贯性的政策，国家公园的存在只是徒有虚名。

为改善这种状况，芝加哥的一位实业家大富豪斯蒂芬·梅瑟给内政部寄去了一封表示抗议的书信。斯蒂芬是一名自然爱好者，他在写给时任内政部长官的老友莱茵的书信中表达了自己对国家公园现状的不满。可以说莱茵给这封充满愤怒的书信的回信改变了国家公园的状况。莱茵给梅瑟回信的内容如下：

"亲爱的斯蒂芬，如果你不喜欢现如今国家公园的状况，欢迎你到华盛顿来，由你来负责这项工作吧"[参考文献（4）]。

尽管遭到了森林局的猛烈反对，但梅瑟依然坚持开展设立国家公园局的民间运动，终于在写投诉信的2年后，梅瑟就任了新设国家公园局的首任局长。

当时的政治家们对国家公园的保护制度看法非常冷漠——"我们不会为风景花一分钱""就黄石公园而言，我们所能做的就是把它的价值查清楚，然后卖掉"[参考文献（5）]。同时，木材行业和畜牧业中有实力的团体相中了国家公园广大的土地，他们通过政治家给国会施加压力，试图解除法律对国家公园的保护措施。梅瑟相信，要在这些政治家和实力团体的压力中保护国家公园，

最好的方法就是建立"公共支持的基础"，他制定了"get people visit the parks"（把人们带到国家公园来）的方针，充分发挥了他作为实业家的才华和智慧，重视与旅游行业，特别是和铁路公司的合作并开展多种宣传[参考文献（6）]。

比如，在1915年的旧金山世博会上，他自费出资50万美元宣传国家公园；1916年，他印刷27万部《国家公园宣传册》，免费发放给相关团体和各国会议员，开展了设立国家公园局的大型宣传活动。恰逢1914年爆发了第一次世界大战，受其影响，去欧洲的旅行被迫中断，有很多富人为躲避战火从欧洲逃往美国，由此这场宣传活动也取得了很大成功[参考文献（7）]。1919年，梅瑟自费创立了国家公园协会（现在的国家公园保护协会=NPCA），使其发展成为市民对国家公园行政管理进行监督的民间团体。NPCA作为对自然保护和扩大国家公园预算作出贡献的国家级实力团体广为人知，拥有约90万会员。

梅瑟有着"国家公园永远属于所有人"这样的信念，1920年引入了自然解说活动（Interpretation）的研修制度。让很多人进入国家公园，提高对国家公园的关心，创建公共支持的基础，并以此守护国家公园的"梅瑟体制"也由下一任局长——奥尔布莱特、卡梅拉和沃斯继承，随之也迎来了美国国家公园的黄金期[参考文献（8）]。

根据梅瑟体制建立的美国国家公园制度，在冷战期间，通过美国推动的所谓民主主义外交，向世界普及。1972年，在黄石国家公园召开了庆祝国家公园诞生百年的世界国家公园大会。巧合的是，作为新的自然文化保护制度而受人关注的《世界遗产公约》也在联合国教科文组织总会上得以确立，当时的尼克松总统表示，《世界遗产公约》是"在美国诞生的国家公园概念世界规模化的体现"[参考文献（9）]。1965年美国提倡的"世界遗产信托"可以算《世界遗产公约》的概念源头之一，而从历史的角度上看，世界遗产的本质与国家公园并无二致。

五、结语

综上所述，简单地分析一下美国国家公园的历史我们就可以看到，国家公园的制度在最初并不是作为美国文化被国民接受的，而是借助梅瑟体制，通过国家公园的积极宣传，形成"公共支持的基础"才得以确立的。让更多的人来到国家公园，让更多的人被国家公园所感动，这样才能使自然保护的车轮滚滚向前。这才是构建"绿色三角"不可或缺的基础。日本的国家公园，采取了各种各样的措施，也进行着有独特性的发展，但是我们期待其更大的飞跃。

巧合的是，在梅瑟开展的国家公园局建设运动（1914～1916年）的一百年后，恰逢本杂志开始连载。连载结束之时，是庆祝美国国家公园局诞生百年的日子。国家公园的保护应该持有何种理念和战略，在何种体制下实施，在百年后的日本，我们希望能够进行热切的探讨。

田中俊德

（原载于《国家公园》2015年10月刊）

参考文献

（1）田中俊德（2012）"'脆弱地域制'的日本国家公园制度：行政部门中资源和权限的国际比较"《新时代法政策学研究》17：369-402.

（2）田中俊德（2014）"超越'脆弱地域制'：21世纪的国家公园治理展望"《景观研究》75（3）：226-229.

（3）田中俊德（2012）"世界遗产公约的特征和动向·国家实施"《新世代法政策学研究》18：45-78.

（4）Runte, Alfred(1979) National Parks:The American Experience. University of Nebraska Press.

（5）Udall, Stewart(1966) The National Parks of America, New York Putnam.

（6）Runte, op.cit., Shaffer, Marguerite S.,(2001) See America First: Tourism and National Identity, 1880-1940, Smithsonian Books.

（7）村串仁三郎（2006）"成立期美国国家公园的理念和政策（一）—美国国家公园的理念和政策相关的历史考察（二）—"《经济志林》74（1-2）273-325.

（8）Sallars.Richard (1997)Preseving Nature in the National Park. Yale University Press. Wirth, Conrad(1980)Parks, Politics, and the People, University of Oklahoma Press. 另外，梅瑟的副手、后任局长奥尔布赖特在梅瑟政策推行过程中的功劳也很大。

（9）U.S Department of State(2008) National Parks, National Legacy, ejounal USA 13(7).

尾 声

聊一聊国家公园

第一章 阅读连载之后——期中座谈会

下村彰男（东京大学大学院农学生命科学研究科教授）

永山悦子（每日新闻社会科学环境部副部长）

冈本光之（环境省自然环境局国家公园课课长）

长田启（《国家公园》杂志编辑委员·环境省自然环境局国家公园课课长助理）

鹿野久男（原财团法人国家公园协会理事长）

小野寺浩（东京大学特聘教授·屋久岛环境文化财团理事长）

阿部宗广（《国家公园》杂志编辑委员·（一财）自然公园财团专务理事）

本次连载的目的

阿部（主持人）：今年，值此国家公园成立 80 周年之际，我们开展了有关国家公园的研讨。我们试图就所有的国家公园至今取得了哪些成就，还存在哪些问题和不足，进行畅所欲言的讨论。作为讨论成果，论文在官方杂志《国家公园》2014 年 1 月刊开始连载。由环境省的现任职员和老职员担任执笔工作。以 2 年 20 期为目标，现在刚好进行到一半。借此时机，我们安排了本次的期中座谈会。首先，请问各位是否已经读过连载的 10 期杂志了呢？

鹿野：连载的时机很好，每次连载都能看到撰稿人的热情，所以我每一次都是饱含期待地去读。我想也许可以以单个的国家公园为主题来进行连载，无论是问题还是答案，都可以在国家公园的现场被找到。不过有一个问题，读完这一年的杂志，我觉得连载的论文主题分为很多方向，有些让人看不清最初的连载目的。我想在最终进行总结的时候，应该根据不同主题进行归纳，在某些方面也应该做进一步的详细说明。

下村：我是很开心地读完的，也很期待接下来的内容。不过作为主题在文章中出现的国家公园，它的定位到底是怎样的，不容易在阅读过程中找到相关的信息，这是我在阅读后留下的印象。

小野寺：原来如此。这也是进行过程中我们的烦恼。后半期的 10 回连载我们会参考您的意见进行调整。

虽然我们最初的目标是以国家公园作为主题，但如果只是单独谈论国家公园的话，很难看清未来的全貌。现在，包括土地在内的整个日本社会都在发生种种变化，在这种情况下，我们也想对国家公园的定位、功能和作用进行重新探讨。

从这一点来看，我们认为如果不将整体拆分后再重新组合，将很难展现出未来的形态。

比如说到自然环境保护的问题，必然会提及生物多样性与濒危物种的灭绝问题，灾害与自然保护的问题，而这些是发生在到目前为止的国家公园的保护制度及其实践框架之外的问题。因此，国家公园的社会性以及它相对的定位也因这些问题的出现而发生着变化。我们针对国家公园进行的研讨也应该包含这些问题。

阿部： 在写作中非常重视的一点就是，作者即使不能将现场体验的全部进行很好地说明，也要以在心里留下的深刻印象为中心展开论述。与在一句半句之中取巧地概括全文相比，每一次的连载都重复进行上述的论述方式，以这样的形式展开文章论述更有意义。

极端地说，我一直要求作者们即使说得不够清楚也没关系，但要写出在第一线的感受，要写出未曾有人提到的内容。我相信在一线一定会有些切实的感受。

可能是这样的论述方式反而让人有些难以理解。希望大家能够慢慢地、仔细地阅读（笑）。

永山： 阅读各个国家公园相关的这些文章，我逐渐理解了国家公园制度的具体问题出现在哪里。

通过阅读这些文章，我了解了国家公园的基本情况，感触最深的是，设立国家公园的最初目的是为了保护风景和景观。所谓保护，究竟是为谁而保护，保护条款又是站在什么立场上制定的，这些我还是有些捉摸不透。

所谓国家公园究竟是属于地方政府的，还是属于国民的？是属于国家还是属于地球的？这或许就是为什么很难理解国家公园制度的目的性的原因所在。

大家一直探讨和建议的是，在不能无视国家公园与地方的关联性的今天，究竟应该如何思考二者之间的关系。我认为在讨论这个问题之前，首先应该考虑国家公园到底是为谁而建立的。

鹿野： 我认为到目前为止的连载之中，评价奄美地区价值的方法，应该纳入今后国家公园制度的修订之中。在过去的80年中，国家公园发挥了其社会效用，这是因为它顺应了积极评价新风景等的时代需要。我认为如果对关于奄美地区所写的有关新风景的观点、与地方的关系及文化的相关内容等进行有条理的归纳，这将会成为支持国家公园制度强有力的支柱。

还有，在三陆复兴国家公园的设计当中，包含了灾害预防及安全这类之前未曾有过的想法。这一主题，今后如果被继续深挖下去，也许会成为看待国家公园的一种新的可能。

下村： 我也认为关于奄美的文章，对于新的构想描述十分清晰，就主题而言是阅读体验最好的。

鹿野： 我之所以对奄美国家公园和三陆复兴国家公园十分关注，是因为它们触及了国家公园的理念、制度的根基等内容。我希望能进一步加强这方面的内容。

回顾国家公园的 80 年历程

鹿野久男

阿部：对于国家公园的 80 年历程，大家都有什么感想呢？

鹿野：日本的自然环境能够被勉强保护并维持下来，正是因为有国家公园的缘故。我认为这就是最大的成果。

无论是世界遗产也好，地质公园也好，都因为有国家公园的基础，才得以申请成功。我们可以发现，这些被国际公约所保护的区域，在地图上来看，几乎都位于国家公园之中。正因为有国家公园守护着日本的自然环境，才能成就这样的国际路线，它并不是突然之间出现的新事物。

下村：国家公园对自然保护的作用确实非常大，在日本近代及"二战"后的社会中取得了很大成效。然而随着时代的变化，人们也开始追求国家公园在使用层面上能发挥作用。因此，在提出规划的时候，就应该明示"如果照此执行，则不仅可以保护自然，还可以有效地利用自然"这种观点。

因为我们身在校园，接触研究对象的方式与第一线的工作人员有所不同，但是作为学者，我认为，国家公园正处于大变革时期，我们应该意识到，对于大自然的保护、利用，以及管理的概念正在发生着变化。我认为以这种趋势为前提，探讨现行制度究竟是否切合实际，是非常有必要的。

永山：对于国民和游客来说，看到国家公园的美景，会感叹"未经人为干扰的自然是如此奇妙"。然而，在国家公园的区域内，有村民在生活居住着，游客们却完全不会在意他们。这就是国家公园所面临的矛盾点。虽然想要没有人为干扰的自然美景，但事实却是那个地方有人居住。大家可能正苦于如何在这两者之间进行协调。

下村：原则上说国家公园制度被认为是近代的产物。所谓自然保护的方法，是一种"孤岛"方式，通过将被保护的区域与地方和人类的行为完全隔绝来达到保护的目的。

对国家公园的使用方式，也是为了适应以点和线构成的周游型观光而采取的网状结构方式。国家公园制度是在国民国家的近代政治结构中，由国家接受国民委托，通过制度化的管理运营来实现的十分近代化的管理方式。然而如今的情况已经发生了很大变化。

对于保护方式而言，不应采取孤岛或隔绝的方式，而应采取一边监管，一边根据实际情况采取相应措施的适应性管理模式。

对于使用方式，正如奄美岛那样，游客对于文化面的关注开始变多，停留在国家公园内的时间增加，说得极端一些，国家公园内特别保护区域和普通区域的资源利用性已经发生了逆转。

长田：从国家公园的资源利用来看，首先是要可持续，还要最大可能地发挥其潜质使效率变得更高，这才是基础。

然而，与各种期待相连以后，其利用和开发常常不再是可持续的发展形态，这种问题一定要避免。

如今，国家公园的容量看起来并不是没有问题。现场的护林员开展工作之时，应该以什么为目标制定战略呢？比如接待中心，其目标设定是希望有大量游客来访。这是因为不论准备了多么具有教育意义的和有价值的介绍材料，如果没有游客来的话就不能传递任何信息。所以至今为止，最一目了然的指标仍然是使用者数量。如果除了使用者数量之外，还有其他能让人一目了然的目标，那就再好不过了。

永山：举个例子，今年春天我去了尾濑。从大清水到一之濑这段路程我实验性地选择了电动汽车前往。非常方便，其他使用者也都觉得很开心。

在尾濑的一之濑，竖立着"道路开发止于此地"的标志来作为自然保护的象征。然而，如果在这里车辆能够通行，将会非常便捷。我认为所谓民

小野寺浩

众的需求，一定不仅仅是保护，还包括能够使用上的方便。

冈本：我认为这就是时代的不同，30年前和10年前的一线情况一定是不同的。在过去的泡沫经济时代，研讨的主题就是如何与开发进行斗争，而时至今日，像往日那样无节制的开发几乎不复存在，反之公园的使用者数量却大大减少。泡沫经济时代之后加入的年轻的护林员都说，从他们来到国家公园现场以来，观光客就在减少，地方经济也陷于疲惫。所以我认为一定要增加游客数量。这也是我的一线体验。

鹿野：80年前通过"风景"这个概念，在一个很大的范围内建立保护机制，这是杰出的智慧。所谓风景，看起来是一种模糊的概念，但当它与国家公园这样具体的区域关联以后，就拥有了强大的社会功能。一般情况下，如果简单的说"保护风景"会让人难以理解，但如果说是要保护国家公园，大家的意见可能就很一致了吧。

国家公园的未来愿景

下村：正如我刚刚所说的那样，保护的概念正在发生着改变。虽然近代的思考方式认为，应该将国家公园从人类活动中隔绝开来进行保护，然而正如作为象征的里山模式一样，如今对于保护的理想状态应该是持续引入适度的人类活动来进行保护。当然不是说要否定孤岛的保护方式，只是说新的保护方式正逐渐占据主导地位。

另外，普遍认为日本的国家公园带动了旅游业，游客"走马观花"的周游型旅游方式是国家公园通常的使用方式，最初的使用计划和制度设定也是以这种方式为参考的。对于管理规划而言，我认为有必要进行合理的使用分区，如果只采取网状的使用方式，将无法满足现代人的使用需求。应该合理有效的规划、整理包括普通区域在内的使用项目，争取找到游客新的使用方式。

永山：我再看国家公园的清单，发现自己已经拜访了31处中的20余处国家公园，感触良多。很多人并不是因为那里是国家公园而前往，而是因为那里的观光景点，或是为了去体验日常无法体验到的东西，所以才会去。

永山悦子

前些日子，政府在有关调查中发现，国民对于"生物多样性"一词的认知度几乎为零。对于"国家公园"一词而言，我认为大多数的民众应该都有了解，但从我去过的国家公园来看，大家却没有这种认知。

国家公园的制度原本打算完善到何种程度才算达标？是要持续扶持直到国家公园成为旅游景点为止？还是保护自然景观，并能有效地加以利用为止呢？

卜村：国家公园有各种土地，其潜力巨大，所以最好有与这种潜力对应的保护方式及利用方法。比如说，过去对于普通区域没有给予重视，但是由于新的利用方式及管理方法的出现，普通区域也变得重要起来，成为推进与地方合作的重要的地区。对于过去的"孤岛"管理而言，普通区域只是缓冲地段，资源也不多。然而现在就使用性而言却有很大潜力。

原则上说，资源管理这种考量方式今后尤为重要。地区的资源，需要进行持续的维持和保护。国家公园是源自于近代的概念，所以从制度角度而言缺乏这种设计，而现在从运用层面来讲资源管理这种考虑方式很重要。这与对自然环境的持续性保护相关联。如果地区丧失了活力，那实施保护的中坚力量也将不复存在，所以对于旅游观光领域也要加大力度，双管齐下，就会形成资源管理的基本局面。

下村彰男

小野寺：随着组织的日益壮大，我们的工作也变得越来越多样化，在员工资质以及感知方面也出现了新的问题。

比如屋久岛绳文杉的登山活动，作为一个了解 20 年前该地区状况的人，我无法想象如今每年短短四五十天的登山期间，就有 9 万人上山。也就是说游客只能望着前面登山者的后背摩肩接踵地攀登。这就是国家公园和世界遗产核心区的现状。

这件事令我感触最深的是，难道环境省的职员没有意识到这是异常状态吗？在国家公园的标志性地区，出现上述情况却并不觉得有任何异样，这样的人占自然环境局相当大的一部分，这一点令我感到十分震惊。

如果说国家公园的使用者还有情可原，但连国家公园的当局者都不觉得有任何违和感的话，确实有点儿……

下村：如何更好地利用这一区域，这一愿望需要纳入行政管理的考量之中，这是我认为谈及利用时的关键所在。

这片地区是很难容纳 9 万人的，最初的规划，就应该考虑到如何控制客流。

就如我在《休闲疗养地法》中与大家讨论过的一样，究竟是"这里应该对更多的人开放才比较好"，还是"这里应该作为教育基地才更合适"，管理者在规划时应该考虑到土地的接待潜力。

冈本：国家公园包括了很多农业用地等普通区域，今后的这些地区，居住地会受限，维持生计将会变得困难起来。我认为今后国家公园对于这些地区，不仅仅将其作为缓冲区来看待，而是要展现出它们当初被指定之时的意义所在。或是为其增添一些附加价值，比如地区的特色等，有必要把那些成为加分项，赋予期待和希望的东西都展示出来。

阿部：国家公园中的农业用地除濑户内海的梯田以及橘子产地等特例以外，并不是因为其

冈本光之

拥有国家公园的价值而被指定的，而是为了避免指定区域零星散落的布局，才被与拥有国家公园价值的区域合并被指定为保护地的。最近常有人说"地方是环境保护的中坚力量"，但我认为绝不是这样的。

我们持续探讨关于利用的话题，所以我也想继续探讨环境保护相关的话题。

有些人总是迎合地方，说什么"居住在当地的人才是国家公园自然环境的守护者"这种话，想想他们到底在守护些什么？酒店倒闭或者商业街成为各店面大门紧闭的街道会有损景观，不论是他们还是我们又都没有能力改变该土地的使用方式，还是希望不要倒闭吧。然而除此之外当地究竟守护了国家公园的什么呢？我很难想出一个合适的答案。我认为很有可能是社会舆论将避免无序开发、保护当地宝贵资源的愿望，转换为"守护者"这种说法而已。

永山：关于利用的讨论，例如层云峡（25～32页），及洞爷湖（33～40页），如果想让自然保护与利用二者共存，就有必要将观光旅游重视起来。既然作为旅游胜地持续生存，国家也会参与进来。然而把这些作为国家公园制度，是必要的吗？

下村：有些制度内容尚处于制定过程之中，很难透露具体的内容，不过可以举个例子，在前些日子出台的一个关于地方自然资产区域的规定中，有活用区域的使用者缴纳使用费的制度，以此来确保用于保护环境的自主资金来源，这种将使用和保护相结合的方式我认为有进一步探讨的必要。

国家拿出充足的钱来保护地区资源和自然环境如今已经变得越来越困难，所以我认为有必要将确保地方的自主资金来源这件事提上议程。那时如果能够建立起有使用者一同协助的制度结构，将会更有效吧。

去年，在包含了一部分国家公园的由布院进行的调查中发现，有八成左右的游客有想要配合协助保护资源的意愿。对收入进行的估算中发现，其金额要以亿元为单位来计量，是一个很不错的资金来源。在设计大方向的时候，我觉得有必要具体讨论一下，如何妥善利用自主财源，与当地一同进行区域化管理的构想。

国土管理与国家公园

小野寺：就自然地域而言，人口数量日趋减少。对于那些迄今为止依靠农林业勉勉强强生活过来的人们，政府以在当地居住为条件，对其进行了相应的财政补助，形成了现实上的国土管理。

然而，如果人口消失掉的话，就会形成全新的局面。政府到目前为止一直是以有人居住为前提来分配资金的，但如果人口不复存在，政府的钱也就花不出去了。

这样就会引发新的国土管理问题。于是，不再是以往的对道路、农用地、林业进行补助的形式，而是不使用国家财政资金的新型国土管理形式被正式提出。而从安全以及应对灾害的观点出发，也需要适度进行管理。

仔细想想，这些管理方式和与生物多样性以及自然保护的概念也是十分相似的。放任式的、完全依托于自然的进程，实现最少的人为干预的管理方式，这与一直以来以人类的居住为前提进行的管理方式截然不同。将这些都综合起来考虑，或许会成为应用其他既合理又有计划性的方案的根据。

永山：从当地居住者的角度看，无论是不是国家公园，那片土地都是家园，也是带着骄傲与自豪，应该深爱的地方。至于国家开始参与，说保护地是由国家负责守护的地方，对当地居民而言都是后来的事情。本来，当地居民的最终目标就是安居乐业。

长田启

并不是说这个地区一定要成为国家公园，而是说这个地区对于当地而言有什么意义，对于日本来说又有怎样的意义。如果不从这样的角度出发，那将很难设想使用者以及地方可以承担的责任有多大。

下村：我认为就像小野寺先生在提及奄美时所论述的一样，存在环境文化型这种方向性。因为没有负责管理的人，任由环境自然变化，对这种天然次生环境的保护也很重要。虽然被称为风景的多样性，但是日本长久以来所拥有的，因人与自然相互依存所造就的多种多样的自然环境正在渐渐消失。

阿部宗广

守护这样的自然环境也是国家公园今后的职能之一。普通区域中包含了很多这样的场所。这样想来，对于普通区域的管理及处理方式，也有必要进行进一步的考量。

就这一点来说，如果仅仅限于由国家进行国土管理，把在城市里收来的税金返还给地方，以此守护环境的形式，是很难达成目标的。虽然建设旅游型城镇这种概念已经存在，但是我们应该考虑一个"如何让城市的人们把钱带到旅游城镇"这样的地方管理和资源管理的脚本。

小野寺：如何进行国土资源利用的再分配，以及在今后不断变化的日本社会中，如何让拥有国家公园机能的自然保护地更多地辐射于社会，对这样的构想进行重新整理，才是我们应该考虑的问题。

在将生物多样性和国家公园放在一起的时候，要充分考虑调动计划调整功能，以推动生物多样性为主要目的、作为整个国土空间组成部分的国家公园，与由政府直辖管理的区域，以发挥其示范作用的国家公园，这二者所起的作用是不同的。所以，要怎样对其进行管理和整顿，是讨论之中最重要的主线。我认为针对计划调整功能和直辖管理的讨论，正是保护生物多样性与国土资源利用的健全性相关联的关键点。

下村：国家公园作为近代的产物，在制度层面上已经起到某些作用。是就这样保持现状延续下去，还是说对它进行一些变革，哪怕只是在运用层面上进行的，不同的选择之下我们面对的话题也会改变。我认为如果不进行变革，将很难对社会的期待作出回应。80多年以来，一直以同样的形态持续存在并不容易。

当然，是否要对制度进行变革是另一回事了。如果现在进行变革，可能反而会使制度本身发生崩溃。我认为根据运用方式的不同，可以赋予不同的特性或作用。

最后，对于明年的连载主题进行讨论

阿部：座谈会即将结束，最后哪位嘉宾还想发言？

鹿野：国家公园给新的风景赋予了价值，因应时代的需求也在发展。对于这一点，如果能有具体的实例证明，那它的意义将是十分深远的。

如果考察类似于钏路湿地这种在时代转角之处被指定的国家公园，问题就很明显了。

下村：尾濑可以说是为该地区创造了理想的前景。还有诸如白山之类的地方也是。有必要多拿出几个这样的与地区合作的事例相互比较，来加深相关的讨论。

另外，在有关阿苏的内容中已经出现过，保护自然、保全自然的概念已经发生变化，鲜明地提出有关保护自然与保护风景的问题也很重要。这正是对比了"孤岛"保护和与地区合作，对天然次生的自然环境进行保全的例子。

还有在三陆复兴国家公园备受瞩目的，有关灾害与复兴的问题。这与云仙地区的复兴计划有关，我记得是在半山腰建造了观察设施，虽然这是展示自然环境的修复进程的设施，但如果也能够展示出国家公园在自然灾害及其后的复兴中发挥的社会功能，那其意义将会十分深远。

永山：我插一句，我认为有关生态旅游的相关内容也十分惹人注目。考察各地的生态旅游会发现，几乎没有当地的人参与这种旅游。

无论去到哪里都只有外地的游客而已。我们自己在生态旅游感受到的魅力，正来源于想要了解那是一个怎样的地方这种想法，但却很难遇到可以为我们解惑的人。在这些生态旅游中，屋久岛的生态游让我感到很有趣。虽说如此，也只是解答植物种类的名称，并没有真正形成可以对地区进行了解学习的场所。

阿部：感谢大家的宝贵时间。那各位年轻的干将也要开始撰写文稿了吧。有人提议出一期 80 名女性自然保护官的特辑。明年的连载我们也要再接再厉。今后还请多多关照。

第二章　国家公园论——今后的展望

永山悦子（每日新闻社科学环境部副部长）

中岛庆二 [（公财）地球环境战略研究机关东京事务所 所长]

河野通治 [《国家公园》杂志编辑委员·环境省国家公园课课长助理]

笹冈达男 [《国家公园》杂志编辑委员·（一财）休暇村协会常务理事]

小野寺浩（鹿儿岛大学客座教授·屋久岛环境文化财团理事长）

阿部宗广 [《国家公园》杂志编辑委员·（一财）自然公园财团专务理事]

阿部（主持人）：首先十分感谢大家在百忙之中能参加本次会议。从最初国家公园的指定开始，到 80 周年庆典，即 2014 年的这个节点，本研究会以此为契机对《国家公园论》展开了探讨。自法律制定之时至今已经过去了 80 余年，在社会经济状况及国民意识的变化之下，现在的问题是什么，以及今后应该做哪些事情，我们尽可能一边观察国家公园的现实光景，一边畅所欲言地进行探讨，就这样走过了两年的时光。

作为总结，今天我们不仅要对现状及问题点进行确认，也要对今后的展望及提案等进行广泛的探讨。

国家公园相关变化

阿部：首先从我开始，对现状发表一些拙见。

国家公园的数量，截至 2016 年 3 月，共有 32 处，总面积 211 万公顷，约占国土面积的 5.6%。

从年度利用者数量来看，与 1991 年的峰值 4 亿 2000 万人次相比，虽然减少了两成，但在 2013 年达到了 3 亿 5000 万人次。

回顾 80 年的历史我们发现，国家公园依然是保护国土自然的主要制度，也是国民观光休闲的承载之地。

以上述历史背景和现状为参考，究竟应该如何评价当下的国家公园制度，我想听听各位就这一问题有什么样的想法。

小野寺：首先，现在我们感到有这样一种危机，就是国家公园是不是正在丧失着它的影响力和面临"基础下沉"。所谓"基础下沉"，究其原因可能会有些复杂，一般观点认为，从1931年《国家公园法》制定开始，到如今80余年的时光之中，世间万物都发生了很大变化。这80多年更是非常漫长的大变革时期，所以我认为单一制度带来的疲乏，也是理所当然的。

河野：一般认为，对于国家公园而言，是保护和利用两头并重。我认为有必要按照时代的变迁，总结和验证国家公园制度针对的对象是谁？如何保护？以及如何利用。也有观点认为，环境厅成立之后的40余年，一直是以保护为侧重点的。

笹冈：国家公园的指定在很多地区都受到热烈欢迎，分析其背后的原因，有国民从这种代表国家形象的风景之中油然而生的荣誉感。更现实的说法是，想要获得国家公园带来的观光振兴和公共投资才是最根本的想法，这也是不可否认的事实。国家公园行政管理如何回应这种地方的期望，如何与当地居民接触和谈判，今后能否创造双赢的关系，这是我十分关注的问题。

小野寺：如今，整个世界都处于一个转折点。日本进入了有史以来的首次人口减少的时期，今后更会以这种势头持续减少下去。并且，经济发展速度正在放缓，逐渐成为"成熟社会"。在这种态势下，国家公园在国土乃至于整个社会之中究竟应该处于怎样的位置？类似这种较为宏观的视角是不是也应该纳入我们探讨国家公园今后发展的视野之中？这也是这一系列的讨论所包含的另一个意向。

阿部：另外，有关支撑着公园管理运营的自然保护官的存在形式，以及与当地居民和专家之间的合作机制，运营管理费用的负担问题，乃至对于今后的展望都应该展开探讨。

是否真的存在"基础下沉"

永山：在我的印象中，并没有刚才提到的"国家公园的影响力在减弱，面临着基础下沉"的这种感受，您可以说说具体是指什么呢？

小野寺：我举个例子，比如说与国家公园相比，世界遗产具有更大的话题性，所以整个地区会聚集起来争取得到这个名头。

另外，有关生物多样性、濒危物种，以及外来生物这些多种多样的自然保护概念及目的陆续登场，早已不是单单做好国家公园内部的森林保护就足够那么简单的了。

阿部：实际上，我认为年轻的一代对国家公园可能不甚了解。可能只是知道有"国家公园"这样一个名称，但如果问他国家公园位于何处，可能几乎没有人能回答上来了。

永山：我认为我们这一代其实也是这样的。出行的时候看到某处标着"国家公园"，也不管里面究竟有什么珍贵之处，只是尽情享受其中的美丽风光，然后就回家了，就是这种感觉。

笹冈：很多具有代表性的温泉旅游地都被列入国家公园之中，但其中近三分之二目前都陷入萧条状态。这并不是因为游客数量整体减少，而是游客正逐渐被新的兴趣吸引走了。

永山：我认为国家公园对于旅游方面所起到的作用，或许现在还没有完全发挥出来。

小野寺：回顾日本旅游业数十年的历史可以看到，如果一个地区不再吸引人，并且发展得不理想的时候，那块土地就会被闲置下来。直到今日也一直是这种倾向。比如说滑雪场或者高尔夫球场，当利用人数越来越少的时候，就会进行其他的开发。我认为这种重复操作从国土管理的角度来看并不是好事情。对于今后可能还会发生的这种情况，如果环境省自然保护局只负责保护，有关利用层面的问题就都交给其他的人去考虑，我认为这种思路是不正确的。

阿部宗广

作为地域开发的核心

永山：国家公园对于包括旅游地在内的地域开发发挥了怎样的作用，有关这一课题大家有什么看法？

中岛：原本靠着得天独厚的条件而形成的传统的旅游胜地，由于日渐破旧而逐渐被时代所抛弃，面对这样的问题应该如何应对？比如说像大雪山层云峡这种有条件去改善的地方，进行重新修整也不失为一个好的提案，这对防止国土盲目开发也具有一定的意义。

笹冈：不仅仅是层云峡，包括传统旅游胜地的国家公园内部的使用设施区域，与民间的基础设施建设相配合，公共停车场、公厕等设施被重新修整。以这种形式进行的适应国家公园风貌的城镇建设，是我们一直以来所做的尝试。民间个体失去活力的今天，需要重新注入公共智慧与力量，依靠各种手段探求复兴的道路。

永山：我认为也许是应该将国家公园作为"地域开发的核心"来对它进行重新定位的时候了。不是说单纯的限制开发以保护自然，而是去考虑国家公园在地域开发的进程之中可以发挥怎样的作用，能否作为复兴的工具来发挥其价值。

小野寺： 我认为有必要考虑"地域开发"究竟是建立在何种基础之上的。虽然从"二战"后都是以国土资源的均衡发展为目标，但到目前为止的方法主要是工厂招商，或者是建设公共设施……然而终于意识到事情不应该如此的时候，才发现重要的是应该发挥当地的自然条件和历史优势来设计发展方向。当经济与农业携手构建地区的独立自主的框架结构时，作为固有资源的自然条件和国家公园也在发挥着效用，我认为它们是这样的关系。然而，虽然都在说着所谓的"地方创生"，但是谁也没有注意到上述关系。如果继续这样下去，我认为是有些肤浅和不切实际的。

永山： 在这之中，不是使用流行的东西，而是活用拥有80年历史的国家公园制度，做一些脚踏实地的事情。

阿部： 1969年，对于万座地区而言，大多数居民都为本地区成为国家公园感到骄傲和自豪。再看现在，这种自豪感也并非一落千丈。大约四年前，我有机会到国家公园现场去听取当地人对国家公园的优缺点的意见。有些人提出了规则和手续过于繁琐这一缺点，也有人提出国家公园这一制度可以使本地区与众不同这一优点，并且因为规则的存在，反而会将那些恶劣的开发者排除在外，可以只由居民自己来进行地方建设。

中岛： 站在国家公园管理者的角度来说，管理者是希望国家公园能够为当地产生一些好的影响，然而从当地居民的角度出发，他们会觉得自己被强加了国家意志。因为是代表国家的风景地，这种理由会让当地居民感到一些紧迫感和压力。在这种形式之下想要达成双方的妥协并不是简单的事情。不仅如此，在高龄化与人口减少进程加剧，且城镇与农村的社会构造发生着改变的今天，是否还能对自然保护进行优先处理，这也是一个问题点。

永山： 人口减少对于地区而言还真的是非常严重的问题呢。

小野寺： 比如，以国家公园的指定和世界遗产

永山悦子

的登录为目标的奄美大岛，人口聚集的村落老龄化严重，老人们想要去医院或者购物都无法驱车前往，但公共交通又不发达，面临着很多这种日常生活上的问题。在这种状况日益恶化的形势之下，行政服务究竟应该以哪种模式存在，这是非常重要且关键的问题，然而几乎没有人考虑这一点。国家公园也好世界遗产也好，一定要对这种地区的现状进行考量，并使得它拥有意义。

人口减少时代的国土管理和国家公园

永山：我换个话题，从"国土管理"这个角度，是否有必要在有效利用整体国土的前提下探讨制度管理的大框架呢？

笹冈：考虑到国土全貌，如今人口减少和都市化现象齐头并进，到底该如何进行自然区域的经营管理？迄今为止，我们是依靠公共事业的力量支撑的，而今后我们要最大限度地发挥自然的力量。人类可以从自然那里借点儿力量，换句话说要使用"自然的管理"，即用自然自身的力量来建立一个稳定的管理体制结构。这种体制结构并不一定非要归在国家公园名下。

阿部：生物多样性国家战略是以整个国土的自然环境为对象进行综合性规划的。问题是我们要提出什么目标又该制定怎样的行动计划。如果不从整体角度去制定国土使用的行动计划，仅占国土面积6%的国家公园更无法找到其定位。当然，也有把划出来的那点儿面积维持下去就好这类想法（笑）。

中岛：自然保护局更名为自然环境局之时，我曾认真想过到底它有什么本质上的变化？如果想使用并非以法规形式出现的方法来对整个国土进行维护，那么就要用经济手法了。国家公园制度原本也算是经济政策的"老店"了，从这点上看，我们再度对其进行考量是十分重要的。我觉得它不仅对国家公园，对如何保护生物多样性这一问题同样具有参考意义。

笹冈达男

阿部： 关于这一点需要持续挖掘和探究下去，我想从两个方面来说明。一是以什么为契机来考量？比如说旅游观光或者温泉；二是管理方式的不同，是直接管辖还是通过计划调控？我认为环境省护林员（自然保护官）同时拥有这两种职责，不能只做一种，需要发挥这两方面的作用。比如里山相关的措施，我常想，国家公园内的天然次生林为什么不做样板项目？也许可以把该成果应用到一般的里山项目中。

保护和利用的平衡

永山： 国家公园是保护自然的地方？还是积极进行开发利用的地方？对于国民而言，是必要的设施吗？田中俊德先生以"公共支持的基础"的形成为切入口，介绍了美国的例子（参照本书 172 页）。以此为前提，我们需要考虑为何国家公园是必要的这一问题。

小野寺： 从社会方面来看，保护国土自然环境制度的重要性在今后应该也会继续提高吧。先不论国家公园是不是最合适的方法，从它的实际情况、体量和规则权限上来说，在日本别无他法。在日本，八成以上的人住在都市环境里，能够在质和量上满足人们想要融入自然的需要的也只有国家公园。其中，如何协调"保护"和"（满足游客的）利用"的整合，是起制约作用的行政管理的责任。

阿部： 我读了田村刚博士的文章，看到其中有"为了大众的享用和游憩"，首先是为了国民，这样的表达。虽然我也怀疑他是不是发自真心地写下这一段话……或者说在制定作为日本区域制的国家公园制度时，我也猜测可能这是为了说服各方利益相关者才这么说的。

永山： 在保护和利用的想法中，甚至出现为了利用而保护的观点。我很在意这种现象今后会不会发生改变。

河野： 我认为这得看"利用"的实质是什么了。虽然从美国原生的自然利用开始，到游憩性的利用为止，经过了很多阶段，但是这还得看当局（自然环境局）怎么想了。

中岛庆二

笹冈：不止日本的国家公园，在 IUCN 的国家公园的定义中（注1），"保护"和"利用"是等价的。虽然实践中存在诸多烦恼，但国家公园就是在这种构想上建立起来的。与数量众多的保护地制度相比，国家公园区域的整体面积足够大。作为能够确保大面积的机制，即使从世界范围来看，国家公园的存在还是占大多数的。

永山：极端地说，就算是屋久岛的绳文杉，感受赞美其魅力，或者想该如何利用它，这些都是人类自己的想法。因为这是以人为本的制度，所以我认为在考虑利用的方式之后的保护，才是思考问题应有的顺序。

河野：虽说这要根据利用的内容而言，但在时代的推动之下，一直以来的保护和利用也算是相得益彰了。与保护做得很好的自然环境保护区域相比，国家公园已经是成功的了。国家公园不仅关系到地区振兴，从结果上看，也涉及了对于当初未曾当作目标的生物多样性的保护。

旅游开发的历史

阿部：对于大规模的旅游开发，一直以来我们是用规则来进行制约的。为了进行开发利用，公园规划里预设了诸如酒店等住宿设施的空间。但在实际运用中，我们有意识地对这样的空间进行控制，使其规模尽量最小化。随便定下个区域，进行招商活动，这样是不行的（注2）。

河野通治

笹冈：旅游开发经历了"二战"后经济高速增长期的列岛改造、旅游开发热潮，以及泡沫经济时期《休闲疗养地法》来势汹汹的时代，所以一说到旅游观光，国家公园的行政管理是可以摆好姿势迎接挑战的。如果是地方企业开展的旅游产业，那倒也很不错，但是如今也包含了外资等成分在内。在这个外资大量引入的时代，我感到很担忧。

中岛：对于当初的休闲疗养地构想，我也是站在反对者一边的，因此也能理解。但当我在现场和当地居民交谈时，我发现比起大规模的开发，在保护自然的同时进行开发利用，虽然赚不了大钱，但是也能获得不错的收益。像这样，有必要提供一些其他选项，不能仅仅一味否定。环境省也在考虑着，如果把国家公园当成是能产生经济效益的地方，认真地搞旅游，那会如何呢？或者说这真的能做到吗？

笹冈：经济也有这样的一面——仅仅是一张纸的计划，再加上金钱的运用，就可以获得巨大的利益。以上所说的不得不与对手相争的事情是现场才会发生的事情。

永山：我也很明白对于国家公园的开发利用有很多的争论，但是对于如何把握和定位开发利用，我很想知道其方向性。

小野寺：从一个更高的角度来考虑，怎样把国土资源的分配转化为保护和利用也是个问题。比如在研究领域，在典型的保护地，或者从国土保护的角度来看，那些平时不被关注的地区也是需要考虑的。国家公园的所有区域并不是随机选取一块就能利用开发的。

永山：这是因为还没有整理出应该如何有效利用的方法吧。

笹冈：以前环境厅有大约四种类型的利用方法（注3）。

阿部：即使想要严格制定保护计划，其他部门也不会赞成。当我们不能改变保护计划的时候，可以制定严苛的利用计划（如：只能徒步利用等）来进行保护。反之，根据地点的不同，像休闲疗养地这样的利用方式也是能得到默认的，但是这种类型的方式在当时受到了一些批判。

小野寺浩

不管怎样，保护和利用之间的平衡、利用的方法等，都还在路上。在此，希望大家能对今后国家公园行政管理的方向性提出自己的意见。

地方创生的样板

永山：现在的国家公园及其周边地区是无法发展成为我们目前所追求的地方创生的样板的。因为它不仅是国土开发利用的样板，也是人口稀少地区经济再生的样板。只是，我们需要考虑是否在 32 处国家公园全部实行。

笹冈：我认为 32 处国家公园不应朝着同一个方向发展。它们需要在寻找各自合适的道路中，产生几个范本，从而刺激到类似地区的发展。这才是最理想的状态。

阿部：我想问问，大家印象里的创生地区是什么样的呢？

永山：我认为创生地区是，即使作为热门旅游地复苏困难，也能在地区的中心社区孕育出有生气的地方。换句话说，就是当地居民和老年人能够获得类似于"能够有这样的地方太好了""这样我们也能生活下去了"这样的幸福感，年轻人能感受到地方魅力并想要回乡就业的地方。如果国家公园能展示这样的可能性，即使不依靠旅游产业，对于地区而言，它也能成为重要的地方。

小野寺：比如说在屋久岛，把旅游收入的一部分返还给地方，将钱用到自然保护方面，做到有效利用。因此游客来得越多，屋久岛的自然就会变得越好。旅游产业的发展会产生数百人的就业岗位，经济也会得到进一步发展。虽然要想实现这样的目标，需要有各种制约，但是稍微转变一下观念，倒也不是不可能。像这样，如果在各个国家公园实现经济和环境的良好循环，就能实现真正的地方创生。

永山：虽说都是国家公园，却并不都像屋久岛这样闻名全国。即便是这种情况，可以首先考虑把国家公园所在地当成是对本地人最重要的地方来建设。我们看一下小豆岛的例子，随着地区的特色和魅力被更好地宣传，吸引了更多人的兴趣和关注。如果每个地区的居民都能这么想，也许就能产生在国家公园好好努力一把的动机,事情也许能变得有趣起来。

阿部: 也许这个地方本身并没有什么决定性的魅力,但是如果能够运用一些智慧,活用地区的资源,也能恢复地区的生机。比如说美丽的星空、茶叶贸易等,是不是可以从这些最近成为话题的例子中获得一些灵感,然后推广到国家公园的建设中去呢。

对国家公园自然保护官的期待

永山: 自然保护官是站在地域开发的最前线,在现场见证一切的人。他们经常和地域相关团体和个人进行协商,建立了深厚的关系。在霞之关本部,像这样与当地人密切接触的官员很少见,所以他们是非常宝贵的一笔财富。正是因为有了他们,才能产生出霞之关本部可以运用到的智慧,或者说得以将霞之关本部与现场的各团体联系起来,这是只有自然保护官才能创造的可能性啊。

小野寺: "现场"并不是一个概念,它本身就是现实的存在,是慎重对待人际关系的场所。与此相对,无论从法律还是从预算角度,霞之关本部都是一个处理抽象事物的场所。但是,行政管理的本质就是不轻视这二者中的任意一方。

笹冈: 霞之关本部即使可以读到宏观数字却可能什么都看不到,对于法律和预算在当地是如何使用的,只有现场的自然保护官才会有清晰的认知,这也是他们的强项。

屋久岛绳文杉

永山： 从现场角度考虑国家公园和地域今后的发展时，自然保护官应该如何行动呢？

中岛： 为了地域的发展提出一些具体方案并进行实践，我认为这样的可能性虽然有很多，但并不简单。明明不确定方案能否成功，却不得不让周围的人们承担包括经济负担在内的压力。我们无法为此负责任。当我们意识到问题越来越大时，就会停下来。到底能够进行到什么程度，这要看现实中那个自然保护官的性格。

永山： 哪里有围墙，哪里有制约，因为这能让人深切感受。我认为我们需要的是那种能够有"那就把这个围墙拆掉吧"这样的攻坚型人才。我想要自然保护官在各自的现场，找出现在国家公园的问题并列举出来，并且试着列出应该如何改变的理想办法。我怀着期待对此持续关注。

地方与专家的合作

阿部： 国家公园课早在几年前就开始讨论地方合作型管理。并不只是探讨单一主题，而是提供一个商讨国家公园的未来愿景的场所，在这里当地居民也可以一起参与互动，共同找出解决方案，这样的机制十分必要。具体来说，在这样可以共同商讨的场所，有问题已经得到解决的例子吗？

河野： 从过去至今，一直就有按不同主题开展的讨论会来进行对应。如果将其进一步展开，我们考虑开展能对应各种案例的综合性的讨论会。不过，规模越大，越无法看到整体，我个人是有这方面的担忧的。但无论如何，仅

钏路湿地

仅依靠环境省的职员能做的事情是有限的，如此一来，建立这样的机制就很有必要了，在这样的场所，和当地居民一起思考是很重要的。一边烦恼着，摸索着不断尝试，一边前进发展，这就是我们现在的状态。

笹冈：至今为止，我们只是将与个别主题紧密相关的人召集起来协商，以后也需要向其他的人员寻求合作。如果能使主题避免过于抽象和形式化，那么将是很不错的方法。

阿部：我认为在合作型讨论会的商讨中也出现了问题，即委员会的行动主体不是环境省。虽然有识之士的意见值得参考，但是我感觉环境省只是听过之后就把那些内容完全照搬进报告书里。其实，十分了解现场具体情况的环境省应该更主动地担起责任来。否则，很可能只是浪费时间制定了虚有其表的方针。

小野寺：不论是在审议会，还是在各种委员会，听取各方意见之后给出最终决定的是行政管理层，负责任的也是行政管理层，对这一点我们需要有清晰的判断。总之，问题就是最后负责任的是谁。另一方面，我也很期待能有像过去的那些专业生态学者一样具有广阔视野的专家的参与。不过在学术领域进行细分是很难的一件事。

永山：由于国民不会同意单靠政府部门来做决定，所以第三方参与的讨论是不可或缺的。但是，就像前面您说的，在已经决定了的政策上，谁来负责任，谁来行动，在这点上，当然只能靠官员的自觉了。同时，专家也必须自觉揽下与自己相关的事情。

阿部：之后，关于国家公园未来的具体蓝图，我还想再听一下大家的看法。

生态旅游和进山费

永山：生态旅游是学习和了解当地的环境、动植物和土地特征等的一种很好的方式。但是，我在几个国家公园中都留意到，当地出身的导游很少，而且很难从导游口中听到关于当地的文化、历史和区域社会的相关内容。然而，我在参加屋久岛的"乡村生态游"时，当地的导游向我们介绍了国家公园是怎样的地方。如果能大范围推广这样的生态旅游方式，应该很不错。

阿部：不只限于生态旅游，大家对于备受争议的进山费和入园费又有什么看法呢？

永山：在尾濑从开发利用的高峰期开始回落，进山者慢慢减少的时候，我采访了这里。那时，我对于将进山费作为规范开发利用的手段这一点感到有些不认同。一方面，因为是国家公园，所以国家理所当然需要负担木栈道、厕所和游客中心等设施的维修保养费用，但是持有这样的想法真的就好吗？在公园的利用方面，支付一定的金额而收取的进山费和入园费是很有必要的，倒不如说我还想借此机会，提倡收取这类的费用。

阿部：在山和溪谷社针对登山爱好者展开的一项问卷调查中（注4），八成的人不反对付费。但是如果收取的金额用途不明的话，他们将不愿意付费。

小野寺：一般来说，九成的国民都不想付费。在某种程度上来说，把收费的对象定为有志于自然保护的人群时，愿意付费的人就多了。但如果是在现实中制定规章制度的话，赞成的人相当有限，反对的人会很多。

永山：如果是这样的话，我们就很有必要议论一下该如何将国家公园维持下去这个问题了。自然环境的保护和开发，利用设施的维护都需要以人工费用为主的各种费用。这些费用是由税收来负担，还是由开发利用的人来负担呢？比如说，厕所小费就是由多数人来负担的。

阿部：我听说多数人并没有反对支付北阿尔卑斯山和富士山的厕所收费，也确实有些厕所因此变得更干净了。但是这也是某种程度上有意向的那部分人才会去做的。

小野寺：人们都有可以免费参观大自然的传统习惯，要想改变这种意识需要相当长的时间。但如果绳文杉登山的导游费用是每次每人1万日元的话，每年可以获得数亿日元的导游收入。为什么不把其中的一部分用在厕所的维护或者环保措施上呢？

永山：当我们乘飞机的时候，机场会以机场设施使用费的名义，把这些费用算到飞机票上来收取。既然许多人都默许了这种行为，那我们为什么就不能以包含某些费用的形式来收费呢？从今往后，为了保护自然景观，国民是不是也能做些事呢？如果国民没有这种意识，在人口减少的现状下，国家公园将难以为继。

河野：我每次也都想这么做啊！我认为发展的方向就是你说的这样。

日本国家公园的特色

永山：不可否认，从海外来日本参观国家公园的人一直在增加。虽然针对过度使用的措施是很重要的，但怎样传递国家公园的价值，也是我们需要好好考虑的问题。

笹冈：问题是，对于不断增加的包括外国人在内的游客的容量问题，身为国家公园主管部门的自然环境局是如何判断的。现在的状况是，自然环境局并没有参与，而是全部交给了观光厅来做。

河野：虽然不是国家公园，现在在北海道的根室，开展了野鸟观察活动，以鸟为中心，吸引外国游客。丹顶鹤和大鹭等鸟类都很受欢迎。

小野寺：林良博先生以及英国的阿特金森在《新·观光立国论》一书中都提到，能够如此与动物接触的国家公园是日本首创的。林先生说，我们要更加积极地营造能够观察动物的场所这类地方。如果说能和动物有很多接触是日本国家公园的特色，从世界范围看也是值得一提的话，那更应该认真探讨这一想法。

中岛：动物所拥有的魅力之大是不可轻视的。将更多的当地特有的动物和固有的生物当作资源来进行管理和展示，这一做法将大有可为。或许可以打造一个动物园，比如说这里有黑兔，就把它们关进笼子供人观赏的话，我觉得这些也是可行的。

河野：当我思考什么是日本的自然环境的特征时，我会想到日本列岛南北的纬度差很大，四季变化差别很大。用四季的变化将从北到南的 32 处国家公园连接起来，这样的国家基本没有吧。从八重山到稚内，光樱花季节就能持续 3 个月。

永山：比如我们可以说"5 月份去这些地方会很有趣哦"等。因为外国人在日本国内从南到北的移动需要花很长的时间，所以上述说法在面向海外宣传时可能会很受欢迎。

如何培育国家公园的魅力？

永山：比如以地震的灾后复兴为主题的三陆复兴国家公园和奄美这样的"环境文化型"公园，我认为像这样给全体国家公园赋予各自的性格，是今后工作的重点。去探寻各个国家公园的存在意义如何？即便这样也不能从环境或自然等关键词中完全独立出来，但是可以找到和指定拥有新价值的国家公园。这样一来，不只是环境省，其他部门也能参与共同运营的国家公园将成为可能。

小野寺：政府职员在霞之关本部常常容易掉进全国都要公平一致这样的陷阱。如果只是在霞之关总部考虑，《自然公园法》就不得不是全国统一标准的，这是很大的一个束缚。然而实际上，即便是像三陆复兴和奄美这样追求单独的解决方案的，也能从中找到一般的普遍适用的解决办法。如果只是在霞之关本部收集数据，把 32 处国家公园排在一起，是无法从中寻找到突破口的。

阿部：另外，有没有什么方法能让年轻人关注国家公园呢？现在即使登录环境省的国家公园网站，也看不到有魅力的照片。拿动物的话题来说，比如在网站上展示去何处可以见到某种动物的信息，所以应该再加大一些宣传力度。

永山：如说喜欢拍照的女性，应该也有依靠她们这样的人群来进行宣传的方法。

小野寺：现在，奄美最让人烦恼的问题是如何简单明了地向普通人介绍当地的动植物。黑兔是夜行性动物，兰花和苔藓又太小，这些都是制约条件。也许我们可以花一些工夫，比如把这些动植物的影像在媒体上扩大放映，向大家展示清晰的画面。

永山：现在大家都有智能手机，可以通过扫二维码获取信息，年轻人更有这方面的需求。另外，动物是与孩子相连的关键词，从吸引孩子再到家长关注的可能性也是有的。

中岛：在国家公园中将观光旅游的开发利用具体化这样的方案，我们从来没有认真地实行过。我们总是将他人策划的方案交给管理方。如果我们想制定主体性更强的公园计划，就需要在早期阶段，让规划专家加入讨论中。

笹冈：我再提一个细节，比如在游客中心的设计方面，把功能策划之类的事情交给商业设计师来做。因为并不是那么难的事情，所以他们应该是可以做到的。在钏路湿地的细冈，当地村镇有一个类似于游客中心的建筑（细冈商务休息室），我对那里印象深刻，虽然不是什么大建筑，但也配有烧柴的火炉。我觉得我们已经失去了那种感觉。

结语

阿部：最后请大家每人再说几句吧。

河野：今天我们讨论了旅游观光和外国人访日旅行的话题，接下来我们也需要充分讨论在开发利用的新形势下，国家公园应该如何应对，如何提高公园利用的质量等议题。还有一个让我觉得有意思的是把多个国家公园联系起来的话题。或许这不仅涉及行政管理层的上下级，还有国家公园的上下级关系，但是先把若干个国家公园结合起来进行考虑也是可以去尝试的办法。

中岛：我们需要从最开始就对开发利用的形式有具体化的设想，可以把使用者们感兴趣的事情分门别类，设想他们想在这里看到什么，想在这里体验什么。我感觉国家公园的利用现状与这类人的想法并不是完全一致的。我们需要用一种温和的方式，把散落的各种使用需求重新组合并展示出来。

笹冈：自然环境保全基础调查（绿色国情调查）全面而又公平地收集了日本整体的自然环境数据。但是考虑到今后为了宣传国家公园的魅力而需要的信息时，环境省应该更加热情地收集国家公园的基础数据。虽说各个国家公园的相关人员可以利用自己的智慧，加工处理这些数据来宣传国家公园的魅力，但前提是首先要大量收集正确的基本信息。

永山：让全部的国家公园同时受人欢迎也许是办不到的。但是从某种意义上来说，我们可以回归初心，试着确认国家公园是不是被该地区的人们所喜爱、被他们所需要？如果这样做的话，我想当地的人们也会根据自身需要提出各自的方案。若是国家公园的自然保护官绞尽脑汁也还是想不出好主意的话，那就让本省或者其他省厅的人也参与进来，重新思考国家公园现有的使用方法和规制，提升地区的魅力，我认为这是很有必要的。不仅是面向外国人、面向孩子这样的切入点，还要与地区共同合作，旨在建设充满活力的国家公园。

阿部：回顾国家公园的历史之后，我感觉到国家公园的制度、理念和想法是基于80年的积累而形成的。通过至今为止数十万件的许可和审批、国家公园当地职员和当地居民的合作、山岳道路和高尔夫球场问题等社会性议题，国家公园自身以及对自然保护和风景保护的社会性认同才得以确立。国家公园的实质可以说是与社会相互作用而成立的。这才是最重要的关键点。

小野寺：我也是这么认为的，在此基础上我还想说两点。国家公园有两个职责，第一是更加充实国家公园所在地的自然保护和利用，第二是成为国土的自然保护、风景保护，甚至是与自然共生的优秀样板。这些是人造物占压倒性多数的都市所做不到的事情，是国家公园的义务。另外，国家公园的当地职员、自然保护官把当地的老婆婆感受到的问题意识传达给东京的政策决定者，让他们也有所感悟并制定政策。在如今的国家公务员中，我想只有国家公园的自然保护官才能做到这些事。今天在比市町村的政府机构更接地气的国家公园现场，明天在霞之关的高层大厦里从事法律和预算的工作，能够做到这些的也只有环境省的自然环境局。我希望大家能仔细体会这些事情的意义。通过2年的讨论，我感受到国家公园能在这片国土中存在本身就证明了日本是富饶且有深度的社会。国家公园的自然保护官们，请大家充满信心！

阿部：这是一次时间跨度大，内容范围广的讨论，非常感谢大家的参与。

（座谈会日期：2016 年 1 月 8 日）

注：

1. IUCN（世界自然保护联盟）是以管理各国的各种保护区域为目的，分为七个类型，第二类（国家公园）定义是"主要是以生态系统保护和娱乐开发利用为目的的管理保护地区"。

2. 在国家公园内新建和改建酒店等观光设施时，需要许可和审批。对于相关规模、收容量以及设计等的基准，在管理运营规划等之中有明确规定。

3. 在 1989 年自然环境保全审议会的提议中，开发利用被分为四个种类：①野生体验型；②自然探胜型；③风景鉴赏型；④自然地保养型。

4. 参照 YAMAKEI_ONLINE（山系在线）《大家的登山白皮书》中有关富士山的环境保全、安全对策等的问卷调查结果。

资料篇

1.《自然公园法》（摘录）

《自然公园法》（1957 年 6 月 1 日法律第 161 号）

最终修改：2014 年 6 月 13 日法律第 69 号

第一章　总则

（目的）

第一条　为了保护优美的自然风景，增进开发利用，实现国民的保健、休闲疗养及教育，保护生物的多样性，特制定本法律。

（定义）

第二条　本法律，以下是各条目揭载的词语释义。

一　自然公园　指国家公园、国定公园及都道府县立自然公园。

二　国家公园　指足以代表日本风景的、杰出的自然风景区（包含海域景观地。除下一章第六节及第七十四条之外，以下相同），环境大臣根据第五条第一项规定指定的地区。

三　国定公园　指接近国家公园标准的优美的自然风景区，环境大臣根据第五条第二项规定指定的地区。

四　都道府县立自然公园　指优美的自然风景区，都道府县根据第七十二条规定指定的地区。

五　公园规划　指为了国家公园或国定公园的保护或开发利用，而制定的规章制度或事业规划。

六　公园事业　指基于公园规划而执行的事业，以政令的形式规定的，为了国家公园或国定公园的保护或开发利用而存在的与设施相关的事业。

七　生态系统维持恢复事业　指基于公园规划而开展的事业，以国家公园或国定公园的生态系统的维持或恢复为目的的事业。

（国家等的责任与义务）

第三条　国家、地方公共团体、事业者及自然公园的利用者必须依据《环境基本法》（1993 年法律第 91 号）第三条至第五条规定的与环境保全相关的基本理念，谋求优美的自然风景区的保护及其正确的开发利用，在各自的立场上尽职尽力。

2 国家及地方公共团体需要考虑到保护自然公园的风景最重要的是保护在自然公园栖息和繁殖的动植物，以确保自然公园生态系统的多样性及其他生物的多样性为宗旨，探索保护自然公园风景的相关措施。

（尊重财产权及与其他公共权益的协调）

第四条 本法律适用于《自然环境保全法》（1972 年法律第 85 号）第三条的规定，此外在尊重相关人员的所有权、矿业权及其他财产权的同时，还必须注意与国土开发及其他公共利益的协调。

第二章 国家公园及国定公园

第一节 指定

（指定）

第五条 国家公园是环境大臣听取相关都道府县及中央环境审议会（下称"审议会"）的意见而指定的区域。

2 国定公园是环境大臣根据相关都道府县的申请，听取审议会的意见而指定的区域。

3 环境大臣在指定国家公园或国定公园时，必须以政府公报形式，公示其主要内容及区域。

4 国家公园及国定公园的指定在前一项的公示之后，才具有法律效力。

（指定的解除及区域的变更）

第六条 环境大臣解除国家公园的指定或变更其区域时，必须听取相关都道府县及审议会的意见。

2 环境大臣解除国定公园的指定或变更其区域时，必须听取相关都道府县及审议会的意见。但是，如果想要扩展区域的范围时，必须依据相关都道府县的申请。

3 前一条第三项及第四项的规定适用于国家公园或国定公园的指定解除及区域变更。

第二节　公园规划

（公园规划的决定）

第七条　国家公园相关的公园规划由环境大臣听取相关都道府县及审议会的意见后决定。

2　国定公园相关的公园规划由环境大臣依据相关都道府县的申请，听取审议会意见后决定。

3　环境大臣在决定公园规划时，必须以政府公报的形式公示其概要，并将公园规划进行公示。

（公园规划的废止及变更）

第八条　环境大臣废止国家公园相关的公园规划或变更其内容时，必须听取相关都道府县及审议会的意见。

2　环境大臣废止国定公园相关的公园规划或变更其内容时，必须听取相关都道府县及审议会的意见。但是，追加公园规划时，必须依据相关都道府县的申请。

3　前一条第三项的规定适用于环境大臣废止或变更公园规划时。

第三节　公园事业

（公园事业的决定）

第九条　国家公园相关的公园事业（下称"国家公园事业"）由环境大臣听取审议会意见后决定。

2　国定公园相关的公园事业（下称"国定公园事业"）由都道府县知事决定。

3　环境大臣决定国家公园事业时，必须将其概要向社会公示。

4　都道府县知事决定国定公园事业时，必须将其概要向社会公示。

5　第一项及第三项的规定适用于环境大臣废止或变更国家公园事业。前一项的规定适用于都道府县知事废止或变更国定公园事业。

（国家公园事业的执行）

第十条　国家公园事业由国家执行。

2　地方公共团体及政令规定的其他的公共团体（下称"公共团体"）依据环境省的规定，与环境大臣协议之后，可以执行部分国家公园事业。

3　国家及公共团体以外的人员依据环境省的规定，获得环境大臣的认可后，可以执行部分国家公园事业。

（下略）

2. 国家公园与国定公园候选地的设立及指标（摘录）

国家公园与国定公园候选地的设立及指标（2013 年 5 月 17 日自然环境局长通知）

1　国家公园与国定公园候选地的设立

国家公园与国定公园候选地的设立需要基于全国的视角进行探讨，并满足以下条件。

（1）第 1 要件　景观

①国家公园的景观

在伟大、雄大、美丽、原生性、稀少性、特殊性、固有性及地理学现象富于变化性中有任意一项或多项符合的，在同类型的风景中能代表日本风景的，拥有杰出的自然风景的地区。

②国定公园的景观

能代表日本的风景，接近国家公园标准的，拥有杰出的自然风景的地区或优美的自然风景区；可供多数人利用，且适宜于保护和促进利用的地区。

③候选地的考量

在设立候选地时，根据景观的特征，把自然风景区按照风景类型进行分类，以占主导的风景类型决定景观区。设定能鲜明地表现出杰出景观特征的主题，决定与主题关系紧密的景观要素，同时考虑主题和景观要素来决定景观区的基本区域，定为候选地。另外，如果基本区域外围有优美的自然风景区时，可以将其作为附加区域，设立为候选地。风景类型的例子参照附件。

候选地原则上由一个景观区构成，但是如果两个以上的景观区相邻，并且在利用方面存在紧密的联系，同时二者的景观杰出性、规模等的相关评价相似时，可以将这 2 个以上的景观区合并，作为一个候选地。

（2）第 2 要件　规模

①国家公园的候选地

原则上应有约 3 万公顷以上的区域面积（包含海域，以下相同）。但是，当候选地的主体为海岸或岛屿 [指本土（本州、北海道、四国、九州）以外的岛。以下相同] 时，原则上应有约 1 万公顷以上的区域面积。

②国定公园的候选地

原则上应有约 1 万公顷以上的区域面积。但是，当候选地的主体为海岸或岛屿时，原则上应有约 3000 公顷以上的区域面积。

（3）第 3 要件　自然性

①国家公园的候选地

原则上原生性的景观核心地区应有约 2000 公顷以上的区域面积。但是，当候选地的主体为海岸时，核心景观区域的海岸线原则上全长应为约 20 千米以上；当候选地的主体为岛屿时，景观核心区域原则上应有约 1000 公顷以上的区域面积。

②国定公园的候选地

原则上原生性的景观核心地区应有约 1000 公顷以上的区域面积。但是，当候选地的主体为海岸时，核心景观区域的海岸线原则上全长应为约 10 千米以上；当候选地的主体为岛屿时，景观核心区域原则上应有约 500 公顷以上的区域面积。

（4）第 4 要件　利用

从到达候选地的便利性或其容量、利用的多样性或特殊性来看，能够供多数人利用。

（5）第 5 要件　与地域社会的共生

候选地作为国家公园或国定公园得到保护及利用，区域社会对此能理解认同。

（6）第 6 要件　全国性的部署安排

国家公园及国定公园的候选地中，达到国家公园标准的、拥有杰出自然风景的地区不考虑全国性的部署安排。国定公园的候选地中，优美的自然风景区及为了给多数人利用而进行保护和促进利用的地区需要谋求适当的全国性的部署安排。

（下略）

3. 自然公园的分类

类别	定义	指定者	公园规划决定者	管理者（许认可等）
国家公园	能代表日本风景的杰出自然风景区	环境大臣	环境大臣	环境大臣（地方环境事务所所长）
国定公园	接近国家公园标准的优美自然风景区	环境大臣（依据相关都道府县的申请指定）	环境大臣（依据相关都道府县的申请决定）	都道府县知事
都道府县立自然公园	优美的自然风景区	都道府县（依据条例规定指定）	都道府县（依据条例规定决定）	都道府县（依据条例规定管理）

4-1. 自然公园面积总表

2017 年 3 月 31 日

类别	公园数	公园面积（公顷）	占国土面积的比率（％）	明细					
				特别地域				普通地域	
				特别保护区		面积（公顷）	比率（％）	面积（公顷）	比率（％）
				面积（公顷）	比率（％）				
国家公园	34	2189804	5.794	287938	13.1	1599812	73.1	589992	26.9
国定公园	56	1409727	3.730	65021	4.6	1307601	92.8	102126	7.2
都道府县自然公园	311	1967323	5.205	—	0.0	713756	36.3	1253567	63.7
合计	401	5566854	14.728	352959	6.3	3621169	65.0	1945685	35.0

* 国土面积为 37797101 公顷（依据 2015 年全国都道府县市区村町面积调查 / 国土地理院的数据得出）

4-2. 按不同区域分类的自然公园面积

2017 年 3 月 31 日现在 （单位：面积公顷、比率％）

类别	特别地域						普通地域	合计
	特别保护地区	第1类特别地域	第2类特别地域	第3类特别地域	第1~3类小计	合计		
国家公园	287938	280640	517018	514216	1311874	1599812	589992	2189804
比率（％）	13.1	12.8	23.6	23.5	59.9	73.1	26.9	100.0
国定公园	65021	172752	381134	688694	1242580	1307601	102126	1409727
比率（％）	4.6	12.3	27.0	48.9	88.1	92.8	7.2	100.0
小计	352959	453392	898152	1202910	2554454	2907413	692118	3599531
比率（％）	9.8	12.6	25.0	33.4	71.0	80.4	19.6	100.0
都道府县立自然公园	—	72124	182759	458873	713756	713756	1253567	1967323
比率（％）	0.0	3.7	9.3	23.3	36.3	36.3	63.7	100.0
合计	352959	525516	1080911	1661783	3268210	3621169	1945685	5566854
比率（％）	6.3	9.4	19.4	29.9	58.7	65.0	35.0	100.0

注：在没有完成重新审查的公园中，存在着第 1 ~ 3 类小计与合计不符的情况。

5.《自然公园法》概要

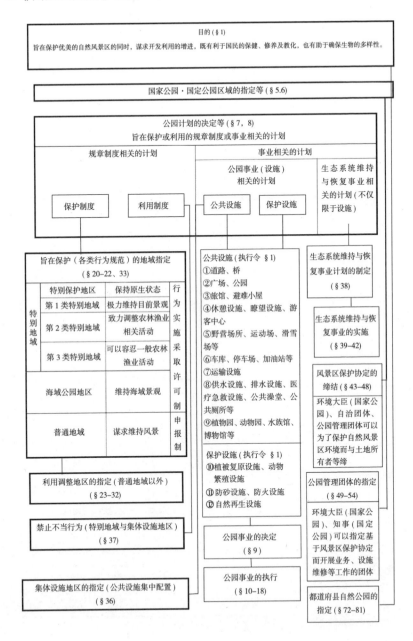

目的（§1）

旨在保护优美的自然风景区的同时，谋求开发利用的增进，既有利于国民的保健、修养及教化，也有助于确保生物的多样性。

国家公园·国定公园区域的指定等（§5.6）

公园计划的决定等（§7, 8）

旨在保护或利用的规章制度或事业相关的计划

规章制度相关的计划 | 事业相关的计划

公园事业（设施）相关的计划

生态系统维持与恢复事业相关的计划（不仅限于设施）

保护制度 | 利用制度 | 公共设施 | 保护设施

旨在保护（各类行为规范）的地域指定（§20-22, 33）

特别地域	特别保护地区	保持原生状态	行为实施采取许可制申报制
	第1类特别地域	极力维持目前景观	
	第2类特别地域	致力调整农林渔业相关活动	
	第3类特别地域	可以容忍一般农林渔业活动	
海域公园地区		维持海域景观	
普通地域		谋求维持风景	

利用调整地区的指定（普通地域以外）（§23-32）

禁止不当行为（特别地域与集体设施地区）（§37）

集体设施地区的指定（公共设施集中配置）（§36）

公共设施（执行令 §1）
①道路、桥
②广场、公园
③旅馆、避难小屋
④休憩设施、瞭望设施、游客中心
⑤野营场所、运动场、滑雪场等
⑥车库、停车场、加油站等
⑦运输设施
⑧供水设施、排水设施、医疗急救设施、公共澡堂、公共厕所等
⑨植物园、动物园、水族馆、博物馆等

保护设施（执行令 §1）
⑩植被复原设施、动物繁殖设施
⑪防砂设施、防火设施
⑫自然再生设施

公园事业的决定（§9）

公园事业的执行（§10-18）

生态系统维持与恢复事业计划的制定（§38）

生态系统维持与恢复事业的实施（§39-42）

风景区保护协定的缔结（§43-48）

环境大臣（国家公园）、自治团体、公园管理团体可以为了保护自然风景区环境而与土地所有者等缔

公园管理团体的指定（§49-54）

环境大臣（国家公园）、知事（国定公园）可以指定基于风景区保护协定而开展业务、设施维修等工作的团体

都道府县自然公园的指定（§72-81）

6-1. 公园规划概念图

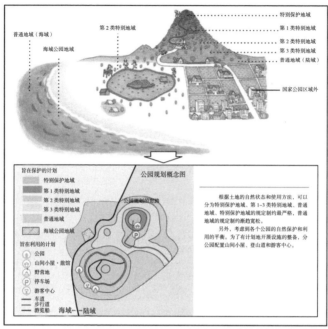

来自宣传手册《日本国家公园》相关内容

6-2. 公园规划构成

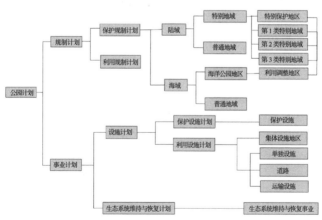

※ 可以在特别地域（特别保护地区·第 1～3 类特别地域）中指定限制利用地区。
※ 都道府县自然公园没有特别保护地区及海域公园地区的制度。

用语	说明	示例、注释等
保护规制计划	通过规制公园内的特定行为,从开发和过度使用中保护公园的计划。在公园内设置了诸如特别保护地区、第1、2、3类特别地域、海域公园地区、普通地域等拥有各种规制的地域	
特别保护地区	公园中保持着最优美的自然景观和原始状态的地区。在特别地域中,拥有最严格的规制	相关限制行为采取许可制
第1类特别地域	拥有符合特别保护地区标准的景观,特别地域中最需要维持景致的地域,需要极力保护现有景观的地域	相关限制行为采取许可制
第2类特别地域	需要致力于调整农林渔业等活动的地域	相关限制行为采取许可制
第3类特别地域	特别地域中维持景致的必要性比较低的地域,不限制一般的农林渔业等活动的地域	相关限制行为采取许可制
海域公园地区	既拥有以拥有热带鱼、珊瑚、海藻等动植物为特征的海洋景观,也拥有以潮滩、岩礁等的地形和海鸟等的野生动物为特征的海上景观的地区	相关限制行为采取许可制
普通地域	不包含特别地域和海域公园地区,谋求风景保护的地域。特别地域、海域公园地区与公园区域以外地区之间的缓冲地域(buffer zone)	大规模开发等相关项目采取申请制
利用调整地区	在拥有非常优美的风致景观的地区中,对于游客的增加会对自然生态系统造成负面影响的场所,通过限制游客人数等方法,达到保全自然生态系统、推进可持续发展这一目的的地区	游客的进入采取认定制
利用规制计划	对于非常优美的景观地,旨在进行适当的开发利用和保护周边自然环境,应对开发利用数目的激增而制定的计划。对于开发利用的时间、方法等,采取调整、限制、禁止等必要事项的计划	车辆使用规范化(限制私家车使用)
保护设施计划	为了恢复荒废的自然环境和防止灾害而规划必要的设施(保护设施)	植被恢复设施、动物繁殖设施、防砂设施、防火设施等
利用设施计划	拥有作为公园利用和管理的据点的集体设施地区和为了正确开发利用公园而存在的必要的利用设施	规划利用设施时避免对自然景观造成负面影响
集体设施地区	综合配备利用和管理公园设施的地区	
单独设施	公园事业设施中,道路和运输设施以外的设施	公园、旅馆、休憩场所、野营场所等
道路	公园事业设施中,供公园开发利用而使用的道路	机动车道、自行车道、人行道等
运输设施	公园事业设施中,采用固定路线或航路运送旅客的运送设施、一般机动车道、游船停靠设施	铁路、索道、船舶等
生态系统维持与恢复计划	旨在采取预防性的、适应性的手段,通过捕获危害生态系统安全的鹿和长棘海星等、驱除外来物种,或者是保护自然植被和珊瑚群等方式维持或是恢复生态系统正常的计划	

7. 自然公园制度的历史

日本自然保护制度史——以国家公园为中心

时期	年份	以国家公园·国定公园为中心的自然保护制度	其他自然保护制度	社会背景（包括自然保护问题）
大风景保护时代	1931	《国家公园法》制定 国家公园的管理机构：内务省卫生局保健科		九一八事变 ※ 总人口 6445 万人（S5）※ 城市 1544 万人（24%）农村 4901 万人（76%）
	1933	内务省选定 12 处国家公园候选地		退出国际联盟、昭和三陆地震
	1934	指定日本最早的国家公园（濑户内海、云仙、雾岛） 此后，指定阿寒、大雪山、日光、中部山岳、阿苏国家公园	指定朱鹮为天然纪念物（此后定为特殊天然纪念物（1952 年））	
	1936	指定十和田、富士箱根、吉野熊野、大山国家公园		
	1938	国家公园定位为国民锻炼的场所（国家总动员法制定）国家公园的管理机构：厚生省体力局设施科		厚生省设立
	1941–1945	战时下体制 国家公园的管理机构：厚生省人口局体练科（1941 年）、同局修练科（1942 年）、健民局修练科（1943 年）、（国家公园事务停止 / 1944 年）※12 处国家公园、84 万公顷（S20 年）		第二次世界大战 ※ 总人口 7331 万人（S15）※ 城市 2758 万人（38%）农村 4554 万人（62%）
「二战」后复兴·经济成长时代	1946	伊势志摩国家公园指定 国家公园的管理机构：厚生省卫生局保健科→公众保健局调查科	联军总司令部的指示	
	1947		※ 总人口 7810 万人 ※ 城市 2586 万人（33%）农村 5224 万人	
	1948	国家公园选定标准修订 国家公园的管理机构：厚生省国家公园部	《温泉法》制定	福井地震
	1949	支笏洞爷、上信越高原国家公园指定、里奇报告书提出 《国家公园法》修订（符合特别保护地区、国家公园标准的地域制度）	内阁法制局关于县立自然公园的意见	尾濑保存期成同盟成立 《土地改良法》制定、《渔业法》制定
	1950	秩父多摩、磐梯朝日国家公园指定 日本最早的国定公园指定（琵琶湖、佐渡弥彦、耶马日田英彦山）	《文化财产保护法》制定	《国土综合开发法》制定、《港湾法》制定
	1951	国家公园审议会关于自然公园体系整备的报告		《森林法》制定、《水产资源保护法》制定
	1955	西海、陆中海岸国家公园指定		城市人口首次超过农村人口 伊豆半岛山稜线道路计划决定 ※ 总人口 9008 万人 ※ 城市 5053 万人（56%）农村 3954 万人（44%）
	1956		《都市公园法》制定、《海岸法》制定	《森林开发公团法》制定、《道路整备特别措施法》修订

时期	年份	以国家公园·国定公园为中心的自然保护制度	其他自然保护制度	社会背景（包括自然保护问题）
「二战」后复兴·经济成长时代	1957	《自然公园法》制定（国家公园、国定公园、都道府县国家公园制度）		国有林生产力增强计划
	1958	国家公园管理员以厚生省技官的身份定员化（40名）		
	1959	关于自然公园区域内的森林经营（厚生省·林野厅）		迫切希望设置自然保护地域特别是保护原生林的声明（日本生态学会）
	1960	国民休假村构想		※GDP总额16兆日元、GDP17万日元/人、原油进口量57万桶/日
	1961	※19处国家公园、175万公顷、年参观人数109百万人 ※20处国定公园、52万公顷、年参观人数58百万人 ※管理员定员52名		
	1962	白山国家公园指定	关于旨在维持都市的美观风景的树木保护的法律制定	内阁会议决定全国综合开发计划
	1963	山阴海岸国家公园指定	《鸟兽保护法》制定	《观光基本法》制定
	1964	知床、南阿尔卑斯国家公园指定 国家公园的管理机构：厚生省国家公园局		东京奥林匹克运动会开幕、《河川法》制定、《林业基本法》制定、《工业整备特别地域整备促进法》制定
	1965			《关于自然保护》劝告（日本学术会议）《森林开发公团法》修订（超级林中道路计划开展）
				※总人口9921万人、城市6736万人（68%）农村3185万人（32%）
	1966	特别保护地区内私有地的固定资产税减免措施导入	《首都圈近郊绿地保护法》制定	
	1967		《公害对策基本法》制定	总人口突破1亿人 四日市哮喘诉讼（公害诉讼、反对运动正规化）
	1968	自然公园审议会汇报《自然公园制度的基本方案》（海中公园、道路公园、自然保护宪章等）国家公园的管理机构：厚生省国家公园部	《都市计划法》制定	文化厅设置
	1969	东海自然步行道（长距离自然步行道）构想发表		内阁会议决定新全国综合开发计划
	1970	《自然公园法》修订（海中公园制度、指定湖沼排水规定） ※23处国家公园、196万公顷、年参观人数285百万人 ※44处国定公园、99万公顷、年参观人数218百万人 ※管理员定员55名		公害国会（环境方面的法制整备等）
				※GDP总额75兆日元、GDP71万日元/人、原油进口量353万桶/日

时期	年份	以国家公园·国定公园为中心的自然保护制度	其他自然保护制度	社会背景（包括自然保护问题）
生态系统保护时代	1971	国家公园的管理机构：环境厅自然保护局		环境厅设置、内阁会议审议中止尾濑机动车道工程
	1972	西表、小笠原、足摺宇和海国家公园指定国家公园·国定公园内私有地收购制度建立关于国家公园·国定公园内地热发电的了解事项（环境省·通产省通知）	《自然环境保护法》制定	联合国人类环境会议（斯德哥尔摩）日本列岛改造论罗马俱乐部《增长的极限》
	1973	《自然公园法》施行令修订（普通地域内规章制度强化、从公园事业中剔除高尔夫球场）	内阁会议决定自然环境保护基本方针第一次自然环境保护基础调查《都市绿地保护法》制定	第一次石油危机（oil shock）大雪山纵贯道路计划中止阿尔卑斯超级林中道路工程冻结
	1974	利尻礼文佐吕别国家公园指定自然公园法施行规定修订（特别地域的地种区分）国家公园内机动车利用合理化纲要（限制私家车）制定关于国家公园内各种行为的审查准则制定国家公园·国定公园内地热开发的使用方针决定	《国土利用计划法》制定	国土厅设置
	1975	上高地开始限制私家车	原生自然环境保护地域的指定（屋久岛、南硫黄岛）	环境厅同意1975～1978年建造本州四国联络桥（1路3桥）
			※ 总人口1亿1194万人 ※ 城市8497万人（76%）农村2697万人	
	1977			内阁会议决定第三次全国综合开发计划阿苏国家公园八丁原开始地热发电
	1978		《濑户内海环境保护特别措施法》制定	环境厅同意建设南阿尔卑斯超级林中道路北泽山口部分
	1979	关于国家公园·国定公园内地热开发的意见书（自然环境保护审议会）		第二次石油危机（oil shock）
	1980	关于国家公园内矿业权的设定协议的使用（环境厅通知）	《拉姆萨尔公约》缔结《华盛顿公约》缔结	日本的机动车生产量成为世界第一
	1984	关于国家公园·国定公园内直升机的乘坐规定（环境厅通知）	自然观察森林的整备事业开始	《湖沼水质保护特殊措施法》制定
	1985		※ 总人口1亿2105万人 ※ 城市9289万人（77%）农村2816万人（23%）	
	1986			泡沫经济（～1991年前后）、知床原生林采伐问题

时期	年份	以国家公园·国定公园为中心的自然保护制度	其他自然保护制度	社会背景（包括自然保护问题）
生态系统保护时代	1987	钏路湿原国家公园指定	关于濒危野生植物转让的规定等法律制定	内阁会议决定第四次全国综合开发计划《综合保养地域整备法》（修养地法）制定
	1990	《自然公园法》修订（限制车马乘坐、限制杀伤·损伤动植物）	森林生态系统保护地域设定（林野厅）	IPCC 第一次评价报告书
	1991	自然公园内公共厕所紧急再整备事业开始		云仙普贤岳大规模火山碎屑流爆发
	1992		《世界遗产公约》缔结、《种子的保存法》制定	联合国环境开发会议（地球峰会·巴西）开幕
	1993	※28 处国家公园、205 万公顷、年参观人数 390 百万人 ※55 处国定公园、133 万公顷、年参观人数 296 百万人 ※ 管理员定员 140 员	《生物多样性公约》缔结、《环境基本法》制定、登录世界自然遗产名册（屋久岛、白神山地）	《拉姆萨尔公约》第五次缔约国会议（钏路）
			※GDP 总额 491 兆日元、GDP388 万日元 / 人、原油进口量 442 万桶 / 日	
生物多样性保护时代→社会缩小时代	1994	自然公园等事业的公共事业化		
	1995	自然公园等核心地域综合整备事业（绿色钻石计划）开始	生物多样性国家战略制定	阪神淡路大地震、IPCC 第二次评价报告书
			※ 总人口 1 亿 2557 万人 ※ 城市 9801 万人（78%）农村 2756 万人（22%）	
	1996	《自然公园法》施行令修订（辅助对象中追加植被复原设施）		移动电话用户数激增
	1997		《环境影响评估法》（评估法）制定	《气候变化框架公约》第三次缔约国会议（京都）
	1998		生物多样性研究中心设立	内阁会议决定 21 世纪国土宏伟蓝图（第五次全国综合开发计划）、《中央省厅等改革基本法》制定
	1999	对民间山地小屋的辅助制度创立	《食品·农业·农村基本法》制定	《中央省厅等改革关联法》、《地方分权一括法》制定
	2000	《自然公园法》修订（随着《地方分权一括法》的施行，国家公园由国家进行管理）	内阁会议决定第二次环境基本计划	
	2001	国家公园等民间利用特定自然环境保护活动(绿色劳动者）事业创立国家公园的管理机构：环境省自然环境局	《日本重要的 500 个湿地》发表（环境省）	环境省设立、IPCC 第三次评估报告书、《地球规模生物多样性概况》第一版、《水产基本法》制定 移动电话普及率超五成
	2002	《自然公园法》修订（生物多样性的保护、利用调整地区、风景地保护协定等）	新生物多样性国家战略制定《自然再生推进法》制定	三位一体改革 ※ 地方分权推进 互联网用户普及率超五成

时期	年份	以国家公园·国定公园为中心的自然保护制度	其他自然保护制度	社会背景（包括自然保护问题）
生物多样性保护时代→社会缩小时代	2003	最早的公园管理团体指定（财团法人阿苏Green Stock）	《卡塔赫纳法》制定、《重要生态系统监视地域监测推进事业（监测站点1000）》开始实行	内阁会议决定第一次社会资本整备重点计划
	2004	《自然公园法》施行规定修订（关于风力发电设施的审查基准）、风景地保护协定首次认定（阿苏九重国家公园、下荻之草）	《外来生物法》制定、《景观法》制定	日本国内确认发生从1925年开始79年不遇的禽流感、新潟县中越地震
	2005	《自然公园法》施行令修订（限制特别保护地区内的动植物的放出等）	知床登录世界自然遗产名录	《国土形成计划法》制定、环境省地方环境事务所设立
			※ 总人口1亿2777万人 ※ 城市1亿1026万人（86%）农村1750万人	
	2006	首次指定利用调整地区（吉野熊野国家公园、西大台）	内阁会议决定第三次环境基本计划	《观光立国推进基本法》《地球规模生物多样性概况》第二版
	2007	关于风力发电和自然环境保护的研究会论点整理发表（环境省·资源能源局）	内阁会议决定第三次生物多样性国家战略、《环保旅游推进法》制定	IPCC第四次评价报告书《鸟兽特别措施法》制定、《海洋基本法》制定
	2008		《生物多样性基本法》制定	内阁会议决定国土形成计划、雷曼冲击、观光厅设立
	2009	《自然公园法》修订（目的、海域公园地区制度、生态系统维持恢复事业等）	日本首个世界地质公园认定（洞爷湖有珠山、糸鱼川、岛原半岛）	内阁会议决定第二次社会资本整备重点计划《生物量利用推进基本法》
	2010	国家公园·国定公园总点检事业结果公布（环境省）	内阁会议决定生物多样性国家战略2010、《生物多样性地域合作促进法》制定、生物多样性综合评价（JBO）（环境省）	《生物多样性公约》第十次缔约国会议（名古屋）《地球规模生物多样性概况》第三版
	2011	三陆国家公园等的创设时明确记载了《东日本大地震后的复兴基本方针（东日本大地震复兴对策本部制定）》	小笠原诸岛登录世界自然遗产名录海洋生物多样性保护战略（环境省）	东日本大地震·福岛第一核电站事故
	2012	《以三陆国家公园的创设为核心的绿色复兴构想》提出（环境省）、国家公园·国定公园内地热开发的使用（环境省通知）、关于温泉资源保护的指导方针（地热发电相关）（环境省通知）	内阁会议决定第四次环境基本计划、内阁会议决定生物多样性国家战略2012—2020	复兴厅设立、原子能规制委员会·原子能规制厅设立内阁会议决定第三次社会资本整备重点计划
	2013	三陆复兴国家公园指定	重要海域（从生物多样性的观点出发，重要度较高的海域）的抽选（环境省）	《国土强韧化基本法》、国有林野事业一般会计化访日外国人突破1000万人

时期	年份	以国家公园·国定公园为中心的自然保护制度	其他自然保护制度	社会背景(包括自然保护问题)
生物多样性保护时代↓社会缩小时代	2014	庆良间诸岛国家公园指定	《地域自然资产法》制定	《水循环基本法》、城镇·人·工作创生本部设立、《城镇·人·工作创生法》、IPCC第五次评价报告会、《地球规模生物多样性概况》第四版、御岳山火山喷发
				※GDP总额487兆日元、GDP377万日元/人(2013年)、原油进口量366万桶/日
	2015	《自然公园法》施行规定修订(关于大规模太阳能发电设施的审查基准)国家公园·国定公园内地热发电的使用修订(环境省通知)	村落附件的重要土地山地(从生物多样性保护方面的重要土地山地)的选定(环境省)	内阁会议决定国土形成计划(变更)、内阁会议决定第四次社会资本整备重点计划
				※总人口1亿2711万人城市1亿1615万人(91%)农村1096万人(9%)
	2016	山原国家公园指定、国家公园领略项目(增强魅力、外国游客倍增)开始实行 ※33处国家公园、215万公顷 ※57处国定公园、142万顷 ※管理员定员274名(均为2016年9月数据)	生物多样性及生态系统服务的综合评价(JBO2)(环境省)《关于利用生态系统进行防灾·减灾的思考》发表(环境省)	观光构想提出(议长:内阁总理大臣)、熊本地震

资料来源:国势调查、总务省"人口统计"、总务省"情报通信统计数据库"、内阁府"长期经济统计"、资源能源厅"资源·能源统计年报·月报"、环境省资料

8. 基于公园指定的风景评价标准的变化与多样化

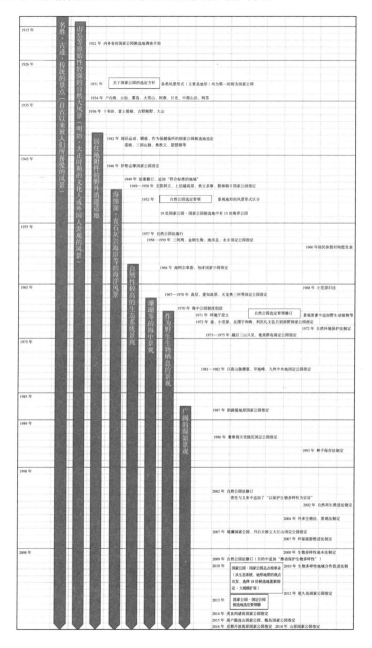

9-1. 国家公园、国定公园等的分布示意图

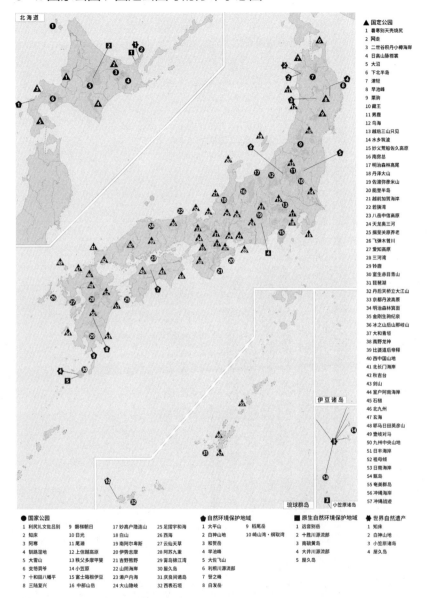

▲ 国定公园
1 暑寒别天売烧尻
2 网走
3 二世谷积丹小樽海岸
4 日高山脉襟裳
5 大沼
6 下北半岛
7 津轻
8 早池峰
9 栗驹
10 藏王
11 男鹿
12 鸟海
13 越后三山只见
14 水乡筑波
15 妙义荒船佐久高原
16 南房总
17 明治森林高尾
18 丹泽大山
19 佐渡弥彦米山
20 能登半岛
21 越前加贺海岸
22 若狭湾
23 八岳中信高原
24 天龙奥三河
25 揆斐关原养老
26 飞弹木曾川
27 爱知高原
28 三河湾
29 铃度
30 室生赤目青山
31 琵琶湖
32 丹后天桥立大江山
33 京都丹波高原
34 明治森林箕面
35 金刚生驹纪泉
36 冰之山后山那岐山
37 大和青垣
38 高野龙神
39 比婆道后帝释
40 西中国山地
41 北长门海岸
42 秋吉台
43 剑山
44 室户阿南海岸
45 石槌
46 北九州
47 玄海
48 耶马日田英彦山
49 壹岐对马
50 九州中央山地
51 日丰海岸
52 祖母倾
53 日南海岸
54 甑岛
55 奄美群岛
56 冲绳海岸
57 冲绳战迹

● 国家公园
1 利尻礼文佐吕别   9 磐梯朝日   17 妙高户隐连山   25 足摺宇和海
2 知床   10 日光   18 白山   26 西海
3 阿寒   11 尾濑   19 南阿尔卑斯   27 云仙天草
4 钏路湿地   12 上信越高原   20 伊势志摩   28 阿苏九重
5 大雪山   13 秩父多摩甲斐   21 吉野熊野   29 雾岛锦江湾
6 支笏洞爷   14 富士箱根伊豆   22 山阴海岸   30 屋久岛
7 十和田八幡平   15 富士箱根伊豆   23 瀬户内海   31 庆良间诸岛
8 三陆复兴   16 中部山岳   24 大山隐岐   32 西表石垣

■ 自然环境保护地域
1 大平山   9 稻尾岳
2 白神山地   10 崎山湾·纲取湾
3 和贺岳
4 早池峰
5 大佐飞山
6 利根川源流部
7 笹之峰
8 白发岳

■ 原生自然环境保护地域
1 远音别岳
2 十胜川源流部
3 南硫黄岛
4 大井川源流部
5 屋久岛

♠ 世界自然遗产
1 知床
2 白神山地
3 小笠原诸岛
4 屋久岛

北海道

伊豆诸岛

琉球群岛   小笠原诸岛

（注：2014 年 4 月发行的环境省宣传手册。此时山原国家公园·奄美群岛国家公园还未被指定，奄美群岛国定公园的指定还未被解除）

9-2. 山原、奄美群岛国家公园规划图

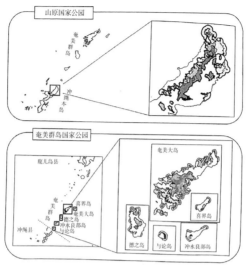

（出处：环境省公开资料）

10. 按土地所有权分类的自然公园面积总表

2017 年 3 月 31 日（单位：面积公顷、比率 %）

类别	各类土地面积（仅限已调查地区）								未调查地区	合计
	国有地	百分比（%）	公有地	百分比（%）	私有地	百分比（%）	所有不明地区	百分比（%）		
国家公园	1318518	60.2	281430	12.9	569317	26.0	6637	0.3	13902	2189804
国定公园	619568	43.9	195443	13.9	593861	42.1	855	0.1	—	1409727
小计	1938086	53.8	476873	13.2	1163178	31.2	7492	0.2	—	3599531
都道府县自然公园	501983	25.5	217106	11.0	917742	46.6	65297	3.3	265196	1967323
合计	2440069	43.8	693979	12.5	2080920	37.4	72789	1.3	279098	5566854

注：在没有完成重新审查的公园中，存在各类土地面积与公园面积合计不一致的情况。

11. 国家公园与国定公园的数量变化

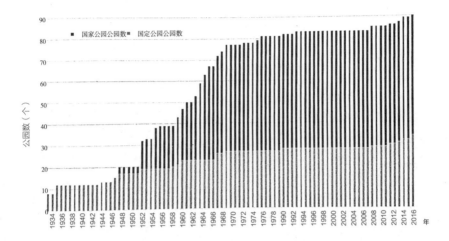

1973 年为止为日历年度（1 月 1 日至 12 月 31 日），其后为会计年度（4 月 1 日至第二年 3 月 31 日）

12. 自然公园利用人数的变化

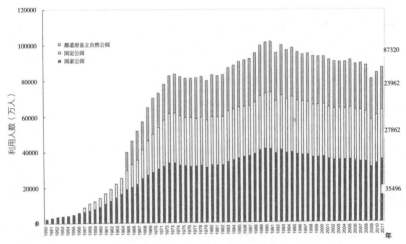

注：国定公园从 1957 年、都道府县自然公园从 1965 年开始进行利用者数统计。

13. 各都道府县自然公园面积表

2017 年 3 月 31 日（单位：公顷）

序号	都道府县	国土面积（A）	自然公园面积（B）								自然公园面积占县土面积的比率（%）（B）/（A）
			国家公园		国定公园		都道府县自然公园		总计		
			数量	面积	数量	面积	数量	面积	数量	面积	
1	北海道	8342430	6	508308	5	212359	12	146873	23	867540	10
2	青森	964559	2	43170	2	44607	7	26410	11	114187	12
3	岩手	1527500	2	29206	2	20038	7	22817	11	72061	5
4	宫城	728222	1	14882	2	50273	8	106044	11	171199	24
5	秋田	1163750	1	26813	3	46765	8	50223	12	123801	11
6	山形	932315	1	71115	3	42255	6	42139	10	155509	17
7	福岛	1378370	3	90108	1	33665	11	55323	15	179096	13
8	茨城	609706	0	0	1	31801	9	59095	10	90896	15
9	栃木	640809	2	104781	0	0	8	28662	10	133443	21
10	群马	636228	3	80801	1	8063	0	0	4	88864	14
11	琦玉	379775	1	34411	0	0	10	90171	11	124582	33
12	千叶	515765	0	0	2	8845	8	19692	10	28537	6
13	东京	219093	3	69426	1	777	6	9686	10	79889	36
14	神奈川	241583	1	10356	1	27572	4	17210	6	55138	23
15	新潟	1258410	5	106383	2	81928	13	128580	20	316891	25
16	富山	424761	2	79173	1	1005	6	45376	9	125554	30
17	石川	418609	1	25735	2	10453	5	16376	8	52564	13
18	福井	419049	1	7406	2	23467	1	31039	4	61912	15
19	山梨	446527	3	101862	1	4088	2	15203	6	121153	27
20	长野	1356160	5	170743	2	46755	6	61050	14	278548	21
21	岐阜	1062130	2	38236	2	34632	15	122225	19	195093	18
22	静冈	777742	2	50080	1	4835	4	29126	7	84041	11
23	爱知	517248	0	0	4	49817	7	39064	11	88881	17
24	三重	577440	2	72526	2	26272	5	103098	9	201896	35
25	滋贺	401738	0	0	2	113071	3	36886	5	149957	37
26	京都	461219	1	1206	4	93255	3	128	8	94589	21

2017 年 3 月 31 日（单位：公顷）

序号	都道府县	国土面积（A）	自然公园面积（B）								自然公园面积占县土面积的比率（%）（B)/(A）
			国家公园		国定公园		都道府县自然公园		总计		
			数量	面积	数量	面积	数量	面积	数量	面积	
27	大阪	190514	0	0	2	16498	2	3541	4	20039	11
28	兵库	840096	2	19458	1	25200	11	121357	14	166015	20
29	奈良	369094	1	31313	4	28522	3	3493	8	63328	17
30	和歌山	472469	2	13111	2	16746	11	19694	15	49551	10
31	鸟取	350705	2	17299	2	10016	3	21746	7	49061	14
32	岛根	670824	1	13036	2	10848	11	16612	14	40496	6
33	冈山	711450	2	11497	1	15024	7	54143	10	80664	11
34	广岛	847945	1	10685	2	20731	6	6441	9	37857	4
35	山口	611230	1	6214	3	20839	4	15918	8	42971	7
36	德岛	414665	1	1538	2	21921	6	15247	9	38706	9
37	香川	187672	1	18171	0	0	1	2363	2	20534	11
38	爱媛	567611	2	14117	1	7820	7	19184	10	41121	7
39	高知	710393	1	6041	3	8133	18	33330	22	47504	7
40	福冈	498640	1	46	3	22246	5	65809	9	88101	18
41	佐贺	244068	0	0	1	3924	6	22960	7	26884	11
42	长崎	413209	2	37504	2	12304	6	24283	10	74091	18
43	熊本	740935	2	68342	2	16597	7	70697	11	155636	21
44	大分	634071	2	21243	3	89307	5	63841	10	174391	28
45	宫崎	773531	1	13006	4	31968	6	46945	11	91919	12
46	鹿儿岛	918694	4	91774	2	6486	8	25189	14	123449	13
47	冲绳	228112	3	57795	2	7999	4	12034	9	77828	34
	各县合计	37797101	82	2188917	94	1409727	311	1967323	487	5565967	15
	各公园合计	37797101	34	2189804	56	1409727	311	1967323	401	5565854	15

注：1）各县自然公园面积为二次测定面积，因此存在各公园合计面积不一致的情况。

2）县土面积的数据基于 2015 年全国都道府县市区町村面积调查（国土地理院）记录的方便起见的概算数据。

3）因尾数处理的问题，各都道府县面积的合计与各县合计国土面积、各公园合计国土面积不一致。

14. 国家公园、国定公园综合检查工作中抽取的新建及大规模扩张的候选地

候选地	作为自然风景地的评价	今后的方向
知床半岛基础部分	对于知床半岛的基础部分，从现在国家公园的区域内到区域外，分布着以鱼鳞松·萨哈林冷杉等北方针叶林为首的、原生态且统一的森林。棕熊、岛枭等世界稀有的动物高密度地生活在这里，作为它们的生息地的这片森林非常重要。因此，这片地区有着和目前国家公园区域同等的资质且保持一致性	扩大国家公园
道东湿地群	分布着高层·中层·底层湿地和盐性湿地、泻湖、重要藻场·潮滩等多种多样的、拥有日本国内为数不多的大规模且连续的湿地。日山脉是丹顶鹤、大鹭等世界濒危的重要鸟类及候鸟的重要迁徙地，同时也大量生活着从冰河时期生存至今的残遗种昆虫。此外，这里也是海豹和海鸟的重要栖息地。因此，这是一片非常杰出的地域	新建制定·扩大国家公园或者新建指定国定公园
日高山脉－夕张山地	日高山脉不仅分布着能够反映日本列岛形成过程的雄伟山脉，也集中分布着冰河时期形成的地形和杰出的地形地质等。日高山脉反映着这些地形地质和历史，也大量生活着固有种·残遗种的植物和高山蝶等。此外，从高山到山麓，分布着园内最大规模的森林，这片森林原生态且统一，是哺乳类鸟类等野生生物的重要生息环境。因此，这片区域是与目前的国定公园保持一致性的杰出地域。夕张山地的地形地质拥有和日高山脉同样的史地，在夕张山地不仅生长着大量固有种·残遗种的植物，也分布着较为原生态的森林。因此，这是一片杰出的地域	新建指定国家公园（包含目前的国定公园部分）或者扩大国家公园
三陆海岸	在三陆海岸可以看到变化多端的海蚀地形，以宫古湾为界南北的地形成因各不相同。三陆海岸拥有与太平洋融为一体的优美海岸·海域景观。此外，这里不仅有海鸟的群体繁殖地，也混杂地发布着南方系和北方系的植物。因此，这是一片杰出的地域	扩大国家公园（2013 年 5 月已经指定为三陆复兴国家公园）
佐渡岛	拥有着朱鹮栖息的多样且优美的二次自然环境，分布着以哺乳类和昆虫类为首的固有种，形成了具有特征性的生态系统。因此，这是一片杰出的地域	扩张国定公园
南阿尔卑斯	不仅有能反映日本列岛形成过程的雄伟山脉，也存在冰河时期形成的地形，拥有着杰出地形地质。南阿尔卑斯地区不仅反映了这些地形地质和历史，大量生活着固有种·残遗种的植物和高山类等，也因为混杂着南方系和北方系的植物种类物区系多样化。此外，可以在此看到原生态且统一的圈内最大规模的落叶阔叶林，还能看到从照叶林带到高山带的显著的垂直发布。因此，这是一片与目前的国家公园区域拥有着同等资质且具有一致性的地域	扩张国家公园
东海丘陵小湿地群	以日本列岛的形成过程和特殊的地形地质为背景，在小规模的湿地里生长着被称为东海丘陵要素植物的鹅耳枥、辛夷、白药谷精草等固有种和隔离分布种。这些零散分布着的湿地群很丰富	扩张国定公园
三河湾	内湾沿岸分布着潮滩和藻场，其中特别包括了作为候鸟迁徙的中转地的重要潮滩。此外，少鳍鲸的生息海域也正在不断扩大。渥美半岛南岸的海滨沙滩是巨蠵龟的重要产卵地。因此，三河湾沿岸拥有多样且连续的生态系统，是一片杰出的地域	扩张国定公园
白山	从白山的山顶到山麓，分布着原生态且统一的森林，这里不仅是哺乳类、鸟类、昆虫类等野生动物的重要栖息地，也生长着许多结合南北方界限的植物种类。因此，这是一片与目前的国家公园拥有同等资质且保持一致性的地域	扩张国家公园
纪伊半岛沿岸海域	分布着珊瑚礁生态系统、潮滩和藻场，沿岸保持着多样且连续的生态系统。此外，零散存在着能够展示日本列岛形成过程的、有特征的地质。因此，这是一片与目前的国家公园区域拥有同等资质且保持一致性的地域	扩张国家公园（2015 年 9 月扩张完成）
由良川及桂川上中游流域	由良川的源头部分原生态且保持统一，分布着原生态的杉木林，同时南方和北方系的植物和昆虫类也在此生育·生息。此外，由良川的上流区域拥有着许多溪流性的稀少鱼类。以由良川及桂川的上中游流域为中心，拥有着多样且优美的二次自然环境和文化景观。因此，这是一片杰出的地域	新建指定国定公园（2016 年 3 月已经被指定为京都丹波高原国定公园）
濑户内海	大量分布着潮滩和藻场，其中特别包括了作为候鸟迁徙中转地的重要潮滩。此外，少鳍鲸的生息海域也在不断扩大。因此，濑户内海沿岸保持着多样且连续的生态系统，是一片杰出的地域	扩张国家公园

候选地	作为自然风景地的评价	今后的方向
对马	浅茅湾是杰出的、成规模的里亚斯型海岸。此外，这里生息着对马山猫，拥有多样且优美的二次自然环境，同时能够反映日本列岛的形成过程，固有种、与大陆及日本列岛共通的共通种混杂地生息在一起，形成了有特征的生态系统。因此，这是一片杰出的地域	扩张国定公园
锦江湾	锦江湾及其周边分布着以破火山口为中心的火山地形等，拥有日本首屈一指的杰出且成规模的海域破火山口景观。因此，这是一片拥有和目前的国家公园区域同等资质且保持一致性的地域	扩张国家公园（2012年完成扩张）
奄美群岛	以能够反映日本列岛形成过程的各岛屿生史为背景，集中分布着以奄美黑兔为首的许多固有种，形成了有特征的生态系统。此外，还分布着日本国内最大规模的亚热带林、原生态的河流、红树林、珊瑚礁等，拥有着从陆域到海域的多样且连续的生态系统。因此，这是一片代表日本的杰出地域	新建指定国家公园（2017年3月7日完成指定）
山原（冲绳岛北部）	以能够反映日本列岛形成过程的各岛屿生史为背景，集中分布着以山原秧鸡和野口啄木鸟为首的许多固有种和世界濒危的重要野生生物，形成了有特征的生态系统。此外，也分布着原生态且统一的亚热带林、原生态的河流、红树林、珊瑚礁等，拥有着从陆域到海域的多样且连续的生态系统。因此，这是一片代表日本的杰出地域	新建指定国家公园（2016年9月15日完成指定）
庆良间诸岛沿岸海域	庆良间诸岛沿岸海域拥有着清澈而优美的海域景观，同时珊瑚礁中高密度地生息着多种多样的珊瑚，是冲绳岛周边海域的重要珊瑚幼体供应源。此外，这里也是座头鲸的重要繁殖海域。因此，庆良间诸岛沿岸海域拥有从沿岸到海域的多种多样的生态系统，是一片能代表日本的杰出地域	新建指定国家公园（2014年3月5日完成指定）
西表岛及其沿岸海域	以能够反映日本列岛形成过程的各岛屿生史为背景，集中分布着多种固有种，形成了有特征的生态系统。此外，西表岛的大部分被原生态的亚热带林所覆盖，分布着以浦内川为首的多样且原生态的河流、仲间川下流域的日本国内最大规模的红树林、珊瑚礁等，从陆域到海域拥有着多样且连续的生态系统。因此，这是一片拥有着和目前的国家公园区域同等资质且保持一致性的地域	扩张国家公园（2016年4月完成扩张）

出处：环境省资料

15. 国家公园概要

公园名 指定年月日 面积 相关都道府县	特色			
	概况	景观·地形地质	动物	植物
利尻礼文佐吕别 1974.9.20 24166公顷 北海道	火山、海蚀景观及湿地、沼泽、沙丘景观	利尻岛的圆锥形火山、稚咲内海岸的沙丘、礼文岛的海蚀崖及沙丘林、佐吕别原野的湿地及泥炭分布、花圃	利尻长毛鼠、带子金蛇、姬平田黑龙虱、北方系昆虫	寒地·高山性植物群落、利尻虞美人、利尻簇生卷耳、礼文高山火绒草、礼文棘豆、礼文大花杓兰、冰沼草
知床 1964.6.1 38636公顷 北海道	原始半岛景观	火山连峰（罗臼岳、硫黄山、知床岳）、海蚀断崖（岩尾别等）	棕熊、虾夷鹿、海豹、北海狮、白尾海雕、岛枭、黑尾鸥、叉尾海燕	亚寒带针叶林、高山植物、知床董菜、荷包牡丹
阿寒 1934.12.4 90481公顷 北海道	两类巨大的复式火山地形、火山、森林与湖泊的原始景观	屈斜路破火山口（规模世界最大）、摩周湖（世界最清澈）、活火山（雌阿寒·阿特萨努普利火山）、火山性堰塞湖（班溪·边溪）、温泉现象（川汤、阿寒湖畔、和琴等）	星鸦、大黑啄木鸟、岛枭、和琴昆鸣蝉（生存的最北极限）	亚寒带针叶、高山植物、白桦、日本杜鹃、雌阿寒金梅草、雌阿寒瞿麦、球藻
钏路湿地 1987.7.31 28788公顷 北海道	日本最大的湿地国家公园	原始的湿地景观、成熟时期的多样泥炭层分别	丹顶鹤、虾夷白脸蜻蜓、哲罗鱼、北山椒鱼	湿地植物群落（低层到高层）、莎草类、北方芦苇、赤杨、日本杜鹃、钏路花葱

公园名 指定年月日 面积 相关都道府县	特 色			
	概 况	景观·地形地质	动 物	植 物
大雪山 1934.12.4 226764 公顷 北海道	日本最大的原始国家公园	复合火山连峰（大雪·十胜）、构造山地（石狩）、柱状节理的断层（层云峡·天人峡）、花圃	鼠兔、棕熊、虾夷鹿、森林性·高山性鸟类、大雪高山月眼蝶、旭日豹纹蝶等高山蝶	亚寒带针叶林、细叶兔耳草、云居龙胆
支笏洞爷 1949.5.16 99473 公顷 北海道	各类火山及火山地形、火山现象	破火山口湖（支笏·洞爷）、圆锥形火山孤峰（羊蹄山）、新成塔状火山（昭和年间形成的新山）、温泉现象（登别·定山溪）	天鹅、红鳟鱼、虾夷山椒鱼	羊蹄山高山植物带
十和田八幡平 1936.2.1 85534 公顷 青森·秋田·岩手	美丽湖水景致的典型、火山性高原和温泉群	二重式破火山口湖（十和田）、盾状火山（八甲田）、火山群（八甲田·岩手山）、温泉现象（玉川·后生挂·酸汤等）、溪流·溪谷（奥入濑等）	日本鬣羚、黑熊、山鹰、大黑啄木鸟、树蛙、红鳟鱼	落叶阔叶林（奥入濑）、青森萨哈林冷杉原始林（八幡平）、岩手山高山植物带（八幡平）、秋田驹岳高山植物带
三陆复兴 1955.5.2 28537 公顷 青森·岩手·宫城	日本最大的海蚀崖和里亚斯型海岸	里亚斯型海岸（宫古湾·山田湾·船越半岛）、白垩纪层岩礁（佐贺部）、岛屿（三贯岛·大岛·日出岛等）、海蚀崖（北山崎等）	白额鹱、黑腰白海燕、黑尾鸥、其他海鸟类	以赤松为主的天然林、日本滨菊、透百合等海崖植物群落
磐梯朝日 1950.9.5 186389 公顷 山形·福岛·新潟	爆裂式火山和火山性湖沼群、山岳宗教	火山群峰（吾妻·安达太良）、爆裂式火山（磐梯山）、火山性堰塞湖沼群（桧原·秋元·小野川·五色沼等）、构造山地（朝日·饭丰）	黑熊、日本鬣羚、森林性鸟类	原始林（朝日·饭丰）、羽黑山杉树林、吾妻八重石楠花、饭丰龙胆、吾妻谷精草
日光 1934.12.4 114908 公顷 福岛·栃木·群马	日本式风景的典型、东照宫等人文景观	新火山群（白根·那须·男体等）、旧火山群（女峰等）、瀑布（华严·三条等）	黑熊、日本鹿、日本鬣羚、日本猴	亚寒带针叶林、粗齿栎林（光德）、湿地性植物（鬼怒沼、战场原等）、庚申草、白根葵、日光黄花菜
尾濑 2007.8.30 37200 公顷 福岛·栃木·群马·新潟	本州岛最大的高层湿地和山岳景观	本州岛最大的高层湿地（尾濑原）、火山堰塞湖（尾濑沼）、火山（燧岳）、蛇纹岩山地（至佛山）	黑熊、日本鬣羚	大白叶冷杉林、山毛榉林、湿地性植物、据水梅（湿地中沿河流分布的常绿状树林）、雪谷植物群落、观音莲、日光黄花菜、尾濑草
上信越高原 1949.9.7 148194 公顷 群马·新潟·长野	火山性高原、构造山地的阿尔卑斯景观、温泉群	火山性高原（浅间·志贺·草津）、构造山地（谷川连峰）、圆锥形活火山（浅间·白根）	黑熊、日本鬣羚、日本猴、山鹰、山麓等猛禽类及鸣禽类鸟类、高山蝶	高山湿地植物（苗场山）、鹿泽杜鹃花群落、草津白根石楠花群落
秩父多摩甲斐 1950.7.10 126259 公顷 埼玉·东京·山梨·长野	代表性的沉积岩山地和原生林	秩父古生层山地（天目山·川乘山·御岳山）、大泷中生层山地（白石山·云取山）、秩岗岩山地（金峰山·国师岳·甲武信岳等）、溪谷（荒川·中津川·笛吹川源头）	日本野猪、日本鹿、日本鹰、角鹰等猛禽类、三宝鸟	原生林（大洞山·奥千丈岳·十文字山口·甲武信岳）
小笠原 1972.10.16 6629 公顷 东京	属于海底火山脉的火山列岛岛屿及海蚀崖景观、亚热带地域的海洋岛	新第三纪海底火山的海底沉积岩（聟岛、父岛、母岛）、第四纪以后的火山活动（硫黄火山列岛、西之岛）、喀斯特地形（父岛的南岛、母岛的石门山）、海中景观（瓢箪岛等）	小笠原大蝙蝠、小笠原绣眼鸟、小笠原黄莺、小笠原暗绣绣眼鸟、黑雁、鲣鸟、海龟类	亚热带性原始林（母岛的石门山、乳房山、南硫黄岛的全岛）、亚热带性海岸植被（狗牙根、黄刺、草海桐、榄仁树）、无人野牡丹、旭日虾脊兰、无人杜鹃花

公园名 指定年月日 面积 相关都道府县	特 色			
	概 况	景观·地形地质	动 物	植 物
富士箱根伊豆 1936.2.1 121695公顷 东京·神奈川·山梨·静冈	火山景观、火山性湖沼、温泉群、火山列岛	圆锥形火山孤峰（富士山）、复式破火山口（箱根）、温泉现象（箱根·伊豆）、先原熔岩台地（伊豆东海岸）、活火山（三原山·三宅岛）、洞口·洞窟·断崖（伊豆西海岸）、安山岩巨砾砂嘴（大濑崎）、海中景观	日本睡鼠、日本野猪、白额雕等海鸟类、黑鸽、七岛鸫	富士山原始林（青木原树海）、天城山原生林、针叶日本冷杉纯林（忍野）、赤松纯林（诹访之森）、大濑圆柏自然林、山茶、黄杨、钝齿冬青
中部山岳 1934.12.4 174323公顷 新潟·富山·长野·岐阜	构造山地的阿尔卑斯式景观、美丽的溪谷	飞弹古生层和花岗岩的壮年期侵蚀地形（北阿尔卑斯山脉）、火山性堰塞原（上高地）、盾状火山（立山）、钟状火山（烧岳）、峡谷（U字形岳）、冰斗（U字形冰谷）、U字谷等冰河地形、花圃	日本鬣羚、黑熊、雷鸟、高山黄斑日阴蝶、高山黄斑蝶、荨麻蝶等高山蝶	原始林（上高地·黑部）、矮松带（五色原·云平）、白马连峰等的高山植物、钻天柳（上高地）
妙高户隐连山 2015.3.27 39772公顷 新潟·长野	火山·非火山密集分布的山岳景观	火山群峰（妙高·烧山·黑姬·饭绳）、非火山群峰（户隐·火打·雨饰·高妻）	黑熊、日本鬣羚、雷鸟、山鹰等猛禽类及鸣禽类鸟类、高山蝶	户隐草、妙高乌头、白山小樱花群落
白山 1962.11.12 49900公顷 富山·石川·福井·岐阜	原生态的火山孤峰、因信仰与传说而自古以来有名的山、白山神社的本体	沉积岩连峰、主峰白山的火山湖群、化石林、喷泉塔群、花圃	日本鬣羚、黑熊、日本猴、山鹰、角鹰等猛禽类	高山植物群落、山毛榉林、白山蓟、矮松带
南阿尔卑斯 1964.6.1 35752公顷 山梨·长野·静冈	日本标高最高的构造山地、阿尔卑斯式景观	花岗岩的大断层崖（驹岳）、冰斗等冰河地形、花圃	日本鬣羚、日本猴、雷鸟、角鹰等猛禽类、深山白蝶等高山蝶	矮松群落、高山植物群落、美花草、凤凰沙参、常绿针叶林、针阔混交原生林
伊势志摩 1946.11.20 55544公顷 三重	不断沉降和隆起形成的里亚斯型海岸和海蚀崖、伊势神宫及其后的宫域林	古生层·中生层·第三纪层的标高500m以下的壮年期侵蚀丘陵、里亚斯型海岸（英虞湾·的失湾）、岛屿景观	日本鹿、日本野猪、海鸬鹚等海洋性鸟类、鹪、蜂鹰等猛禽类（迁徙路线）、巨蠵龟（上岸·产卵）	鬼城及细谷暖地性蕨类群落、伊势神宫宫域林的原生照叶林、和具大大岛的防沙植物群落、文殊兰群落、乌甲子、苦槠蓝
吉野熊野 1936.2.1 61406公顷 三重·奈良·和歌山	纪伊半岛中部山岳、流淌在深谷的河川、多样且富于变化的海岸连续景观和受黑潮影响的海中景观、山岳宗教、历史与传说	古生层的地垒（大峰山脉）、古生层的隆起准平原（大台原山）、深渊（濑八丁）、瀑布（那智）、海蚀洞窟群（鬼城）、海蚀台地的陆连岛（潮之岬）、海中景观（二木岛、串本）	日本鬣羚、黑熊、日本鹿、鸣禽类等森林性鸟类、巨蠵龟（上岸·产卵）、珊瑚类	原生林（佛经岳·大台原·大杉谷）、天女花、汤峰蕨、樱花（吉野山）
山阴海岸 1963.7.15 8783公顷 京都·兵库·鸟取	能代表包含沙丘的日本海沿岸的景观	火山岩的节理和袖断崖、下沉海岸地形的洞口·洞窟等海蚀景观、竹野、浦富海岸等的海中景观、沙丘	岩燕、海雀等海洋性鸟类	海滨沙滩植物、海岸断崖植物、红椿、海桐花、多花蔷薇
濑户内海 1934.3.16 67242公顷 大阪·兵库·和歌山·冈山·广岛·山口·德岛·香川·爱媛·福冈·大分	世界性的多岛海公园、历史与传统	内海多岛海、大涡流·潮流（鸣门海峡·来岛海峡）、宫岛严岛神社等的人文景观、古火山熔岩台地及侵蚀地形、花岗岩山块（六甲山）	少鳍鲸、潜鸟等海洋性鸟类、鲷鱼类等鱼类、鲨	弥山冷杉·铁杉自然林、大山祇神社的樟树群落、生岛栲树林、盐角草、潮菊等盐沼地植物

公园名 指定年月日 面积 相关都道府县	特色			
	概况	景观·地形地质	动物	植物
大山隐岐 1936.2.1 35353 公顷 鸟取·岛根·冈山	中国地区的最高峰、历史与传说、外海多岛海景观及半岛景观	钟状火山孤峰（大山·三瓶山、三德山）、火山性高原（枡水原）、海蚀崖（国贺·知夫里赤壁）、外海多岛海（隐岐岛）、海岸景观（岛根半岛等）	黑尾鸥、白额鹱等海洋性鸟类、鸣禽类、隐岐山椒鱼、高山蝶、隐岐蚣虫	山毛榉林、大山紫杉群落、大山柳、大山三叶杜鹃、日本指甲兰、凤兰
足摺宇和海 1972.11.10 11345 公顷 爱媛·高知	隆起海岸的断崖景观、下沉海岸的海蚀景观	花岗岩断崖（足摺岬）、冲岛、海蚀、风蚀的洞口、洞窟、潮吹穴、虾洞、滑床的溪谷、海中景观（龙串等）	日本猴、白额鹱、海雀等海洋性鸟类、板叶雀屏珊瑚	常绿阔叶林、蒲葵、海芋、榕树、崖生五叶杜鹃、日本金松、针叶日本冷杉的自然林
西海 1955.3.16 24646 公顷 长崎	外洋多岛海景观、切支丹遗迹	外洋性多岛海景观（九十九岛）、单成火山群（小值贺岛）、柱状节理（生月岛等）、里亚斯型海岸（玉之浦湾等）、海中景观（福江岛）	日本鹿、海雀、鱼鹰、雨燕、绿蠵龟、巨蠵龟	亚热带性植物群落、常绿阔叶林、苦槠蓝、蒲葵、海滨排草
云仙天草 1934.3.16 28279 公顷 长崎·熊本·鹿儿岛	云仙岳的山岳景观和温泉、切支丹遗迹、内海多岛海景观	钟状圆锥形复式火山（云仙岳）、泥火山·火山口现象（绢笠山·矢岳间爆裂火口）、温泉群、多岛海、海中景观（富冈·牛深等）	白腹鹟、黄莺、三道眉草鹀、蓝歌鸲、杜鹃鸟等鸣禽类	火山口地带白吊钟花群落、野岳锯齿冬青群落、池之原九州杜鹃花群落、亚热带植物群落（天草）、日本黄槿、文殊兰
阿苏九重 1934.12.4 72678 公顷 熊本·大分	破火山口景观、美丽的草原	破火山口（阿苏）、活火山中央活口丘（五岳）、钟状火山（九住山）、火山性高原、草千里·久住高原·饭田高原、温泉群	日本鬣羚、红颈苇鹀、赤胸鹀等草原性鸟类、大琉璃小灰蝶、窄翅异粉蝶、苹绿灰蝶类	深中溪自然林、高山植物（九重山）、九州杜鹃花、乌蕨、蓝刺头、肥后紫菀、丛生风铃草等草原植物
雾岛锦江湾 1934.3.16 36586 公顷 宫崎·鹿儿岛	集成火山景观、海域破火山口的锦江湾和活火山樱岛景观	火山群（雾岛山群、火山湖群）、海域破火山口、热水喷出孔、温泉群、海中景观（樱岛等）	八色鸫、饭岛柳莺、三宝鸟（狭野神社）	野海棠、九州杜鹃花群落、赤松林、亚热带性植物群落
屋久岛 2012.3.16 24566 公顷 鹿儿岛	九州地方的最高峰、因标高差而导致的植被的显著垂直分布、形成巨树的原生自然景观、多雨的气候	九州的最高峰宫之浦岳、花岗岩的圆锥形地形地形坐岛、口永良部火山岛	屋久鹿、屋久岛猴、日本歌鸲、黑鸽、巨蠵龟	从暖温带植被（栲树·栎树）到包含亚高山植物（屋久岛石楠花等）在内的冷温带植被的多样的植被垂直分布、屋久杉
奄美群岛 2017.3.X 42181 公顷 鹿儿岛	日本国内最大的亚热带常绿阔叶林和多种多样的固有·稀有动植物生息·生育的生态系统	里亚斯型海岸（奄美大岛）、隆起的珊瑚礁（喜界岛、与论岛）、钟乳洞窟群和喀斯特地形（冲永良部岛大山）、广大的礁湖和潮水洼地（德之岛与论岛等）	奄美黑兔、奄美刺鼠、德之岛刺鼠、折居地鼠、长毛鼠、松鼠、奄美山鹬、大虎鸫、奥斯汤大红啄木鸟、奥多蛙、奄美石川蛙、久米睑虎	亚热带性海岸植物（苏铁、露兜树、草海桐花、榕树）、亚热带性阔叶林（栲树、栎树、山茶花）、红树林、奄美冬青
山原 2016.9.15 13622 公顷 冲绳	日本国内最大的亚热带常绿阔叶林和多种多样的固有·稀有动植物生息·生育的生态系统	非石灰岩山地（与那霸岳、西铭岳）、喀斯特地形（边户岬）、海蚀崖（边户岬）、云雾林、溪流植物群落	冲绳刺鼠、长毛鼠、山原秧鸡、野口啄木鸟、琉球歌鸲、久米睑虎、冲绳石川蛙、山原长臂金龟子	亚热带常绿阔叶林（锥栗、冲绳里白栎）、常绿针叶林（琉球松、罗汉松）、红树林、国头山椒蔓、冲绳石斛
庆良间诸岛 2014.3.5 3520 公顷 冲绳	海域的多样性生态系统、清澈的海域、从海洋到陆地的连续多样的景观	珊瑚礁、多岛海、海蚀地形、海滨沙滩、清澈且美丽的海域景观	座头鲸（繁殖海域）、庆良间鹿、海龟、琉球池鲑、粉红燕鸥等的鸟类	蒲葵林、锥栗林、琉球松林、风冲植被

公园名 指定年月日 面积 相关都道府县	特　色			
	概　况	景观·地形地质	动　物	植　物
西表石垣 1972.5.15 40653 公顷 冲绳	亚热带常绿阔叶林和日本最大的珊瑚礁景观、红树林	日本最大的珊瑚礁、海中景观（竹富岛、白保等）、沙洲、千泻（名藏网张）	西表山猫、琉球野猪、八重大蝙蝠、圆背闭壳龟、冠鹫、琉球金鸽、日本歌鸲、石垣蟪蛄、热带鱼类、造礁珊瑚类	亚热带常绿阔叶林、红树林、先岛苏木、玉蕊、八重椰子

合计：34 处国家公园	总面积：2189804 公顷

16. 按不同区域分类的国家公园面积

2017 年 3 月 31 日（单位：公顷）

国家公园名	总面积	特别地域						合计	百分比（%）	普通地域	百分比（%）
		特别保护地区	百分比（%）	第 1 类特别地域	第 2 类特别地域	第 3 类特别地域	第 1~3 类小计	百分比（%）				
利尻礼文佐吕别	24166	9720	40.2	2742	3536	7993	14271	59.1	23991	99.3	175	0.7
知床	38636	23526	60.9	3822	3249	8039	15110	39.1	38636	100.0	0	0.0
阿寒	90481	10460	11.6	20253	24764	17379	62396	69.0	72856	80.5	17625	19.5
钏路湿地	28788	6490	22.5	2321	7663	3303	13287	46.2	19777	68.7	9011	31.3
大雪山	226764	36807	16.2	29566	22271	94848	146685	64.7	183492	80.9	43272	19.1
支笏洞爷	99473	2706	2.7	29190	17385	10400	56975	57.3	59681	60.0	39792	40.0
十和田八幡平	85534	13288	15.5	17724	23855	26586	68165	79.7	81453	95.2	4081	4.8
三陆复兴	28537	848	3.0	2279	8496	14685	25460	89.2	26308	92.2	2229	7.8
磐梯朝日	186389	18338	9.8	32610	51892	69453	153955	82.6	172293	92.4	14096	7.6
日光	114908	1187	1.0	8700	34094	12254	55048	47.9	56235	48.9	58673	51.1
尾濑	37200	9386	25.2	6208	15923	5683	27814	74.8	37200	100.0	0	0.0
上信越高原	148194	6998	4.7	240	35410	2400	38050	25.7	45048	30.4	103146	69.6
秩父多摩甲斐	126259	3791	3.0	9166	17930	25600	52696	41.7	56487	44.7	69772	55.3
小笠原	6629	4934	74.4	949	534	194	1677	25.3	6611	99.7	18	0.3
富士箱根伊豆	121695	7680	6.3	8657	30346	42445	81448	66.9	89128	73.2	32567	26.8
中部山岳	174323	64129	36.8	33947	39776	13642	87365	50.1	151494	86.9	22829	13.1
妙高户隐连山	39772	3552	8.9	4812	15026	16382	36220	91.1	39772	100.0	0	0.0
白山	49900	17857	35.8	2582	8403	21058	32043	64.2	49900	100.0	0	0.0
南阿尔卑斯	35752	9181	25.7	5500	4022	17049	26571	74.3	35752	100.0	0	0.0
伊势志摩	55544	1003	1.8	1128	6600	8778	16506	29.7	17509	31.5	38035	68.5
吉野熊野	61406	4490	7.3	3890	5705	7746	17341	28.2	21831	35.6	39575	64.4
山阴海岸	8783	600	6.8	355	4577	3030	7962	90.7	8562	97.5	221	2.5
濑户内海	67242	953	1.4	4700	31589	7537	43826	65.2	44779	66.6	22463	33.4
大山隐岐	35353	2234	6.3	4917	11014	12905	28836	81.6	31070	87.9	4283	12.1

2017 年 3 月 31 日（单位：公顷）

国家公园名	总面积	特别保护地区	百分比（%）	第1类特别地域	第2类特别地域	第3类特别地域	第1~3类小计	百分比（%）	合计	百分比（%）	普通地域	百分比（%）
足摺宇和海	11345	961	8.5	958	5146	3923	10027	88.4	10988	96.9	357	3.1
西海	24646	80	0.3	1870	13255	8446	23571	95.6	23651	96.0	995	4.0
云仙天草	28279	589	2.1	996	11705	6709	19410	68.6	19999	70.7	8280	29.3
阿苏九重	72678	1997	2.7	4377	13910	15437	33724	46.4	35721	49.1	36957	50.9
雾岛锦江湾	36586	4961	13.6	3738	10453	5446	19637	53.7	24598	67.2	11988	32.8
屋久岛	24566	7669	31.2	3300	2516	11016	16832	68.5	24501	99.7	65	0.3
奄美群岛	42181	5248	12.4	9125	25004	1234	35363	83.8	40611	96.3	1570	3.7
山原	13622	789	5.8	4428	4054	3345	11827	86.8	12616	92.6	1006	7.4
庆良间诸岛	3520	305	8.7	180	554	2228	2962	84.1	3267	92.8	253	7.2
西表石垣	40653	5181	12.7	15410	6361	7043	28814	70.7	33995	83.6	6658	16.4
合计	2189804	287938	13.1	280640	517018	514216	1311874	59.9	1599812	73.1	589992	26.9

17. 按土地所有权分类的国家公园面积

2017 年 3 月 31 日（单位：公顷）

国家公园名	总面积	国有地	百分比（%）	公有地	百分比（%）	私有地	百分比（%）	所属区分不明	百分比（%）
利尻礼文佐吕别	24166	19856	82.2	1470	6.1	2840	11.8	0	0.0
知床	38636	36216	93.7	760	2.0	1660	4.3	0	0.0
阿寒	90481	78595	86.9	283	0.3	11603	12.8	0	0.0
钏路湿地	28788	15338	53.3	3458	12.0	9992	34.7	0	0.0
大雪山	226764	214812	94.7	9853	4.3	2099	0.9	0	0.0
支笏洞爷	99473	88507	89.0	6774	6.8	4192	4.2	0	0.0
十和田八幡平	85534	80133	92.9	1348	1.4	4053	5.7	0	0.0
三陆复兴	28537	2774	9.7	3059	10.7	8802	30.8	13902	48.7
磐梯朝日	186389	162125	87.0	1178	0.6	23086	12.4	0	0.0
日光	114908	79039	68.8	4754	4.1	31115	27.1	0	0.0
尾濑	37200	20312	54.6	184	0.5	16704	44.9	0	0.0
上信越高原	148194	107754	74.8	31158	17.5	9242	7.7	40	0.0
秩父多摩甲斐	126259	20524	16.3	51666	40.9	54069	42.8	0	0.0
小笠原	6629	5404	81.5	291	4.4	934	14.1	0	0.0
富士箱根伊豆	121695	22712	18.7	40639	33.4	58344	47.9	0	0.0
中部山岳	174323	155222	89.0	5164	3.0	13937	8.0	0	0.0
妙高户隐连山	39772	32954	82.9	1748	4.4	5070	12.7	0	0.0
白山	49900	31884	63.9	5071	10.2	12945	25.9	0	0.0
南阿尔卑斯	35752	14050	39.3	17891	50.0	3811	10.7	0	0.0
伊势志摩	55544	165	0.3	1997	3.6	53382	96.1	0	0.0

2017 年 3 月 31 日（单位：公顷）

国家公园名	总面积	国有地	百分比（%）	公有地	百分比（%）	私有地	百分比（%）	所属区分不明	百分比（%）
吉野熊野	61406	12486	20.3	8160	13.5	40760	66.2	0	0.0
山阴海岸	8783	86	1.0	2761	31.4	5936	67.6	0	0.0
濑户内海	67242	7856	11.8	10835	16.0	48551	72.2	0	0.0
大山隐岐	35353	10216	28.9	6662	18.8	18475	52.3	0	0.0
足摺宇和海	11345	4203	37.0	1399	12.3	5743	50.6	0	0.0
西海	24646	821	3.3	1907	7.7	21918	88.9	0	0.0
云仙天草	28279	7383	26.1	2138	7.6	18758	66.3	0	0.0
阿苏九重	72678	11962	16.5	27193	37.4	33523	46.1	0	0.0
雾岛锦江湾	36586	18583	50.8	3238	8.9	14765	40.4	0	0.0
屋久岛	24566	21152	86.1	724	2.9	2690	11.0	0	0.0
奄美群岛	42181	7049	16.7	9685	23.0	21422	50.8	4025	9.5
山原	13622	2937	21.6	7672	56.3	2729	20.0	284	2.1
庆良间诸岛	3520	25	0.7	2209	62.8	547	15.5	739	21.0
西表石垣	40653	25383	62.4	8101	19.9	5620	13.8	1549	3.8
合计	2189804	1318518	60.2	281430	12.9	569317	26.0	20539	0.9

18. 国家公园内海域公园地区

2017 年 3 月 31 日（单位：公顷）

国家公园名	海域公园地区名	位置	指定年月日	个数	面积（公顷）
三陆复兴	气仙沼	宫城县气仙沼市	1971.1.22	3	23.4
小笠原	瓢箪岛	东京都小笠原村	2009.11.12	1	24.0
	人丸岛	东京都小笠原村	2009.11.12	1	16.7
	兄岛	东京都小笠原村	2009.11.12	1	26.9
	父岛宫之滨·钓滨	东京都小笠原村	2009.11.12	1	38.9
	父岛制冰海岸	东京都小笠原村	2009.11.12	1	2.9
	父岛巽湾（中海岸）	东京都小笠原村	2009.11.12	1	2.0
	父岛巽湾（鲸崎）	东京都小笠原村	2009.11.12	1	6.1
	父岛巽湾（西海岸）	东京都小笠原村	2009.11.12	1	6.3
	南岛	东京都小笠原村	2009.11.12	1	245.3
	母岛椰子滨	东京都小笠原村	2009.11.12	1	85.2
	母岛 UENTORO	东京都小笠原村	2009.11.12	1	157.1
	母岛御幸之滨	东京都小笠原村	2009.11.12	1	41.3
	向岛东海岸	东京都小笠原村	2009.11.12	1	47.5
	平岛	东京都小笠原村	2009.11.12	1	79.2
富士箱根伊豆	三宅岛	东京都三宅村	1994.11.7	2	51.6
吉野熊野	串本海中公园	和歌山县东牟娄郡串本町	1970.7.1	5	50.4
	熊野滩二木岛	三重县熊野市	1975.12.19	2	14.4
	南部	和歌山县日高郡南部町	2015.9.24	1	663.8
	胜贺濑	和歌山县日高郡南部町	2015.9.24	1	28.2
	田边白滨	和歌山县田边市及西牟娄郡白滨町	2015.9.24	1	1676.7
	枯木滩白滨·日置	和歌山县西牟娄郡白滨町	2015.9.24	1	1422.1

2017 年 3 月 31 日（单位：公顷）

国家公园名	海域公园地区名	位置	指定年月日	个数	面积（公顷）
吉野熊野	枯木滩周参见	和歌山县西牟娄郡白滨町及周参见町	2015.9.24	1	1072.3
	串本	和歌山县东牟娄郡串本町	2015.9.24	1	2683.8
	苗我岛	和歌山县东牟娄郡串本町	2015.9.24	1	5.9
	熊野滩古座·荒船	和歌山县东牟娄郡串本町及那智胜浦町	2015.9.24	1	1195.5
	熊野滩浦神·玉之浦	和歌山县东牟娄郡那智胜浦町	2015.9.24	1	259.7
	熊野滩胜浦·太地	和歌山县东牟娄郡那智胜浦町及太地町	2015.9.24	1	1390.5
	熊野滩王子滨·三轮崎	和歌山县新宫市	2015.9.24	1	600.5
山阴海岸	五色滨	京都府京丹后市	1990.4.6	1	31.3
	丰冈	兵库县丰冈市	1971.1.22	1	17.8
	竹野	兵库县丰冈市	1971.1.22	1	18.8
	滨坂岸	兵库县美方郡新温泉町	1971.1.22	2	37.6
	浦富海岸	鸟取县岩美郡岩美町	1971.1.22	1	40.8
	山阴海岸东部	京都府京丹后市、兵库县丰冈市及美方郡香美町	2014.3.31	1	5005.8
	山阴海岸中部	兵库县美方郡香美町、新温泉町及鸟取县岩美郡岩美町	2014.3.31	1	3872.9
	山阴海岸西部	鸟取县鸟取市及岩美郡岩美町	2014.3.31	1	1078.4
濑户内海	牛首	山口县大岛郡周防大岛町	2013.2.28	1	20.3
	地家室	山口县大岛郡周防大岛町	2013.2.28	1	13.0
	伊崎	山口县大岛郡周防大岛町	2013.2.28	1	18.6
	冲家室	山口县大岛郡周防大岛町	2013.2.28	1	4.5
大山隐岐	岛根半岛	岛根县出云市	1972.10.16	1	7.0
	净土浦	岛根县隐岐郡隐岐町	1975.12.11	2	20.8
	代	岛根县隐岐郡隐岐町	1975.12.11	1	14.8
	国贺	岛根县隐岐郡西之岛町	1975.12.11	1	7.3
	海士	岛根县隐岐郡海士町	1997.9.18	1	7.6
足摺宇和海	宇和海	爱媛县南宇和郡爱南町	1972.11.10	9	58.2
	冲之岛	高知县宿毛市	1972.11.11	5	36.3
	龙串	高知县土佐清水市	1972.11.12	4	49.1
	樫西	高知县幡多郡大月町	1972.11.13	2	16.8
	勤崎	高知县幡多郡大月町	1995.8.21	1	8.3
	尻贝	高知县幡多郡大月町	1995.8.21	1	10.4
西海	福江	长崎县五岛市	1972.10.16	2	11.2
	若松	长崎县南松浦郡新上五岛町	1972.10.16	3	19.2
云仙天草	富冈	熊本县天草郡苓北町	1970.7.1	2	16.2
	天草	熊本县天草市	1970.7.1	1	5.1
	牛深	熊本县天草市	1970.7.1	9	94.4
雾岛锦江湾	樱岛	鹿儿岛县鹿儿岛市	1970.7.1	2	60.7
	佐多岬	鹿儿岛县肝属郡南大隅町	1970.7.1	2	11.8
	神濑	鹿儿岛县鹿儿岛市	2012.3.16	1	83.0
	神造岛	鹿儿岛县雾岛市	2012.3.16	1	103.6
	若尊鼻	鹿儿岛县雾岛市	2012.3.16	1	19.7

2017 年 3 月 31 日（单位：公顷）

国家公园名	海域公园地区名	位置	指定年月日	个数	面积（公顷）
雾岛锦江湾	若尊海山	鹿儿岛县雾岛市	2012.3.16	1	170.7
	重富干泻	鹿儿岛县始良市	2012.3.16	1	38.2
屋久岛	栗生	鹿儿岛县熊毛郡屋久岛町	2012.3.16	3	114.4
	女鹿崎	鹿儿岛县熊毛郡屋久岛町	2012.3.16	1	56.5
奄美群岛	笠利半岛东海岸	鹿儿岛县奄美市	2017.3.7	1	65.0
	摺子崎	鹿儿岛县奄美市	2017.3.7	1	79.0
	大岛海峡	鹿儿岛县大岛郡瀬户内町	2017.3.7	3	69.0
	与论岛礁湖	鹿儿岛县大岛郡与论町	2017.3.7	1	746.0
	与论海岸	鹿儿岛县大岛郡与论町	2017.3.7	3	165.0
庆良间诸岛	庆良间诸岛	冲绳县岛尻郡渡嘉敷村	2014.3.5	1	8290
		冲绳县岛尻郡座间味村	2014.3.5		
西表石垣	平野	冲绳县石垣市	2012.3.27	1	938.0
	平久保	冲绳县石垣市	2007.8.1	1	176.9
	明石	冲绳县石垣市	2012.3.27	1	861.6
	玉取崎	冲绳县石垣市	2012.3.27	1	903.0
	川平石崎	冲绳县石垣市	2007.8.1	1	274.8
	米原 PUKAPII	冲绳县石垣市	2012.3.27	1	147.4
	米原	冲绳县石垣市	2007.8.1	1	129.7
	御神崎	冲绳县石垣市	2012.3.27	1	291.9
	白保	冲绳县石垣市	2007.8.1	1	311.6
	鸠间岛 BARASU・宇那利崎	冲绳县八重山郡竹富町	2012.3.27	1	1419.1
	竹富岛 TAKIDONGUCHI・石西礁湖北礁・与那良水道	冲绳县八重山郡竹富町	1977.7.1	1	3281.9
	西表岛后良川河口	冲绳县八重山郡竹富町	2012.3.27	1	369.0
	竹富岛 SIMOBISI	冲绳县八重山郡竹富町	1977.7.1	1	221.0
	竹富岛南冲礁	冲绳县八重山郡竹富町	2012.3.27	1	424.2
	西表岛鹿川中濑	冲绳县八重山郡竹富町	2012.3.27	1	380.6
	西表岛仲间崎	冲绳县八重山郡竹富町	2012.3.27	1	193.6
	黑岛 URABISI・KYAN-GUCHI・仲本海岸	冲绳县八重山郡竹富町	1977.7.1	1	2403.2
	新城岛 MAIBISI	冲绳县八重山郡竹富町	1977.7.1	1	179.7
	波照间岛 NUUBI 崎冲	冲绳县八重山郡竹富町	2012.3.27	1	1721.7
	波照间岛滨崎冲	冲绳县八重山郡竹富町	2012.3.27	1	712.9
	西表岛大见谢	冲绳县八重山郡竹富町	2016.4.15	1	103.0
	西表岛 YUTSUN	冲绳县八重山郡竹富町	2016.4.15	1	87.2
	外离岛	冲绳县八重山郡竹富町	2016.4.15	1	391.0
共计 15 处公园	共计 95 地区			141	48456.3

19. 国家公园集中设施地区

<table>
<tr><td colspan="5" align="center">2017 年 3 月 31 日现在</td></tr>
<tr><th>国家公园名</th><th>集中设施地区名</th><th>都道府县名</th><th>市町村名</th><th>区域面积（公顷）</th></tr>
<tr><td>知床</td><td>罗臼温泉</td><td>北海道</td><td>目梨郡罗臼町</td><td>31.1</td></tr>
<tr><td rowspan="3">阿寒</td><td>川汤</td><td>北海道</td><td>川上郡弟子屈町</td><td>39.1</td></tr>
<tr><td>和琴</td><td>同上</td><td>同上</td><td>51.2</td></tr>
<tr><td>阿寒湖畔</td><td>同上</td><td>钏路市</td><td>81.0</td></tr>
<tr><td>钏路湿地</td><td>塘路</td><td>北海道</td><td>川上郡标茶町</td><td>16.3</td></tr>
<tr><td rowspan="4">大雪山</td><td>层云峡</td><td>北海道</td><td>上川郡上川町</td><td>59.9</td></tr>
<tr><td>勇驹别</td><td>同上</td><td>上川郡东川町</td><td>94.6</td></tr>
<tr><td>十胜三股</td><td>同上</td><td>河东郡上士幌町</td><td>262.8</td></tr>
<tr><td>糠平</td><td>同上</td><td>同上</td><td>31.5</td></tr>
<tr><td rowspan="6">支笏洞爷</td><td>支笏湖</td><td>北海道</td><td>千岁市</td><td>53.0</td></tr>
<tr><td>登别</td><td>同上</td><td>登别市</td><td>71.0</td></tr>
<tr><td>洞爷湖</td><td>同上</td><td>虻田郡洞爷湖町、有珠郡壮瞥町</td><td>102.1</td></tr>
<tr><td>财田</td><td>同上</td><td>虻田郡洞爷湖町</td><td>61.6</td></tr>
<tr><td>昭和新山</td><td>同上</td><td>有珠郡壮瞥町</td><td>12.8</td></tr>
<tr><td>真狩口</td><td>同上</td><td>虻田郡真狩村</td><td>32.4</td></tr>
<tr><td rowspan="6">十和田八幡平</td><td>酸之汤</td><td>青森</td><td>青森市</td><td>38.7</td></tr>
<tr><td>休屋</td><td>青森、秋田</td><td>十和田市、鹿角郡小坂町</td><td>42.4</td></tr>
<tr><td>网张</td><td>岩手</td><td>岩手郡云石町</td><td>52.7</td></tr>
<tr><td>后生挂</td><td>同上秋田同上</td><td>同上</td><td>50.1</td></tr>
<tr><td>生出</td><td>同上</td><td>鹿角郡小坂町</td><td>18.7</td></tr>
<tr><td>玉川温泉</td><td>同上</td><td>仙北市</td><td>67.8</td></tr>
<tr><td>乳头温泉乡</td><td>同上</td><td>同上</td><td>27.2</td></tr>
<tr><td rowspan="9">三陆复兴</td><td>种差海岸</td><td>青森</td><td>八户市</td><td>14.9</td></tr>
<tr><td>宫古姐之崎</td><td>岩手</td><td>宫古市</td><td>30.6</td></tr>
<tr><td>净土之滨</td><td>同上</td><td>同上</td><td>64.2</td></tr>
<tr><td>田老</td><td>同上</td><td>同上</td><td>104.0</td></tr>
<tr><td>基石海岸</td><td>同上</td><td>大船渡市</td><td>55.3</td></tr>
<tr><td>普代</td><td>同上</td><td>下闭伊郡普代村</td><td>54.8</td></tr>
<tr><td>气仙沼大岛</td><td>宫城</td><td>气仙沼市</td><td>65.8</td></tr>
<tr><td>唐桑御崎</td><td>同上</td><td>同上</td><td>35.1</td></tr>
<tr><td>神割崎</td><td>同上</td><td>石卷市</td><td>34.1</td></tr>
<tr><td>占川滨</td><td>同上</td><td>同上</td><td>4.2</td></tr>
<tr><td rowspan="5">磐梯朝日</td><td>羽黑</td><td>山形</td><td>鹤冈市</td><td>71.9</td></tr>
<tr><td>净土平</td><td>福岛</td><td>福岛市</td><td>38.0</td></tr>
<tr><td>立磐梯</td><td>同上</td><td>耶麻郡北盐原村</td><td>171.7</td></tr>
<tr><td>翁岛</td><td>同上</td><td>耶麻郡猪苗代町</td><td>—</td></tr>
<tr><td>鹰之巢</td><td>新潟</td><td>岩船郡关川村</td><td>20.9</td></tr>
<tr><td rowspan="5">日光</td><td>光德</td><td>栃木</td><td>日光市</td><td>100.9</td></tr>
<tr><td>汤元</td><td>同上</td><td>同上</td><td>120.2</td></tr>
<tr><td>中宫祠</td><td>同上</td><td>同上</td><td>91.2</td></tr>
<tr><td>鬼怒川</td><td>同上</td><td>同上</td><td>136.4</td></tr>
<tr><td>那须高原</td><td>同上</td><td>那须郡那须町</td><td>881.3</td></tr>
<tr><td rowspan="3">尾濑</td><td>御池</td><td>福岛</td><td>南会津郡桧枝岐村</td><td>31.3</td></tr>
<tr><td>尾濑沼</td><td>同上</td><td>同上</td><td>5.9</td></tr>
<tr><td>山之鼻</td><td>群马</td><td>利根郡片品村</td><td>4.9</td></tr>
<tr><td rowspan="5">上信越高原</td><td>四万温泉</td><td>群马</td><td>吾妻郡中之条町</td><td>160.4</td></tr>
<tr><td>万座</td><td>同上</td><td>吾妻郡嬬恋村</td><td>73.8</td></tr>
<tr><td>鹿沢</td><td>同上</td><td>同上</td><td>38.2</td></tr>
<tr><td>谷川岳</td><td>同上</td><td>利根郡水上町</td><td>143.0</td></tr>
<tr><td>志贺高原</td><td>长野</td><td>下高井郡山之内町</td><td>1474.6</td></tr>
<tr><td rowspan="2">秩父多摩甲斐</td><td>三峰</td><td>琦玉</td><td>秩父市</td><td>34.1</td></tr>
<tr><td>奥多摩湖岫沢</td><td>东京</td><td>西多摩郡奥多摩町</td><td>35.0</td></tr>
<tr><td rowspan="7">富士箱根伊豆</td><td>大岛</td><td>东京</td><td>大岛町</td><td>372.2</td></tr>
<tr><td>多幸湾</td><td>同上</td><td>神津岛村</td><td>29.5</td></tr>
<tr><td>湖尻</td><td>神奈川</td><td>足柄下郡箱根町</td><td>118.1</td></tr>
<tr><td>畑引山</td><td>同上</td><td>同上</td><td>44.4</td></tr>
<tr><td>本栖</td><td>山梨</td><td>南都留郡富士河口湖町</td><td>129.5</td></tr>
<tr><td>田贯湖</td><td>静冈</td><td>富士宫市</td><td>194.3</td></tr>
<tr><td>凑</td><td>同上</td><td>贺茂郡南伊豆町</td><td>14.5</td></tr>
</table>

2017 年 3 月 31 日现在				
国家公园名	集中设施地区名	都道府县名	市町村名	区域面积(公顷)
中部山岳	室堂	富山	中新川郡立山町	69.1
	扇泽	长野	大町市	21.7
	上高地	同上	松本市	80.2
	乘鞍高原	同上	同上	531.0
	乘鞍鹤之池	岐阜	高山市	36.7
	平汤	同上	同上	170.7
妙高户隐连山	笹之峰	新潟	妙高市	86.3
	五最杉	同上	同上	16.6
	蝾螈池	同上	同上	9.9
	小谷温泉	长野	北安云镇小谷村	275.0
	户隐	同上	长野市	160.0
白山	中宫温泉	石川	白山市	160.1
	市之濑	同上	同上	94.6
南阿尔卑斯	野吕川广河原	山梨	南阿尔卑斯市	—
	小涉川广河原	长野	下伊那郡大鹿村	—
伊势志摩	登茂山	三重	志摩市	111.0
	横山	同上	同上	51.0
吉野熊野	大台之原	奈良	吉野郡上北山村	24.1
	宇久井	和歌山	东牟娄郡那智胜浦町	50.8
山阴海岸	竹野	兵库	丰冈市	34.9
	今子浦	同上	美方郡香美町	45.9
	鸟取沙丘	鸟取	鸟取市	114.6
	浦富	同上	岩美郡岩美町	75.3
濑户内海	赤穗御崎	兵库	赤穗市	50.0
	由良	同上	洲本市	69.9
	南淡路	同上	南淡路市	26.7
	加太	和歌山	和歌山市	159.5
	王子岳涉川	冈山	玉野市、仓敷市	235.2
	大久野岛	广岛	竹原市	71.2
	仙醉岛	同上	福山市	93.6
	包之浦	同上上	廿日市市	15.5
	野吕山	同上	吴市	62.4
	鸣门	德岛	鸣门市	38.9
	屋岛	香川	高松市	43.6
	五色台	同上	坂出市	39.8
	近见山	爱媛	今冶市	246.0
	东予	同上上	今冶市、西条市	43.3
	姬原	同上	松山市	49.9
大山隐岐	大山寺	鸟取	西伯郡大山町	233.7
	镜之成	同上上	日野郡江府厅	105.0
	桛水高原	同上	日野郡伯耆町	69.1
	三瓶山北之原	岛根	大田市	134.3
	日御碕	同上	出云市	29.3
	西乡岬	同上上	隐岐郡隐岐岛町	80.2
	都万	同上上	同上	50.0
	蒜山	冈山	真庭市	67.8
足摺宇和海	须之川	爱媛	高宇和郡爱南町	20.3
	龙串	高知	土佐清水市	42.3
	足折岬	同上	同上	48.6
西海	鹿子前	长崎	佐世保市	28.4
	北九十九岛	同上	同上	33.9
云仙天草	云仙温泉	长崎	云仙市	86.8
	云仙诹访之池	同上	同上	70.1
阿苏九重	濑之本	熊本	阿苏郡南小国町	76.6
	南阿苏	同上	阿苏郡高森町	72.3
	地狱垂玉	同上	阿苏郡南阿苏村	31.6
	久住高原	大分	竹田市	43.0
	长者原	同上	玖珠郡九重町	186.6
雾岛锦江湾	虾野	宫崎	虾野市	52.7
	指宿	鹿儿岛	指宿市	124.0
	高千穗河原	同上	雾岛市	71.5
屋久岛	尾之间	鹿儿岛	熊毛郡屋久岛町	32.7
奄美群岛	住用	鹿儿岛	奄美市	11.0
合计	122 地区	—		11564.0

20. 国家公园利用者数量

公园名 / 每五年合计	1974–1978	1979–1983	1984–1988	1989–1993	1994–1998	1999–2003	2004–2008	2009–2013
1. 利尻礼文佐吕别	544	567	790	1164	959	737	587	403
2. 知床	618	975	956	1139	1175	1156	1109	886
3. 阿寒	2613	2667	2804	3328	3381	3547	2511	1802
4. 钏路湿地	0	0	54	302	379	267	205	197
5. 大雪山	2478	2422	2512	3224	3184	3137	2889	2306
6. 支笏洞爷	6194	5789	7340	8724	7947	6509	6554	4698
7. 十和田八幡平	3149	3980	4764	5263	5053	4418	4293	2754
8. 三陆复兴 *（陆中海岸）	3131	3898	4830	5035	6222	3934	3507	1520
9. 磐梯朝日	6260	5595	5702	6222	6952	5094	4221	3781
10. 日光	8443	8397	9696	12673	12338	10429	9314	7952
11. 尾濑	—	—	—	—	—	—	50	212
12. 上信越高原	14351	15742	17417	19653	17306	15700	13849	12979
13. 秩父多摩甲斐	4827	4783	5149	6198	7073	7766	8056	7072
14. 小笠原	5	8	11	14	10	13	11	16
15. 富士箱根伊豆	40607	42126	49986	53838	51491	50953	52210	56065
16. 中部山岳	3677	4001	4741	6113	6399	5989	4975	4523
17. 白山	465	478	610	766	789	769	575	442
18. 南阿尔卑斯	225	172	179	186	234	325	299	327
19. 伊势志摩	6755	6806	6745	7033	7210	5266	5048	4168
20. 吉野熊野	5191	3864	3862	4100	4343	4279	4286	3592
21. 山阴海岸	3638	3341	3456	3548	3782	3303	2940	3223
22. 濑户内海	23929	21189	23424	24378	21423	20439	19333	19966
23. 大山隐岐	4026	4696	4394	4691	4773	4490	4445	5302
24. 足摺宇和海	1030	884	1175	1247	1183	976	946	855
25. 西海	1685	1591	1675	1988	2156	2146	2271	2239
26. 云仙天草	4761	4914	4627	4333	4408	4224	3350	3229
27. 阿苏九重	6400	5688	7414	9636	10771	11838	11529	11114
28. 雾岛屋久（现雾岛锦江湾）	6668	5813	5998	7329	6775	6297	5548	5676
29. 屋久岛	—	—	—	—	—	—	—	35
30. 西表	67	92	103	168	205	345	656	818
总计	161752	160473	180411	201291	196159	184339	175600	168141

*2013年5月24日编入青森县的种差海岸皆上岳县立公园、从陆中海岸国家公园变更为三陆复兴国家公园。
*2007年尾濑从日光国家公园独立出来。2011年屋久岛从雾岛国家公园独立出来。
注：上述数值以千人为单位，四舍五入计算而得出，故总数不一定一致。

21. 机动车使用合理化对策等实施状况

2014 年度

国家 公园名	地区名 （开始年份）	实施地区·区间	距离	实施期间
知床	Kamuiwakka （1999 年）	道道知床公园线 知床五湖 ~kamuiwakka 区间	合计 11.0 千米	共计 35 天
大雪山	高原温泉 （1997 年）	町道高原温泉线（上川町高原大桥·军 道分歧点 ~ 高原温泉）	合计 11.01 千米	共计 9 天
	银泉台 （2002 年）	道之银泉台线 （上川町大学台湖畔桥 ~ 银泉台）	合计 14.7 千米	共计 11 天
支笏洞爷	定山溪 （1976 年）	市道定山溪丰平峡水坝线 冷水隧道入口 ~ 丰平峡水坝区间	合计 1.8 千米	共计 186 天
十和田 八幡平	十和田 （1974 年）	国道 102 号线 烧山 ~ 子之口区间	合计 13.8 千米	共计 9 天
	八幡平 （1995 年）	县道驹之岳线（羚羊车场 ~ 八合目停车场区间）	合计 6.5 千米	共计 88 天
三陆复兴	净土之滨 （1977 年）	净土之滨海岸线道路 净土之滨地内	合计 3.6 千米	共计 365 天
磐梯朝日	里磐梯（越国沼） （2005 年）	开始点：县道 337 号线（两处）、 国道 459 号线 终点：金沢岭	合计 40.0 千米	共计 45 天
日光	小田代之原 （1993 年）	市道 1002 号线 （赤沢 ~ 千手之滨区间）	合计 8.7 千米	共计 365 天
	歌之滨 （1999 年）	市道 1059 号线	—	共计 365 天
尾濑	尾濑（群马县） （1974 年）	县道津奈木鸠待岭线 津奈木 ~ 鸠待岭口区间	合计 3.5 千米	共计 116 天
	尾濑（福岛县） （1974 年）	县道沼田·桧枝岐线 （御池 ~ 沼山区间）	合计 9.6 千米	共计 164 天 （* 上记期间之 外冬季关闭）
上信越高原	志贺高原 （2008 年）	龟仓神社东二叉路 ~ 米子大瀑布停车场	合计 14.0 千米	共计 7 天
	户隐 （2009 年）	宝光社 ~ 镜池 ~ 中社（越水）	合计 4.5 千米	共计 4 天
	谷川 （2002 年）	国道 291 号线 谷川岳登山指导中心 ~ 一之仓沢出合	单程 3.3 千米	共计 365 天
富士 箱根伊豆	富士山（山梨县） （1994 年）	富士山昴线县道河口湖富士线 有料道路料金所 ~ 富士山五合目区间	合计 23.5 千米	共计 53 天
	富士山（静冈县） （1994 年）	富士山环山线 旧料金所 ~ 富士山五合目	合计 13.6 千米	共计 63 天
	富士山（静冈县） （2007 年）	富士蓟线 富士浅间神社附近（小山町须走）~ 须走口五合目停车场	合计 11.5 千米	共计 40 天
中部山岳	上高地 （1975 年）	县道上高地公园线 上高地 ~ 中之汤区间	合计 6.3 千米	共计 212 天 （* 上记期间之 外冬季关闭）
	立山 （1971 年）	县道富山立山公园线	合计 28.2 千米	共计 216 天
	乘鞍 （2003 年）	县道主要地方道乘鞍公园线 （通称：乘鞍天空线） 平汤岭 ~ 叠平区间	合计 14.1 千米	共计 170 天 （* 上记期间之 外冬季关闭）

国家 公园名	地区名 （开始年份）	2014 年度		
		实施地区·区间	距离	实施期间
中部山岳	乘鞍 （2003 年）	县道乘鞍岳线（通称：乘鞍环保线） 三本滝 ~ 县境区间	合计 14.0 千米	共计 118 天 （＊上记期间之 外冬季关闭）
白山	白山 （1988 年）	县道白山公园线 市之濑 ~ 别当出合区间	合计 6.2 千米	共计 36 天
南阿尔卑斯	山梨县 （2005 年）	县道南阿尔卑斯公园线 （奈良田 ~ 广河原区间） 县营林道南阿尔卑斯县 （夜叉神 ~ 广河原区间）	合计 32.0 千米	共计 138 天 （＊上记期间之 外冬季关闭）
	长野县 （1980 年）	南阿尔卑斯林道 户台大桥 ~ 北沢岭	合计 22.6 千米	共计 205 天
吉野熊野	吉野山 （1994 年）	奈良县道 15 号线 1. 吉野神宫 ~ 下千本停车场 2. 下千本停车场 ~ 胜手神社	合计 3.4 千米	共计 7 天 共计 44 天
		吉野町道 3. 胜手神社 ~ 竹林院 4. 竹林院 ~ 金峰神社	合计约 5.0 千米	共计 44 天 共计 37 天
		奈良县道 37 号线 5. 近铁吉野站 ~ 如意轮寺 6. 如意轮寺 ~ 竹林院	合计 4.0 千米	共计 7 天 共计 7 天
濑户内海	王子之岳涩川 集中设施地区 （1985 年）	市道 45·54 号线（海水浴场及公园旁 的市道） 市道 45·46·54 号线（海水浴场及公 园旁的市道）	—	共计 51 天
大山隐岐	大山 （1974 年）	县道米子大山线（祺镇停车场 ~ 博劳座 停车场区间）	合计 4.0 千米	共计 34 天
		县道大山口停车场线道路（植树祭线道路 分岐 ~ 地藏别区间）	合计 1.5 千米	共计 34 天
		县道赤崎大山线（大山寺道路）·博劳 座停车场协调道路（周边道路）	合计 0.5 千米	共计 34 天
足摺宇和海	足摺岬 （1968 年）	县道足摺岬公园线 白山神社前 ~ 足摺岬区间	合计约 0.7 千米	共计 19 天
屋久岛	屋久岛 （2000 年）	町道荒川线 荒川三叉路 ~ 荒川登山口区间	合计 4.0 千米	共计 275 天

22. 国家公园内游客中心等利用者数量

公园名	设施名 〇环境省设施 ●其他都道府县等设施	都道府县名	利用者数 2013 年 （人）
利尻礼文佐吕别	〇佐吕别湿地中心	北海道	52111
	〇幌岩游客中心 （5~10 月开馆）	北海道	6849

公园名	设施名 ○环境省设施 ●其他都道府县等设施	都道府县名	利用者数 2013 年 （人）
知床	○罗臼游客中心	北海道	34503
	○知床世界遗产 鲁萨菲尔德屋	北海道	6522
	○知床五湖原野屋	北海道	20854
阿寒	○川汤生态博物馆中心	北海道	14359
	○阿寒湖畔生态 博物馆中心	北海道	52556
钏路湿地	○温根内游客中心	北海道	38464
	○塘路湖生态博物馆中心	北海道	13496
	○钏路湿地野生生物 保护中心	北海道	7200
大雪山	○层云峡游客中心	北海道	38794
	○棕熊情报中心	北海道	6052
	○东大雪自然馆（H25.5.1 开馆）	北海道	63779
	●旭岳游客中心	北海道	6641
支笏洞爷	○支笏湖游客中心	北海道	200407
	○洞爷湖游客中心	北海道	69023
	○洞爷财田自然体验屋	北海道	5199
十和田八幡平	○十和田游客中心	青森	27117
	○马温泉游客中心	青森	18494
	○八幡平游客中心	秋田	44769
	○网张游客中心	岩手	20154
	○酸之汤信息中心	青森	9800
	●石之户休憩所	青森	309608
	●松尾八幡平游客中心	岩手	51874
	●玉川温泉游客中心	秋田	8673
三陆复兴	○净土之滨游客中心	岩手	270415
	○宫古姐之岐田野屋	岩手	5006
	●北山岐游客中心	岩手	25609
	●唐桑半岛游客中心	宫城	14755
磐梯朝日	○月山游客中心	山形	15377
	○净土平游客中心	福岛	99257
	○里磐梯游客中心	福岛	66438
	●山形县立自然博物馆	山形	10507

公园名	设施名 ○环境省设施 ●其他都道府县等设施	都道府县名	利用者数 2013 年 （人）
日光	○日光汤原游客中心	栃木	66562
	●栃木县立日光 自然博物馆	栃木	54791
	●赤沼自然情报中心	栃木	43824
	●盐源温泉游客中心	栃木	78234
	○那须平成之森田野中心	栃木	80720
日光	○那须高原游客中心	栃木	26467
尾濑	○尾濑沼游客中心	福岛	56739
	●尾濑山之鼻游客中心	群马	121254
上信越高原	○鹿沢信息中心	群马	9458
	○屉之峰迷你游客中心	新潟	1656
	●草津游客中心	群马	26469
	●妙高高原游客中心	新潟	99295
	●屉之峰游客中心	新潟	1656
	●志贺高原自然保护中心	长野	35549
秩父多摩 甲斐	●三峰游客中心	琦玉	20457
	●奥多摩游客中心	东京	30414
	●山之故里与村落 游客中心	东京	81766
	●御岳游客中心	东京	66989
富士箱根 伊豆	○箱根游客中心	神奈川	63918
	○田贯湖互动自然塾	静冈	106000
	●八丈游客中心	东京	26680
	●富士游客中心	山梨	253430
南阿尔卑斯	○野吕川广河源信息中心	山梨	41788
中部山岳	○上高地信息中心	长野	262469
	○上高地游客中心	长野	142413
	●乘鞍自然保护中心	长野	7957
	○泽渡国际公园导览中心	长野	107918
	●立山自然保护中心	富山	217413
	○榉平游客中心（H25.7.1 开馆）	富山	51666
	●飞弹·北阿尔卑斯 自然文化中心	岐阜	6423

公园名	设施名 ○环境省设施 ●其他都道府县等设施	都道府县名	利用者数 2013 年 （人）
白山	○市之濑游客中心	石川	18916
	○中宫温泉游客中心·中宫展示馆	石川	27130
	●桂湖游客中心	富山	6094
伊势志摩	○横山游客中心	三重	14280
	●富山游客中心	三重	14280
	●鸟羽游客中心	三重	7544
吉野熊野	○宇久井游客中心	和歌山	9797
	○大台之原游客中心	奈良	90145
山阴海岸	○竹野滑雪中心·游客中心	兵库	12734
	●鸟取县立山阴海岸学习馆	鸟取	31241
濑户内海	○大久野岛游客中心	广岛	35114
	○五色台游客中心	香川	10491
	●大鸣门桥纪念馆	兵库	84255
	●兵库县立六甲山 自然保护中心	兵库	64208
	●鹫羽山游客中心	冈山	20046
	●大鸣门桥架桥纪念馆	德岛	105068
大山隐岐	●鸟取县立大山 自然历史馆	鸟取	15377
	●鸟取县立三瓶自然馆 SAHIMERU	鸟取	158709
	○大山情报馆	鸟取	148013
足摺宇和海	●高知县立足摺海洋馆	高知	49699
西海	○九十九岛游客中心	长崎	153397
云仙天草	○云仙御山的情报馆	长崎	48554
	○平成新山自然中心	长崎	27693
	○云仙诹访之池游客中心	长崎	17216
	●天草游客中心	熊本	29832
	●富冈游客中心	熊本	29270
	●田代原游客中心	长崎	2929
阿苏九重	○南阿苏游客中心	熊本	32327
	○长者原游客中心	大分	124321
雾岛锦江湾	○虾之生态博物馆中心	宫崎	106920
	●高千穗河原游客中心	鹿儿岛	32041
	●樱岛游客中心	鹿儿岛	116190
屋久岛	○屋久岛世界遗产中心	鹿儿岛	3248

公园名	设施名 ○环境省设施 ●其他都道府县等设施	都道府县名	利用者数 2013 年 （人）
西表石垣	○竹富岛游客中心 （Yugafu- 馆）	冲绳	161588
	○黑道游客中心	冲绳	5153

注：本表里出现的设施是指国家公园内作为游客中心的利用设施。除此以外具有展示地方特色功能的设施。

23. 各类国家公园的植被自然度

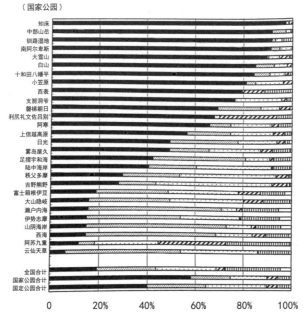

环境省资料：有关国家国定公园的指定及管理运营的讨论会提议附属资料（2007 年 3 月）

注：植被自然度 = 根据人类活动对植物的影响程度，将日本的植被分成 10 种类型。

（国定公园）

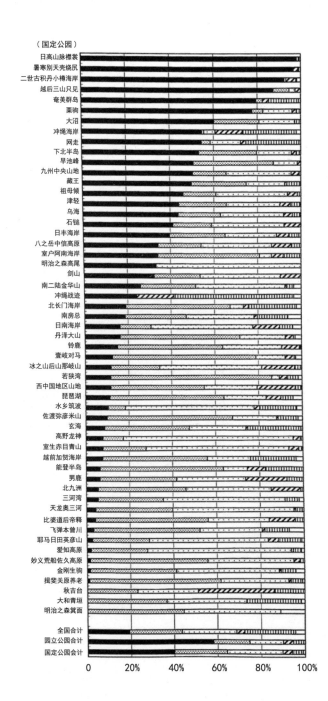

24. 国家公园与国定公园的自然海岸延长线及构成比

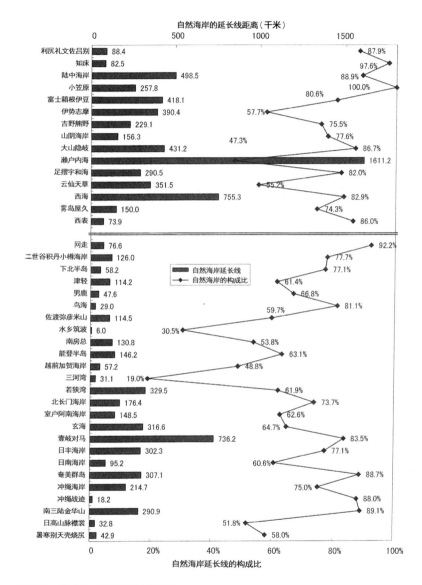

自然海岸的延长线距离（千米）

| 0 | 500 | 1000 | 1500 |

利尻礼文佐吕别 88.4 — 87.9%
知床 82.5 — 97.6%
陆中海岸 498.5 — 88.9%
小笠原 257.8 — 100.0%
富士箱根伊豆 418.1 — 80.6%
伊势志摩 390.4 — 57.7%
吉野熊野 229.1 — 75.5%
山阴海岸 156.3 — 77.6%
大山隐岐 431.2 — 47.3% — 86.7%
濑户内海 1611.2
足摺宇和海 290.5 — 82.0%
云仙天草 351.5 — 55.2%
西海 755.3 — 82.9%
雾岛屋久 150.0 — 74.3%
西表 73.9 — 86.0%

网走 76.6 — 92.2%
二世谷积丹小樽海岸 126.0 — 77.7%
下北半岛 58.2 — 77.1%
津轻 114.2 — 61.4%
男鹿 47.6 — 66.8%
鸟海 29.0 — 81.1%
佐渡弥彦米山 114.5 — 59.7%
水乡筑波 6.0 — 30.5%
南房总 130.8 — 53.8%
能登半岛 146.2 — 63.1%
越前加贺海岸 57.2 — 48.8%
三河湾 31.1 — 19.0%
若狭湾 329.5 — 61.9%
北长门海岸 176.4 — 73.7%
室户阿南海岸 148.5 — 62.6%
玄海 316.6 — 64.7%
壹岐对马 736.2 — 83.5%
日丰海岸 302.3 — 77.1%
日南海岸 95.2 — 60.6%
奄美群岛 307.1 — 88.7%
冲绳海岸 214.7 — 75.0%
冲绳战迹 18.2 — 88.0%
南三陆金华山 290.9 — 89.1%
日高山脉襟裳 32.8 — 51.8%
暑寒别天卖烧尻 42.9 — 58.0%

图例：
■ 自然海岸延长线
◆ 自然海岸的构成比

| 0 | 20% | 40% | 60% | 80% | 100% |

自然海岸延长线的构成比

资料出处：第 4 回自然环境保全基础调查
环境省资料：有关国家国定公园的指定及管理运营的讨论会提议附属资料（2007 年 3 月）

25. 国家公园与国定公园重要区域覆盖率

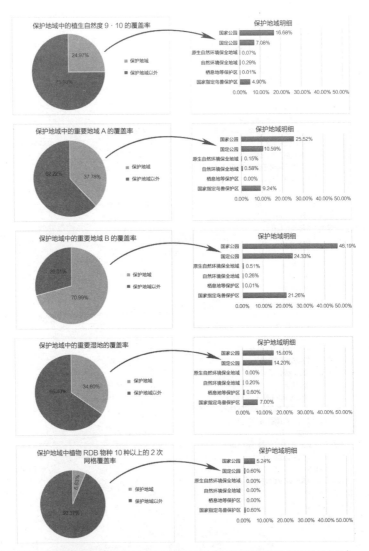

各种地域的保护状况

环境省资料：有关国家国定公园的指定及管理运营的讨论会议提议附属资料（2007年3月）

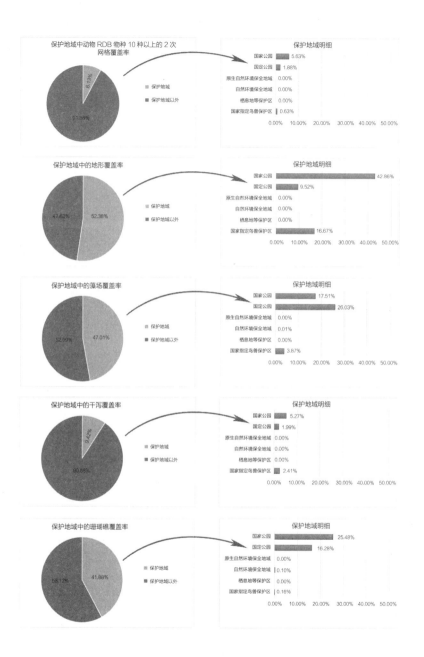

保护地域中动物 RDB 物种 10 种以上的 2 次
网格覆盖率

保护地域明细

国家公园　5.63%
国定公园　1.88%
原生自然环境保全地域　0.00%
自然环境保全地域　0.00%
栖息地等保护区　0.00%
国家指定鸟兽保护区　0.63%

保护地域中的地形覆盖率

保护地域明细

国家公园　42.86%
国定公园　9.52%
原生自然环境保全地域　0.00%
自然环境保全地域　0.00%
栖息地等保护区　0.00%
国家指定鸟兽保护区　16.67%

保护地域中的藻场覆盖率

保护地域明细

国家公园　17.51%
国定公园　26.03%
原生自然环境保全地域　0.00%
自然环境保全地域　0.01%
栖息地等保护区　0.00%
国家指定鸟兽保护区　3.87%

保护地域中的干泻覆盖率

保护地域明细

国家公园　5.27%
国定公园　1.99%
原生自然环境保全地域　0.00%
自然环境保全地域　0.00%
栖息地等保护区　0.00%
国家指定鸟兽保护区　2.41%

保护地域中的珊瑚礁覆盖率

保护地域明细

国家公园　25.48%
国定公园　16.28%
原生自然环境保全地域　0.00%
自然环境保全地域　0.10%
栖息地等保护区　0.00%
国家指定鸟兽保护区　0.16%

26. 对国家公园等的认知度

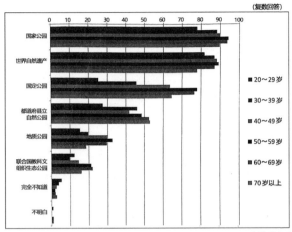

有关国家公园的世论调查
（内阁府 2013 年 8 月实施）

27. 国定公园概要

2017 年 3 月 31 日

公园名 指定年月日 面积 相关都道府县	特色			
	概要	景观·地形地质	动物	植物
暑寒别天卖烧尻 1990.8.1 43559 公顷 北海道	包含山地形湿地的山岳景观与海蚀崖的海岸景观	日本少有的山地型湿地（雨竜沼） 火山连峰（暑寒别岳） 100 米前后的海蚀崖(送毛·浓昼海岸·天卖岛)	黑尾鸥、海鸠、乌海鸽、角嘴海雀	高山植物群落（增毛紫云英、金丝桃）、红豆杉天然林（烧尻岛）
网走 1958.7.1 37261 公顷 北海道	日本北端的海迹湖群 沙丘与草原（原生花园）	7 个海迹湖（佐吕间湖·能取·riyausi·网走·藻琴·涛沸·涛钓） 原生花园（小清水、斜里）	海豹、白尾海雕、雉雁类、黄胸鹀、红喉歌鸲	北黄花菜、毛百合、玫瑰、野决明、菖蒲等盐沼地植被
二世古积丹小樽海岸 1963.7.24 19009 公顷 北海道	富有火山连峰的景观与变化的海岸景观	火山连峰（佐吕间 annupuri~雷电山） 集块岩为主的海蚀景观（积丹岬·神威岬） 海中景观（积丹半岛等）	虾夷鹿、斑海豹	高层湿地（神仙沼）林问荆、岳桦林僵柏、拳参等海岸断崖植被
日高山脉襟裳 1981.10.1 103447 公顷 北海道	冰蚀地形的高山景观与海蚀崖的海岸景观	褶曲山脉上的冰蚀地形 kaaru（幌尻岳等） 海蚀崖（襟裳岬）	黑棕熊、虾夷鹿、鼠兔、海豹、松雀等高山鸟	针阔混交林、高山植物的固有物种、稀有种等
大沼 1958.7.1 9083 公顷 北海道	北海道的内地山水美景	活火山（驹之岳） 火山性堰止湖（大沼·小沼·专菜沼）	富士绿色小灰蝶、暖地系蜻蜓类	山毛榉、粗齿栎、榆属、莼菜

公园名 指定年月日 面积 相关都道府县	特色			
	概要	景观·地形地质	动物	植物
下北半岛 1968.7.22 18641 公顷 青森	荒凉的海岸景观与桧叶、山毛榉混交林为主体的森林景观	复式火山地形（恐山破火山口、宇曾利山湖） 海蚀断崖（仏之浦、新山崎、烧山岐） 温泉现象（奥药研、下风吕等） 海中景观（仏之浦等）	日本猿猴（生息北限）、黑熊、日本羚羊猛禽类	罗汉柏、山毛榉混交林、水曲柳、日本桤木林、高山植物（短果杜鹃花、海芋）等硫质气孔植被
津轻 1975.3.31 25966 公顷 青森	火山弧峰景观断崖以及海蚀景观 沙丘景观 森林景观	海岸段丘（畏月海岸、龙飞崎） 沙丘地形（屏风山） 楯状圆锥形（konitoroide） 火山中央火口丘 爆裂火口（岩木山）	日本羚羊、日本猿猴	罗汉柏、山毛榉混交林、色木械、槲树等风动型地木林 山茶花（椿山）、偃松（岩木山）
早池峰 1982.6.10 5463 公顷 岩手	以早池峰山为中心的自然性极高的山岳 民俗学的宝库	对于风化浸食有着强抵抗能力的蛇纹岩早池风超盐基性岩远部野花岗岩	黑熊、日本羚羊、红喉歌鸲	高山植物群落、山毛榉等特产种
栗驹 1968.7.22 77122 公顷 岩手·宫城 秋田·山形	烧石岳与栗驹为中心的温泉和溪谷美景 朴素的山岳公园	火山群峰（烧石岳、栗驹等） 破火山口（鬼首）	日本羚羊、黑熊、日本猿猴猛禽类、领岩鹨等高山鸟	椈栎、鹅耳枥属、槭等落叶阔叶林、高山植物日本五针松纯林（片山）
藏王 1963.8.8 39635 公顷 山形·宫城	火山群峰与火口湖的景观、滑雪、温泉浴池利用树冰	网罗各种火山地形（南北藏王） 集块岩、凝灰岩等的风化浸食地形（山寺·二口峡谷）、人文景观（山寺）	黑熊 日本羚羊 高山鸟 日本歌鸲	青森椴松、山毛榉林、高山植物·雪田植物群落、驹草
男鹿 1973.5.15 8156 公顷 秋田	全长至 17 千米的海蚀段丘 火山群与楯状锥形火山（konitoroide）的景观	海底隆起的岛屿变为砂州、与陆地相结合形成的珍奇地形 隆起、火山、海蚀形成的复杂地形 第三级层水成岩隆起的海岸段丘、奇岩海蚀洞	金腰燕 苍鹭 岩鹭	粗齿栎、椴树、槲树的典型海岸林 高山石楠花、高山瞿麦的亚高山性植物 山茶花
鸟海 1963.7.24 28955 公顷 秋田·山形	与日本海相连屹立的火山弧峰	东西两个圆锥火山的复合火山放出物形成的泥流丘（流动山）景观（象泻）	黑尾鸥（御积岛）	山毛榉林、高山植物·雪田植物群落、红楠等暖温带植物（飞岛）
越后三山只见 1973.5.15 86129 公顷 新潟·福岛	宽广的原生林与大型哺乳类栖息的原始林公园	发达的典型 V 字谷（只见川、鱼野川、破间川）与火山褶曲山地（浅草岳、守门岳、越后驹之岳、中之岳）	日本羚羊 黑熊 山鹰等猛禽类 高山鸟 红日阴蝶等高山蝶	山毛榉原生林（浅草岳、朝日岳）、大白叶冷杉的针叶林、高层湿地（平之岳）高山植物、雪田植物群落 乙女百合、落叶松
水乡筑波 1959.3.3 34956 公顷 茨城·千叶	日本具有代表性的水乡风景与丘陵性独立山块	海迹湖（霞之浦等） 浮岛景观 人文景观（鹿岛神社） 花岗岩隆起山块（筑波山）	红颈苇鹀（浮岛） 淡水鱼类	芰白等挺水植物、荇菜 等浮游植物以及穗花狐尾藻等沉水植物 菖蒲 米槠、红楠等常绿阔叶林
妙义荒船佐久高原 1969.4.10 13123 公顷 群马·长野	妙义山块与荒船山等以山脊部为中心的山岳、高原景观	柱状·板状节理（妙义山） 溶岩台地（荒船山）	鹰雕等猛禽类 睡鼠等	樱草、妙义日本落叶松、蕨类植物

公园名 指定年月日 面积 相关都道府县	特色			
	概要	景观·地形地质	动物	植物
南房总 1958.8.1 5690 公顷 千叶	白砂青松的海滨公园	第三纪凝灰岩与海岸段丘 造礁珊瑚化石 海中景观（胜浦）	蠵龟等	滨海珍珠菜、文殊兰等海滨植物 米槠、红楠、杜英等常绿阔叶林（清澄山、锯山）
明治之森高尾 1967.12.11 777 公顷 东京	东京郊外残留的温带以及暖带性自然林 明治百年纪念公园	包含高尾山的山棱尾主体的构造山地	白颊鼯鼠 昆虫类	青冈栎等常绿阔叶林 日本水青冈等落叶阔叶林
丹泽大山 1965.3.25 27572 公顷 神奈川	自然资源充裕的山岳公园	构造山地群峰（蛭之岳·丹沢山·塔之岳）	黑熊、日本羚羊、日本猪、梅花鹿、角鹰等猛禽类	冷杉树、铁杉等温带性树林 山毛榉天然林
佐渡弥彦米山 1950.7.27 29464 公顷 新潟	日本最大的岛屿隆起海岸变化多样的景观	断层隆起山群（大佐渡·小佐渡·弥彦） 海蚀崖（外海福·浦滨） 人文景观（弥彦神社） 海中景观（外海府、小木等）	大天鹅、豆雁、中村三齿雅罗鱼（信浓川水系）	石楠花（金北山） 米槠、栎类常绿阔叶林 罗布麻（弥彦山·南限）
能登半岛 1968.5.1 9672 公顷 石川·富山	日本海最大的半岛海岸景观	隆起海岸（猿山岬） 沉降海岸（九十九湾） 海中景观（木之浦、内浦）	黄眉姬鹟、白腹蓝鹟、知更鸟、斑鸫、白腹鹨、芦鹀	山毛榉林（石动山）
越前加贺海岸 1968.5.1 9744 公顷 石川·福井	全长 108 千米以及海蚀崖等海岸景观	海蚀崖（东寻坊、越前岬） 海岸沙丘（三里滨）	斑鸫、雁类	红楠、天竺桂等常绿阔叶林 水仙（越前町） 单叶蔓荆等海滨植物群落、罗汉松（鹿岛）等分布北限植物 山茶花（越智山·南限）
若狭湾 1955.6.1 19197 公顷 福井·京都	里亚斯海岸综合的海蚀景观	由断层形成的树枝状海岸 海蚀崖与海蚀洞（苏洞洞） 沉水小沼群（三方五湖） 海中景观（三方）	海产鱼类 白颈鸦 隼 欧洲家燕等海鸟类 石珊瑚类	红楠、米槠、山茶花等常绿阔叶林、椆属、风兰、富贵兰
八之岳中信高原 1964.6.1 39857 公顷 长野·山梨	阿尔卑斯山岳景观与高原景观丰富的山岳公园	火山连峰（八之岳） 火山性台地（美之原、雾之峰）	日本羚羊、黑熊、日本猿猴、红颈苇鹀 红日阴蝶、高山月眼蝶等高山蝶	云杉林、冷杉林、山鸢尾
天龙奥三河 1969.1.10 25720 公顷 长野·静冈爱知	天龙川以及其支流的溪谷、茶臼山为中心的公园	中新世堆积岩类（设乐层群）与侵食地形瀑布（阿寺七滝）	普通角鸮（佛法僧）	山毛榉、冷杉、铁杉、青冈栎等暖温带性常绿阔叶林
揖斐关原养老 1970.12.28 20219 公顷 岐阜	浓尾平野的西北外缘、揖斐川、关之原古战场以及养老山地域开始形成的公园、东海自然步道沿线的公园	山岳丘陵地带 秩父古生层 地垒山地（养老山地）	日本羚羊、梅花鹿、日本猿猴	山毛榉、粗齿栎、米槠、栎类常绿阔叶林 杜鹃花（养老山地）

续表

公园名 指定年月日 面积 相关都道府县	特色			
	概要	景观・地形地质	动物	植物
飞弹木曾川 1964.3.3 18074 公顷 岐阜・爱知	飞弹川、木曾川的河川美景	石英斑岩与古生层（飞水峡・日本线）	日本羚羊、黑熊、日本猿猴	冷杉、花柏、金松科等常绿针叶树与粗齿栎、日本山枫等落叶阔叶林的混交林
爱知高原 1970.12.28 21740 公顷 爱知	三河山地、爱岐丘陵南部及矢作川上流部地域的高原与合川胫骨温暖为主的公园 东海自然步道沿线公园	隆起山地的准平原溪谷美（神越溪谷、香兰溪）	日本猪 绿啄木鸟、红啄木鸟等啄木鸟类	山毛榉 粗齿栎 冷杉 铁杉 丁子樱
三河湾 1958.4.10 9457 公顷 爱知	渥美、知多两半岛的海岸景观与三河湾内的内海多岛景观为主的公园	中生层・第三纪层的丘陵地形 内海多岛景观和海蚀崖	鸬鹚（鹈之池）、鹰类（伊良湖岬・渡）	乌冈栎天然林（羽豆神社、渥美半岛古山） 文殊兰、异叶杨等暖带海滨植物群落
铃鹿 1968.7.22 29821 公顷 三重・滋贺	伊势湾水系和琵琶水系分为东西的标高千米级的连峰	所属秩父古生层的砂岩 凝灰岩 喀斯特地形（御池岳）	日本羚羊 虎凤蝶 日本大鲵	山毛榉 栎类、冷杉、日本柳杉、本石楠花群落
室生赤目青山 1970.12.28 26308 公顷 三重・奈良	室生火山群、青山高原及高见山地带形成的公园 东海自然步道沿线公园	隆起准平原 室生火山群（大洞、俱留尊山等） 柱状节理的出色火山地形	日本羚羊 梅花鹿 日本猕猴 大鲵等鲵类	马醉木 钝齿冬青 杜鹃花 山毛榉 铁杉（高见山） 湿地植被（龟池）
琵琶湖 1950.7.24 97601 公顷 滋贺・京都	日本最大的淡水湖风景 近江八景 历史和遗迹	断层陷没湖（琵琶湖） 花岗岩地垒山脉	暗色颌须鮈 琵琶湖大鲶鱼 isaza 等固有淡水鱼类	大叶冬青 凤仙花
丹后天桥立大江山 1997.8.3 19023 公顷 京都	丹后半岛的海岸部开始到大江山连峰为止拥有多样景观的公园	砂嘴的典型（天之桥立）、海蚀崖、海岸段丘、山崩地形（世屋高原）、蛇纹岩（大江山连峰）、包含棚田及里山的农村景观(上世屋、毛原)	黑熊 杜鹃 蓝歌鸲 鹰雕 凤头蜂鹰 阿部蝾螈 虾夷春蝉 八丁蜻蜓	红楠、海桐花 米槠、栎类、粗齿栎、鹅耳枥、山毛榉、胡颓子、山茱萸
京都丹波高原 2016.3.25 68851 公顷 京都	二大河川编织而成的自然与历史・文化一体的里山景观公园	濑・渊连绵不断的河川、河岸段丘、团结堆积物的泥质岩・砂岩、黑硅石互层	日本羚羊 睡鼠 苍鹰等猛禽类、四眼鱼等鱼类	山毛榉、粗齿栎等原生林(芦生)吉亚吉兰、原野芽青莱等湿地性植物（八丁平湿地）
明治之森箕面 1967.12.11 963 公顷 大阪	大阪近郊残留的暖带性自然林明治百年纪念公园	箕面川・胜尾寺川等被河川所侵蚀的构造山地	日本猿猴 昆虫类	米槠、栎树、枫树常绿针叶林、阔叶林以及落叶阔叶林的混交林
金刚生驹纪泉 1958.4.10 23119 公顷 大阪・奈良 和歌山	金刚山地、生驹山地及和泉葛城山系形成的公园 奈良朝・南北朝的史迹	花岗岩地垒山脉 和泉砂层山地	日本猪 鹰雕 乌鸠类 啄木鸟类	山毛榉天然林（金刚山、葛城山山顶部）

公园名 指定年月日 面积 相关都道府县	特色			
	概要	景观·地形地质	动物	植物
冰之山后山那岐山 1969.4.10 48803 公顷 兵库·冈山 鸟取	冰之山为主峰的山岳·高原和溪谷为主体的公园	隆起准平原地形 那岐山断层断崖、溪谷	黑熊、日本猿猴、斑鸠、莺旋木雀知更鸟等亚高山性鸟类	山毛榉林、日本水青冈林、白蜡林、矮紫杉林
大和青垣 1970.12.28 5742 公顷 奈良	山边道的丘陵地、柳生街道及初濑一带开始形成的公园 东海自然步道沿线公园	大和高原西部的丘陵地青垣山（三轮山、卷向山、高円山）	日本猪、野兔、八町蜻蜓（矢田丘陵）大绿蚬、绿蚬等蚬类	椎、栲类的暖带性自然林（与喜山、天神山）
高野龙神 1967.3.23 19198 公顷 奈良·和歌山	标高 1000 米级别的壮年期山地山岳佛教的圣地高野山	构造山地、V 字谷极为发达的白垩纪时代堆积层	日本猕猴、日本羚羊、山鹰、鹰鹏普通角鸮大蟇螈	高野六木（日本柳杉、日本扁柏、日本冷杉、铁杉、赤松、金松）
比婆道后帝释 1963.7.24 8416 公顷 鸟取·岛根 广岛	标高 1200 米级的隆起准平原的山地与溪谷形成的公园	隆起枣园地形（道后山·比婆山） 喀斯特地形峡谷（帝释峡）	黑熊、日本猕猴、山椒鱼	水青冈林（比婆山）紫杉 过山蕨、银杏叶铁角蕨等石灰岩植物（帝释峡）
西中国地区山地 1969.1.10 28553 公顷 岛根·广岛 山口	中国地区西部的脊梁山地和溪谷形成的公园	白垩纪的流纹岩、花岗岩类形成的隆起准平原山容断层谷群（三段峡、匹间峡等）	黑熊（本州生息西段）	水青冈林柳栎为主的常绿阔叶树林
北长门海岸 1955.11.1 12384 公顷 山口	躯干海岸与肢节海岸的综合景观	高山的磁石石 须佐湾的角岩景观、玄武岩的扁平群岛（6 岛）海中景观（须佐湾）	雎鸠 小春蝉 长须鲸 黄玉	米槠林、日本柑橘、圆柏、黄心树、肾蕨
秋吉台 1955.11.1 4502 公顷 山口	日本最大的钟乳洞秋芳洞与喀斯特地形	喀斯特地形的典型嘉伦菲尔德	白蜗牛等卷贝及水仙等钟乳洞固有小动物	银杏叶等石灰岩植物
剑山 1964.3.3 20961 公顷 德岛·高知	以剑山为中心的构造山地与溪谷美	中生层与变成岩的山地与溪谷（大布危·小布危·祖谷溪）	斑羚 白腹蓝鹟 知更鸟	四国白松 水青冈、粗齿栎等落叶阔叶林
室户阿南海岸 1964.6.1 6230 公顷 德岛·高知	隆起和沉降的海岸亚热带植物的景观	隆起海岸（高知）·海岸段丘 沉降海岸（德岛）·海蚀崖 海中景观（阿波大岛等）	海龟类	亚热带植物（室户岬·弁天岛）红楠、乌冈栎等常绿阔叶树林 文殊兰、帽蕊草茼蒿
石锤 1955.11.1 10683 公顷 爱媛·高知	四国的最高峰修验道的灵地	结晶片岩的断层山脉（石锤山） 花岗岩的溪谷（面河溪）	斑乌、日本岩鹨高山蝶睡鼠日本羚羊	白尾鱼 稻谷、蒙哥马萨石竹月、三叶草
北九州 1972.10.16 8107 公顷 福冈	喀斯特台地与地垒的景观	喀斯特台地（平尾台）、嘉伦菲尔德（羊群山）、构造山地（福智山团地）	日本猪 棕榈尾莺 赤胸鹀等草原性鸟类 紫杜鹃 八町蜻蜓	温带性常绿阔叶林自然林（从尽岳开始到福智山的山脊部）沙丁鱼台、枫树、光叶榉树等喜石灰岩植物群落

续表

公园名 指定年月日 面积 相关都道府县	特色			
	概要	景观・地形地质	动物	植物
玄海 1956.6.1 10152 公顷 福冈・佐贺 长崎	白砂青松的弧装松原的连续 史迹・遗迹与传说	玄武岩熔岩台地 材木岩 海蚀洞・洞窟（茶屋的大门・七釜） 海中景观（玄海）	江豚、海豚、鹭类、冠海雀（小屋岛、柱岛） 乌鸠（冲之岛、玄海岛） 白颈鸌（冲之岛）	黑松林、椎林、红楠林、樟树林 海滨植物 浜木绵
耶马日田英彦山 1950.7.29 85024 公顷 福冈・熊本 大分	火山活动与河川侵蚀形成的山岳、高原、盆地、溪谷构成的公园	二重式图像（万年山） 耶马溪熔岩浸食景观 日田盆地水乡景观 青之洞门	梅花鹿、日本猪、日本猕猴 小杜鹃	水青冈林 九州杜鹃 日本紫茎 蕨类植物
壹岐对马 1968.7.22 11946 公顷 长崎	玄界谈悬浮壹岐、对马的岛屿景观和遗迹	以堆积岩为基盘的玄武岩台地（壹岐） 南北长的地垒岛（对马）、溺水谷地形（浅茅湾）海中景观（壹岐辰之岛等）	对马山猫、对马鹿、日本貂	日本冷杉、日本铁杉（白狱、御岳）白麻栎、米槠、樟树、血槠等常绿阔叶树林 流苏树、海滨植物群落
九州中央山地 1982.5.15 27096 公顷 熊本・宫崎	九州脊梁部的森林山岳和溪谷为主的公园	深山幽谷地带（国见岳、市房山） 四万十垒层群	日本羚羊、角菊头蝠 白背长尾雉	粗齿栎、山毛榉、冷杉、日本铁杉混交林 角鸮 天女花、九州杜鹃、薄雪火绒草等石灰岩植物群落（白岩山） 照叶树林（绫町）
日丰海岸 1974.2.15 8518 公顷 大分・宫崎	全长越达到 120 千米的海岸部半岛、湾入、岛屿断崖与连续的里亚斯海岸以及多岛海景观	白亚纪层砂岩、泥岩的海蚀崖・海蚀洞（南部） 石英斑岩的柱状节理（日向市）、海中景观（浦江等）	獭（冲黑岛） 乌鸠 冠海雀（枇榔岛）	蒲葵、赤穗、文殊兰等亚热带植物、米槠、小紫阳花、红楠等自然林
祖母倾 1965.3.25 22000 公顷 大分・宫崎	九州本土最高海拔的构造山地	祖母山（九州第二高峰） 高千穗峡（阿苏熔岩的柱状节理）	日本鬣羚、梅花鹿 知更鸟、赤翡翠 白背啄木鸟	祖母山腹原生林 铁杉林（大崩山） 百叶草（祖母山）
日南海岸 1955.6.1 4542 公顷 宫崎・鹿儿岛	亚热带植物极为丰富的海岸公园	砂岩・页岩互层的海蚀棚（鬼的洗涤板） 海中景观（日南）	野生马（都井岬） 日本猿（幸岛）	苏铁群落（都井岬） 槟榔林（青岛、筑岛） 笔筒树（梯户・自生北限）海滨植物群落（志布志湾）
甑岛 2015.3.16 5447 公顷 鹿儿岛	有着秀丽海岸景观的非火山性孤岛	海蚀崖之列、泻湖群、里亚斯海岸等多样的海岸风景、珊瑚礁的海域景观	史氏蝗莺、鹗、黑尾鸥、日本蜻蜓、台湾蚬蝶	米槠、红楠、盐沼地植物群落、乌冈栎群落、药百合、日本国内最大级的黑枣子群落
冲绳海岸 1972.5.15 4872 公顷 冲绳	冲绳本岛的西海岸和加入了山岳的公园	万座毛的断崖 山岳（名护岳） 海中景观（部濑名岬一带海域等）	热带鱼	亚热带植被
冲绳战迹 1972.5.15 3127 公顷 冲绳	冲绳本岛南段部的战迹和由海岸自然景观构成的公园	平和祈年公园 姬百合之塔等战迹 海岸部的隆起珊瑚礁地形 摩文任之丘附近的断崖景观	冲绳菊头蝙蝠 琉球指长翼蝠 蛇、琉球青蛇、凹足寄居蟹	海岸部的亚热带植被
合计：56 处国定公园　总面积：140927 公顷				

28. 都道府県立自然公园一览表

都道府县	公园数	公园面积（公顷）	都道府县立自然公园
北海道	12	146873	厚岸、富良野芦别、桧山、惠山、野付风莲、松前矢越、北鄂霍次克、野幌森林公园、狩场茂津多、朱鞠内、天盐岳、斜里岳
青森县	7	26410	浅虫夏泊、大鳄碇之关温泉、名井久岳、芦野池沼群、黑石温泉乡、岩木高原、赤石溪流暗门瀑布
岩手县	7	22817	久慈平庭、外山早坂高原、花卷温泉乡、汤田温泉峡、折爪马仙峡、五叶山、室根高原
宫城县	8	106044	松岛、旭山、藏王高原、二口峡谷、气仙沼、船形连峰、砚上山万石浦、阿武隈溪谷
秋田县	8	50223	田泽湖抱返、君町阪、八森岩馆、森吉山、太平山、田代岳、真木真昼、秋田白神
山形县	6	42139	庄内海滨、御所山、县南、加无山、天童高原、最上川
福岛县	11	55323	灵山、霞之城、南湖、奥久慈、磐城海岸、松川浦、勿来、只见柳津、大川羽鸟、阿武高原中部、夏井川溪谷
茨城县	9	59095	大洗、太田、水户、御前山、奥久慈、花园花贯、笠间、吾国爱宕、高铃
栃木县	8	28662	益子、太平山、唐泽山、前日光、足利、宇都宫、那珂川、八沟
埼玉县	10	90171	狭山、奥武藏、黑山、长瀞玉淀、比企丘陵、上武、武甲、安行武南、两神、西秩父
千叶县	8	19692	大利根、岭冈山系、养老溪谷奥清澄、高宕山、九十九里、富山、印幡手贺、笠森鹤舞
东京都	6	9686	泷山、高尾阵场、多摩丘陵、狭山、羽村草花丘陵、秋川丘陵
神奈川县	4	17210	丹泽大山、真鹤半岛、奥汤河原、阵马相模湖
新潟县	13	128580	濑波笹川流栗岛、胎内二王子、阿贺野川线、五头连峰、奥早手粟守门、鱼沼连峰、米山福浦八景、久比岐、白山山麓、小佐渡、直峰松之山大池、长冈东山本山、亲不知子不知
富山县	6	45376	朝日、有峰、五箇山、白木水无、医王山、僧之岳
石川县	5	16376	狮子吼·手取、山中·大日山、碁石之峰、白山一里野、医王山
福井县	1	31039	奥越高原
山梨县	2	15203	四尾连湖、南阿尔卑斯巨摩
长野县	6	61050	中央阿尔卑斯、御岳、三峰川水系、盐岭王城、圣山高原、天龙小涉水系
岐阜县	15	122225	惠那峡、胞山、千本松原、揖斐、宇津江四十八泷、奥飞弹数河流叶、里木曾、伊吹、奥长良川、位山舟山、土岐三国山、野麦、小溪谷、天生、御岳山
静冈县	4	29126	浜名湖、日本平、奥大井、御前崎远州滩
爱知县	7	39064	渥美半岛、南知多、石卷山多米、樱渊、段户高原、振草溪谷、本宫山
三重县	5	103098	赤目–志峡、水乡、伊势之海、香肌峡、奥伊势宫川峡
滋贺县	3	36886	三上·田上·信乐·朽木·葛川、湖东
京都府	3	128	笠置山、保津峡、瑠璃溪
大阪府	2	3541	北摄、阪南·岬
兵库县	11	121357	猪名川溪谷、清水东条湖立杭、多纪连山、朝来群山、音水tikusa、西播丘陵、但马山岳、出石系井、播磨中部丘陵、雪彦峰山、笠形山千之峰
奈良县	3	3493	矢田、吉野川津风吕、月之濑神野山
和歌山县	11	19694	高野山町石道玉川峡、龙门山、生石高原、西有田、白崎海岸、烟树海岸、城之森、牟尖、果无山脉、大塔日置川、白见山和田川峡、古座川
鸟取县	3	21764	三朝东乡湖、奥日野、西因幡
岛根县	11	16612	滨田海岸、青野山、竹林寺用仓山、仏通寺御调八幡宫、三仓岳、神之濑峡
冈山县	7	54143	高梁川上流、吉备史迹、汤原奥津、吉备路风土纪之丘、备作山地、吉备清流、吉井川中流

都道府县	公园数	公园面积（公顷）	都道府县立自然公园
广岛县	6	6441	南原峡、山野峡、竹林寺用仓山、仏通寺御调八幡宫、三仓岳、神之濑峡
山口县	4	15918	石城门、长门峡、丰田、罗汉山
德岛县	6	15247	箸藏、土柱高原、大麻山、东山溪、中部山溪、奥宫川内谷
香川县	1	2363	大淹大川
爱媛县	7	19184	勾川、金砂湖、奥道后玉川、条山、四国喀斯特、佐田岬半岛宇和海、皿之峰连峰
高知县	18	33330	入野、奥物部、白发山、宿毛、手结住吉、横仓山、横浪、与津、须岐湾、中津溪谷、龙河东、安居溪谷、四国喀斯特、北山、尾之森、鱼梁濑、鹫尾山、工石山、阵之森
福冈县	5	65809	太宰府、筑侯川、筑丰、矢部川、脊振北山、川上金立
佐贺县	6	22960	黑发山、多良岳、天山、八幡岳、背振北山、川上金立
长崎县	6	24283	多良岳、野母半岛、北松、大村溪、西彼杵半岛、岛原半岛
熊本县	7	70697	金峰山、小岱山、奥球磨、芦北海岸、三角大矢野海边、矢部周边、五木五家庄
大分县	5	63841	国东半岛、丰后水道、神角寺芹川、津江山系、祖母倾
宫崎县	6	46945	祖母倾、尾铃、西都原杉安峡、母智丘关之尾、鳄塚、矢岳高原
鹿儿岛县	8	25189	吹上滨、阿久根、坊野间、藤牟田池、川内川流域、高隈山、大隅南部、吐噶喇列岛
冲绳县	4	12034	久米岛、伊良部、渡名喜、多良间

29. 长距离自然步行道项目实施地区

名称	整顿年度	路线全长（千米）	利用者数（千人）	都道府县
北海道自然步道	2003 年 ~	4559.7	249	北海道
东北自然步道（新奥之细道）	1990~1996 年	4368.7	10821	青森县、岩手县、宫城县、秋田县、山形县、福岛县
东北太平洋岸自然步道（陆奥潮风越野）	2013 年 ~	369.1	0	青森县、岩手县、福岛县
首都圈自然步道（关东互触之路）	1982~1988 年	1797.4	7687	茨城县、栃木县、群马县、埼玉县、千叶县、东京都、神奈川县
东海自然步道	1970~1974 年	1734.0	6232	东京都、神奈川县、山梨县、静冈县、岐阜县、爱知县、三重县、滋贺县、京都府、奈良县、大阪府
中部北陆自然步道	1995~2000 年	4090.6	8846	群马县、新潟县、富山县、石川县、福井县、长野县、岐阜县、滋贺县
近畿自然步道	1997~2003 年	3296.1	25055	福井县、三重县、滋贺县、京都府、大阪府、兵库县、奈良县、和歌山县、鸟取县
中国自然步道	1977~1982 年	2294.8	3183	鸟取县、岛根县、冈山县、广岛县、山口县
四国自然步道（四国之路）	1981~1989 年	1646.8	2614	德岛县、香川县、爱媛县、高知县
九州自然步道（山彦山）	1975~1980 年	2931.8	8454	福冈县、佐贺县、长崎县、熊本县、大分县、宫崎县、鹿儿岛县

* 路线全长为 2016 年 3 月 31 日时点的数值

* 利用者数为 2013 年实际数据

长距离自然步行道路线示意图

30. 自然观察森林

概要

　　对于身边的自然逐渐丧失的大都市及其周边地区而言，从可以接触到野鸟或昆虫的身边的自然环境开始进行整顿，使其成为以自然观察等活动来推进自然保护教育的基地。自然观察的森林一边保护着区域留存下来的自然环境，一边营造着多种多样的生物可以生存的自然环境。

名称	所在地	事业主体	开设年
仙台市太白山自然观察森林	宫城县仙台市太白区茂庭字生出森东 36-63	仙台市	1991 年
桐生自然观察森林	群马县桐生市川内町 2 丁目 902-1	桐生市	1989 年
牛久自然观察森林	茨城县牛久市结束町 489-1	牛久市	1990 年
横滨自然观察森林	横滨市荣区上乡町 1562-1	横滨市	1986 年
丰田市自然观察森林	爱知县丰田市东山町 4 丁目 1206 号地 1	丰田市	1990 年
栗东自然观察森林	滋贺县栗东市安养寺 178-2	栗东市	1988 年
和歌山自然观察森林	和歌山县和歌山市明王寺 85	和歌山市	1991 年

名称	所在地	事业主体	开设年
姬路市自然观察森林	兵库县姬路市太市中 915-6	姬路市	1987 年
大之自然观察森林	广岛县廿日市市大野矢草 2723	廿日市市	1989 年
福冈市油山自然观察森林	福冈县福冈市南区大字桧原 855-1	福冈市	1988 年

31. 故土·生物·邂逅之乡

概要

　　保护蜻蜓、萤火虫这类小型生物的生存地，即拥有地方特色的自然环境的同时，也将其作为可以亲近自然的自然教育场所进行整顿。

　　主要设施有自然中心、自然观察道路、观察设施、停车场、公共厕所等。

名称	所在地	事业主体	整顿年份
御大师山	北海道夕张郡栗山町	栗山町	1990-1991
丸濑布	北海道纹别郡远轻町	远轻町	1996-1997
藤里	秋天县藤里町	藤里町	2001-2003
樽石	山形县村山市	村山市	1995-1996
根本山	栃木县真冈市	真冈市	1989-1990
雷入	茨城县霞之浦市	霞之浦市	1994-1995
狭山丘陵	埼玉县所沢市、入间市	埼玉县	1991-1993
Kigo 山	石川县金沢市	金沢市	1991-1992
都留	山梨县都留市	都留市	1991-1992
桶之谷沼	静冈县磐田市	磐田市	2002-2003
龙吟峡	岐阜县瑞浪市	瑞浪市	2000-2001
土岐	岐阜县土岐市	土岐市	1989-1990
岩仓	岐阜县惠那市山冈町	惠那市	2002-2003
西尾	爱知县西尾市	西尾市	1997-1998
河边	滋贺县东近江市	东近江市	1999-2001
交野	大阪府交野市	交野市	1990-1991
青垣	兵库县丹波郡青垣町	丹波市	1993-1994
皆地	和歌山县田边市本宫町	田边市	1993-1994
凑原	岛根县出云市大社町	出云市	1998
津黑高原	冈山县真庭市	真庭市	1997-1998
佐那河内	德岛县明东郡佐那河内村	德岛县	1989-1991
津田	香川县赞岐市津田町	赞岐市	2002-2003
纪北上场高原	鹿儿岛县鹿屋市辉北町	辉北町	1999

32. 生态旅游的推进

概要

地方的"生态旅游推进协议会"基于《生态旅游推进法》搭建的生态旅游推进整体构想，经过国家的认定，具备以下职能。

1. 对于自然旅游资源的保护

对特定的自然旅游资源进行指定，通过禁止污损、损伤、移除以及会给游客带来不便的行为，力求用这类措施实现保护。

2. 限制出入

根据需要，可以限制进出特定自然旅游资源区域的人数。

3. 宣传

国家对于认定地区的情况向日本全国进行宣传。

实施整体构想的市町村 （2017年2月现在）

市町村名	整体构想的名称	认定日
琦玉县饭能市	饭能市生态旅游推进整体构想	2009年9月8日认定
		2015年1月16日变更认定
冲绳县渡嘉敷村、座间味村	庆良间地域生态旅游推进整体构想	2012年6月27日认定
群马县水上町	谷川岳生态旅游推进整体构想	2012年6月29日认定
三重县鸟羽市	鸟羽生态旅游推进整体构想	2014年3月13日认定
		2017年2月7日变更认定
三重县名张市	名张市生态旅游推进整体构想	2014年7月9日认定
京都府南丹市	南丹市美山生态旅游推进整体构想	2014年11月21日认定
东京都小笠原村	小笠原村生态旅游推进整体构想	2016年1月28日认定
北海道弟子屈町	弟子屈风格生态旅游推进整体构想	2016年11月15日认定
富山县上市町	上市町生态旅游推进整体构想	2017年2月7日认定
爱媛县西条市、久万高原町	石锤山系生态旅游推进整体构想	2017年2月7日认定
宫崎县串间市	串间生态旅游推进整体构想	2017年2月7日认定
鹿儿岛县奄美市、大和村、宇检村、濑户内町、龙乡町、喜界町、德之岛町、天城町、伊仙町、和泊町、知名町、与论町	奄美群岛生态旅游推进整体构想	2017年2月7日认定

33. 自然公园指导员注册人数的变化

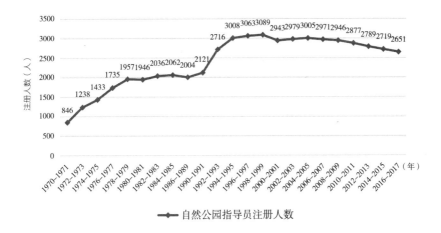

自然公园指导员注册人数

34. 公园志愿者注册人数的变化

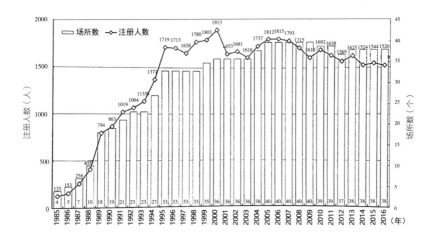

35. 公园管理团体

概要

　　公园管理团体是指为了让民间团体或市民自发地进一步推动自然风景地的保护及管理，具备一定能力的一般社团法人、一般财团法人和 NPO 法人。国家公园相关的由环境大臣来指定，国定公园相关的由都道府县知事来指定。

业务内容

　　· 基于风景地保护协定的自然风景地管理。

　　· 设施的修复及其他维护管理。

　　· 收集、提供信息以及资料。

　　· 为了推进恰当的利用提供必要的建议与指导。

　　· 为了推进恰当的利用进行相关的调查及研究等。

*36. 公园管理团体的指定状况

公园管理团体	指定日	国家公园（活动地区）
公益财团法人阿苏绿色仓储	2003.12.2	阿苏九重国家公园（阿苏地区）
一般财团法人自然公园财团	2005.7.14	知床国家公园（知床地区） 其他 14 公园 18 地区
公益财团法人知床财团	2007.11.15	知床国家公园（知床地区）
特定非营利活动法人浅间山麓国际自然学校	2008.3.11	上信越高原国家公园（浅间地区）
特定非营利活动法人 takidonn	2009.5.27	西表石垣国家公园（竹富岛地区）

＜参考＞国定公园管理团体的指定状况
· 特定非营利活动法人须川的自然思考会（指定日：2003 年 9 月 1 日）栗驹国定公园（岩手县侧地区）
· 一般财团法人自然公园财团（指定日：2005 年 11 月 29 日）大沼国定公园（大沼地区）

37.IUCN(世界自然保护联盟)/UN(联合国) 保护地一览表

· 由 IUCN 的 WCPA（关于保护地的世界委员会）制作，与 UNEP-WCMC（联合国环境规划署·世界自然保护监测中心）合作公布。

· 1962 年发行了初版，最新版本于 2014 年发行（第 14 版）。

· 根据保护地的管理目的分为 7 类。

【保护地类型划分与定义以及保护地数目（2003 版）】

类型区分与定义	保护地数目	面积（平方千米）
严格保护区以学术研究作为主要目的的被管理区域	4731	1034
荒野保护区以保护原生自然为主要目的的被管理的区域	1302	1016
国家公园以保护生态系统以及休闲游憩为主要目的的被管理区域	3881	4413
天然纪念物以特殊自然现象的保护为主要目的的被管理区域	19833	275
物种与栖息地管理区以有管理的保护为主要目的的被管理区域	27641	3023
景观保护区游憩以保护景观及娱乐休闲为主要目的的被管理区域	6555	1056
管理资源保护区以自然生态系统的可持续利用为主要目的的被管理区域	4123	4377
上述类别以外的保护区	34036	3570
合计	102102	18764

（2003 版摘要）

* 日本的国家公园（2003 年有 28 处）之中有 15 处属于类别 Ⅱ，有 13 处属于类别 Ⅴ

* 英国及韩国的国家公园全部属于类别 Ⅴ

* 瑞典的国家公园属于类别 Ⅰa（学术研究为主要目的）

* 世界上屈指可数的大型保护地——澳大利亚大堡礁海中公园与上述 Ⅰa~ Ⅵ所有分类相吻合，涵盖了 7 级分类

（有关 2014 年版本）

*2014 年版的一览表中，虽然世界保护地的数量、面积都以倍数递增，但没有根据类别进行分类统计

*2014 年版的一览表中记载的日本的保护地，包含了拉姆萨尔湿地公约、UNESCO-MAB 生物圈保护区（生态公园）、世界自然遗产、国家公园、国家指定鸟兽保护区、栖息地等保护区、自然环境保护地区、都道府县立自然公园、都道府县自然环境保护地、都道府县指定鸟兽保护区、保护水面（水产资源保护法）、国定公园、原生自然环境保护地（以登载顺序为序）等区域，总数多达 4900 处

* 一览表虽未考虑保护地的重复情况，但 IUCN 与 UNEP-WCMC 共同合作公开了 Web-GIS 型的数据库（Protected Planet），为其带来了可视化的飞跃进展

* 日本的国家公园之中，类别 Ⅱ 有 17 处，类别 Ⅴ 有 14 处（2016 年 10 月现在）

* 归属于类别 Ⅱ 的国家公园（ABC 顺序）
阿寒、磐梯朝日、中部山岳、大雪山、白山、西表石垣、上信越高原、庆良间诸岛、雾岛锦江湾、钏路湿地、南阿尔卑斯、小笠原、利尻礼文佐吕别、支笏洞爷、知床、十和田八幡平、屋久岛

* 归属于类别 Ⅴ 的国家公园（ABC 顺序）
足摺宇和海、阿苏九重、秩父多摩甲斐、大山隐岐、富士箱根伊豆、伊势志摩、日光、尾濑、西海、山阴海岸、三陆复兴、濑户内海、云仙天草、吉野熊野

38. 国家公园和世界遗产

· 日本的世界自然遗产

地区名	记载年月日	面积（公顷）	标准	所在地	保护担保措施
白神山地	1993.12.11	16971	(ix)	青森县、秋田县	白神山地自然环境保全地域、津轻国定公园、赤石溪流暗门之瀑布县立公园、秋田白神县立公园、白神山地森林生态系保护地域
屋久岛	1993.12.11	10474	(vii)(ix)	鹿儿岛县	屋久岛国家公园、屋久岛原生自然环境保全地域、屋久岛森林生态系保护地域、屋久岛杉木原始林
知床	2005.7.17	71103	(ix)(x)	北海道	知床国家公园、远音别岳原生自然环境保全地域、知床森林生态系保护地域
小笠原诸岛	2011.6.29	7939	(ix)	东京都	小笠原国家公园、南硫磺岛原生自然环境保全地域、小笠原诸岛森林生态系保护地域

· 国家公园被列入遗产地区的日本的世界文化遗产

地区名	记载年月日	面积（公顷）	标准	所在地	保护担保措施（只含缓冲地带）单位（公顷）
严岛神社	1996.12.7	431.2	(i)(ii)(iv)(vi)	广岛县	（缓冲地带面积：2634.3）濑户内海国家公园
日光之社寺	1999.12.4	50.8	(i)(iv)(vi)	栃木县	（缓冲地带面积：373.2）日光国家公园
纪伊山地之灵场及参诣道	2004.7.7	495.3	(i)(ii)(iv)(vi)	三重县、奈良县、和歌山县	（缓冲地带面积：11370）吉野熊野国家公园
富士山－信仰的对象与艺术的源泉	2013.6.26	49672.70	(iii)(vi)	山梨县、静冈县	（缓冲地带面积：20702.1）富士箱根伊豆国家公园、天然保护区域、名胜

· 显著且普遍的价值评价基准（标准）

1	能展现人类创造才能的杰作
2	对建筑、科学技术、纪念碑、都市计划、景观设计的发展发挥重要影响，代表着一段时期内价值观的交流以及文化圈内价值观的交流情况
3	与是否存在还是已经灭绝无关，是作为某种文化传统或者文明的传承物证而言独一无二的存在（少且稀有的存在）
4	叙述历史上的重要阶段的建筑物的集合体、科学技术的集合体，或者是代表景观的显著样本
5	为某种文化（或多种文化）赋予特征的传统居住形式，是代表陆地或海上的土地利用形态的显著样本。或者是代表着人和环境之间关系的显著样本（特别是因为不可逆的变化而使其存续状态受到威胁的部分）
6	拥有显著的普遍价值的事件，拥有生命力的传统、思想、信仰、艺术作品，或者是与文学作品有直接或实质性关联（此条标准最好与其他标准一起使用）
7	包含拥有最高级别的自然现象，或者是拥有非比寻常的自然美及其他美学价值的地区
8	记录着生命进化的进程，以及地形形成的进程中重要的地质学过程，或者是重要的地形学以及自然地理学的特征，是代表地球历史的主要阶段的显著样本
9	与陆地、淡水区域、沿海、海洋的生态系统以及动植物群集的进化及发展相关的，重要进程中的生态学过程，或者是代表着其生物学过程的显著样本
10	包含学术上或者保护上显著拥有普遍价值的，面临着灭绝危机的物种栖息地，以及对于保护生物多样性而言非常重要的自然栖息地

39. 湿地公约

基于公约的规定，作为国际上重要的湿地被收录的地区一览表

公约湿地名称	所在地	登载年月日	面积（公顷）	保护担保措施
kuttyaro湖	北海道	1989.7.6	1607	滨顿别kuttyaro湖国指定鸟兽保护区
佐吕别原野	北海道	2005.11.8	2560	佐吕别国指定鸟兽保护区利尻礼文佐吕别国家公园
涛沸湖	北海道	2005.11.8	900	涛沸湖国指定鸟兽保护区·网走国定公园
雨龟沼湿地	北海道	2005.11.8	624	暑寒别天壳烧尻国定公园
野付半岛·野付湾	北海道	2005.11.8	6053	野付半岛·野付湾指定鸟兽保护区
阿寒湖	北海道	2005.11.8	1318	阿寒国家公园
宫岛沼	北海道	2002.11.8	41	宫岛沼国指定鸟兽保护区
风莲湖·春国岱	北海道	2005.11.8	6139	风莲湖国指定鸟兽保护区
钏路湿地	北海道	1980.6.17	7863	钏路湿地国指定鸟兽保护区·钏路湿地国家公园
雾多布湿地	北海道	1993.6.10	2504	厚岸·别寒边牛·雾多布国指定鸟兽保护区
厚岸湖·别寒边牛湿地	北海道	1993.6.10	5277	厚岸·别寒边牛·雾多布国指定鸟兽保护区
Utonai湖	北海道	1991.12.12	510	Utonai湖国指定鸟兽保护区
大沼	北海道	2012.7.3	1236	大沼国定公园
仏沼	青森县	2005.11.8	222	仏沼国指定鸟兽保护区
伊豆沼·内沼	宫城县	1985.9.13	559	伊豆沼国指定鸟兽保护区
芜栗沼·周边水田	宫城县	2005.11.8	423	芜栗沼·周边水田国指定鸟兽保护区
化女沼	宫城县	2008.10.30	34	化女沼国指定鸟兽保护区
大山上池·下池	山形县	2008.10.30	39	大山上池·下池国指定鸟兽保护区
涸沼	茨城县	2015.5.28	935	涸沼国指定鸟兽保护区
尾濑	福岛县·群马县·新潟县	2005.11.8	8711	尾濑国家公园
奥日光的湿地	栃木县	2005.11.8	260	日光国家公园
渡良濑游水地	茨城县·栃木县·群马县·埼玉县	2012.7.3	2861	渡良濑游水地国指定鸟兽保护区、河川区域
芳之平湿地群	群马县	2015.5.28	887	上信越高原国家公园
谷津干潟	千叶县	1993.8.10	40	谷津国指定鸟兽保护区
瓢湖	新潟县	2008.10.30	24	瓢湖国指定鸟兽保护区
佐泻	新潟县	1996.3.23	76	佐泻国指定鸟兽保护区、佐渡弥彦米山国定公园
立山弥陀之原·大日平	富山县	2012.7.3	574	中部山岳国家公园
片野鸭池	石川县	1993.6.10	10	片野鸭池国指定鸟兽保护区、越前加贺海岸国定公园
中池见湿地	福井县	2012.7.3	87	越前加贺海岸国定公园
三方五湖	福井县	2005.11.8	1110	若狭湾国定公园

公约湿地名称	所在地	登载年月日	面积（公顷）	保护担保措施
东海丘陵涌水湿地群	爱知县	2012.7.3	23	爱知高原国定公园
藤前干潟	爱知县	2002.11.18	323	藤前干潟鸟兽保护区
琵琶湖	滋贺县	1993.6.10	65984	琵琶湖国定公园
円山川下流域·周边水田	兵库县	2012.7.3	560	円山川下流域国指定鸟兽保护区·山阴海岸国家公园河川区域
串本沿岸海域	和歌山县	2005.11.8	574	吉野熊野国家公园
中海	鸟取县·岛根县	2005.11.8	8043	中海国指定鸟兽保护区
宍道湖	岛根县	2005.11.8	7652	宍道湖国指定鸟兽保护区
宫岛	广岛县	2012.7.3	142	濑户内海国家公园
秋吉台地下水系	山口县	2005.11.8	563	秋吉台国定公园
东 Yoka 干潟	佐贺县	2015.5.28	218	东 Yoka 国指定鸟兽保护区
肥前鹿岛干潟	佐贺县	2015.5.28	57	肥前鹿岛国指定鸟兽保护区
荒尾干潟	熊本县	2012.7.3	754	荒尾干潟国指定鸟兽保护区
九重小光仙鹤·蓼原湿地	大分县	2005.11.8	91	阿苏九重国家公园
葡牟田池	鹿儿岛县	2005.11.8	60	葡牟田池贝高蜻蜓生息地保护区
屋久岛永田滨	鹿儿岛县	2005.11.8	10	屋久岛国家公园
久米岛的溪流·湿地	冲绳县	2008.10.30	255	宇江城岳木鲨蛇生息地保护区
庆良间诸岛海域	冲绳县	2005.11.8	8290	庆良间诸岛国家公园
漫湖	冲绳县	1999.5.15	58	漫湖国指定鸟兽保护区
与那霸湾	冲绳县	2012.7.3	704	与那霸湾国指定鸟兽保护区
名藏安帕尔	冲绳县	2005.11.8	157	名藏安帕尔国指定鸟兽保护区、石垣西表国家公园

国指定鸟兽保护区 33
国家国定公园 24
生息地保护区、河川区域 4

40. 地质公园

地质公园

所谓地质公园，就是指包含着地形、地质学遗产的自然之中的公园，不只是地质史和地质现象的遗产，更包含对于考古学和生态学而言富含文化价值的地区，是地方社会及民间团体对之负责并运营的地区。通过地质旅行等活动，促进地区经济及社会的可持续发展；通过博物馆及自然观察道路、导游观光等方式，举办与地球科学及环境问题相关的教育及普及活动，分别基于地方传统及法律规制对地质遗产进行着保护。

2004 年，在联合国教科文组织的支援下设立的世界地质公园网络的推进之下，2015 年"国际地质科学地质公园计划"，正式成为了联合国教科文组织的正式事业。

日本地质公园与联合国教科文组织世界地质公园

日本地质公园与世界地质公园网络不同，是日本地质公园委员会所认定的日本国内版本的地质公园，在全国共有 39 个地区受到了认定。随着国际活动的开展，日本地质公园之中会有被推荐给联合国教科文组织世界地质公园的。

截至 2015 年 11 月，已有 33 个国家 120 个地区被收录进联合国教科文组织世界地质公园。在 2009 年，日本的洞爷湖有珠山、系鱼川、岛原半岛这三个地区成为首次被认定的世界地质公园，再加上山阴海岸、室户、隐岐、阿苏、阿坡伊岳，共计有 8 个地区得到了认定。

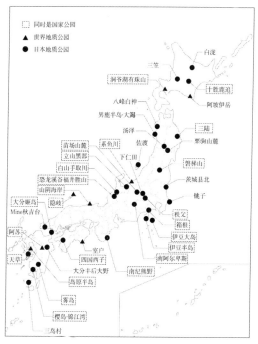

日本地质公园、国家公园分布示意图

41. 联合国教科文组织生物圈保护区"人与生物圈（MAB）计划"

· 开始：1971 年

· 内容："人与生物圈（MAB:Man and Biosphere）计划"，是以保护生物多样性为目的，与自然及天然资源的可持续利用及保护相关的科学研究，是由联合国教科文组织的自然科学部发起的、政府间的共同事业。这其中的"生物圈保护区"（BR:Biosphere Reserves）是于 1976 年开始创办的事业，是由各国对谋求保护生物多样性和可持续发展之间的协调关系的地区进行举荐，然后由联合国教科文组织对其资质进行审查、登录信息。日本国内将这种生物圈保护区称之为"联合国教科文生物圈保护区"。

截至 2015 年 10 月，共有 120 个国家 651 个地区被收录为生物圈保护区，在日本国内，有 1980 年收录的志贺高原、白山、大台之原·大峰山及屋久岛[1]，2012 年收录的绫、2014 年收录的只见以及南阿尔卑斯，共计 7 处被收录。在此之后，在 2014 年对已经注册的志贺高原进行扩大注册，在 2016 年对白山、大台之原·大峰山·大杉谷、屋久岛·口永良部岛等也进行了扩大注册。

· 日本的生物圈保护区（联合国教科文组织生物圈保护区）

登录名称	所在地	面积（公顷）	登载年月日	保护担保措施
只见	福岛县桧枝村及只见町	78032	2014.6.11	越后三山只见国定公园
志贺高原	群马县中之条町、嬬恋村及草津町 长野县高山村及山之内町	30300	1980.11.20（扩张 2014.6.12）	上信越高原国家公园
白山	富山县南砺市 石川县白山市 福井县大野市及胜山市 岐阜县高山市、郡上市及白川村	199329	1980.11.20（扩张 2016.3.19）	白山国家公园
南阿尔卑斯	山梨县韭崎市、南阿尔卑斯市、北杜市及早川町 长野县饭田市、伊那市、富士见町及大鹿村静冈县静冈市及川根本町	302474	2014.6.11	南阿尔卑斯国家公园
大台之原·大峯山·大杉谷	三重县大台町 奈良县五条市、天川村、十津川村、下北山村、上北山村及川上村	118300	1980.11.20（扩张 2016.3.19）	吉野熊野国家公园

1　一直以来使用的大台之原·大峰山这一标记，因收到来自关系自治体（协议会）的名称变更申请，日本联合国教科文组织国内委员会于第 28 次 MAB 计划分科会决定对其名称进行修改，变更为"大台之原·大峯山"（2014 年 3 月 25 日）

登录名称	所在地	面积（公顷）	登载年月日	保护担保措施
绫	宫崎县小林市、西都市、国富町、绫町以及西米良村	14580	2012.7.11	九州中央山地国定公园
屋久岛·口永良部岛	鹿儿岛县屋久岛町	78196	1980.11.20（扩张2016.3.19）	屋久岛国家公园

42. 环境省自然环境局预算的变动

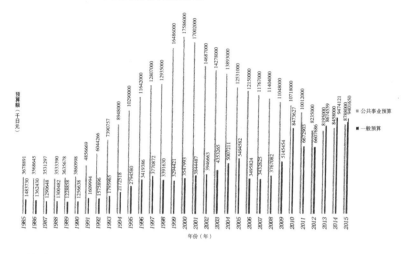

43. 地方环境事务所·自然保护官事务所（国家公园相关）所在地一览表

2017 年 3 月 31 日

官署名	担当国家公园名	所在地
北海道地方环境事务所		北海道札幌市北区北 8 条西 2 丁目札幌第一合同厅舍 3 层
稚内自然保护官事务所	利尻礼文佐吕别	北海道稚内市末广 5-6-1 稚内地方合同厅舍
稚内自然保护官事务所（利尻事务室）	利尻礼文佐吕别	北海道利尻郡利尻町杏形字绿町 14-1
稚内自然保护官事务所（礼文事务室）	利尻礼文佐吕别	北海道礼文郡大字香深村字吨内 130 号地
上川自然保护官事务所	大雪山	北海道上川郡上川町中央町 98-4
东川自然保护官事务所	大雪山	北海道上川郡东川町东町 1-13-15
上士幌自然保护官事务所	大雪山	北海道河东郡上士幌町字上士幌东 3 线 235-33
支笏湖自然保护官事务所	支笏洞爷	北海道千岁市支笏湖温泉
洞爷湖自然保护官事务所	支笏洞爷	北海道牧田郡洞爷湖町洞爷温泉 142-5（洞爷湖游客中心内）

2017 年 3 月 31 日

官署名	担当国家公园名	所在地
钏路自然环境事务所		北海道钏路市幸町 10-3 钏路地方合同厅舍 4 层
乌托罗自然保护官事务所	知床	北海道斜里郡斜里町乌托罗东 186-10（知床世界遗产中心内）
罗臼自然保护官事务所	知床	北海道目梨郡罗臼町汤之沢 388
川汤自然保护官事务所	阿寒	北海道川上郡笛子屈町川汤温泉 2-2-2
阿寒湖自然保护官事务所	阿寒	北海道钏路市阿寒湖温泉 1-1-1（阿寒湖畔环保博物馆中心内）
钏路湿地自然保护官事务所	钏路湿地	北海道钏路市北斗 2-2101（钏路湿地野生生物保护中心内）
东北地方环境事务所		宫城县仙台市青叶区本町 3-2-23 仙台第二合同厅舍 6 层
十和田自然保护官事务所	十和田八幡平	青森县十和田市大字奥濑字十和田畔休屋 486 号地
盛冈自然保护官事务所	十和田八幡平	岩手县盛冈十内丸 7-25 盛冈合同厅舍 2 号馆 1 层
鹿角自然保护官事务所	十和田八幡平	秋田县鹿角市花轮字向田 123-4
八户自然保护官事务所	三陆复兴	青森县八户市内丸 1-1-2 八户圈域水岛企业团内丸厅舍 1 层
宫古自然保护官事务所	三陆复兴	岩手县宫古市日立滨町 11-30
大船渡自然保护官事务所	三陆复兴	岩手县大船渡市末崎町字大滨 221-117
石卷自然保护官事务所	三陆复兴	宫城县石卷市泉町 4-1-9 石卷法务合同厅舍 1 层
里磐梯自然保护官事务所	磐梯朝日	福岛县耶麻郡北盐原村大字桧原子剑之泽 1093
羽黑自然保护官事务所	磐梯朝日	山形县鹤冈市羽黑町荒川字谷地区 39-4
关东地方环境事务所		埼玉县埼玉市中央区新都心 11-2 明治安田生命埼玉新都心大厦 18 层
日光自然环境事务所	日光	栃木县日光市本町 9-5
那须自然保护官事务所	日光	栃木县那须郡那须町汤本 207 号地 2（那须高原游客中心 2 层）
桧枝岐自然保护官事务所	尾濑	福岛县南会津郡桧枝岐村下之原 867-1
片品自然保护官事务所	尾濑	群马县利根郡片品村大字镰田字下半濑 3885-1
奥多摩自然保护官事务所	秩父多摩甲斐	东京都西多摩郡奥多摩町冰川 171-1
小笠原自然保护官事务所	小笠原	东京都小笠原村父岛字西町加塞沃 2 层
箱根自然环境事务所	富士箱根伊豆	神奈川县足柄下郡箱根町元町箱根旧札场 164
伊豆诸岛自然保护官事务所	富士箱根伊豆	东京都大岛町元町字家之上 445-9 大岛合同厅舍 1 层
富士五湖自然保护官事务所	富士箱根伊豆	山梨县富士吉田市上吉田剑丸尾 5597-1（生物多样性中心内）
沼津自然保护官事务所	富士箱根伊豆	静冈县沼津市市场町 9-1 沼津合同厅舍 5F
下田自然保护官事务所	富士箱根伊豆	静冈县下田市西本乡 2-5-33 下田地方合同厅舍 1 层
南阿尔卑斯自然保护官事务所	南阿尔卑斯	山梨县南阿尔卑斯市芦安芦仓 516 南阿尔卑斯芦安支所 2 层
南阿尔卑斯自然保护官事务所（静冈事务室）	南阿尔卑斯	静冈县静冈市葵区追手町 5-1 静冈市静冈厅舍本馆 4 层
伊那自然保护官事务所	南阿尔卑斯	长野县伊那市长谷沟口 1394 伊那市长谷综合支所 2 层
中部地方环境事务所		爱知县名古屋市中区三之丸 2-5-2
白山自然保护官事务所	白山	石川县白山市白峰 25-1

2017 年 3 月 31 日

官署名	担当国家公园名	所在地
志摩自然保护官事务所	伊势志摩	三重县志摩市阿儿町鸠方 3098–26
长野自然环境事务所		长野县长野市旭町 1108 长野第一合同厅舍
志贺高原自然保护官事务所	上信越高原	长野县下高井郡山之内町大字平稳 7148
谷川自然保护官事务所	上信越高原	群马县利根郡水上町月夜野 1744–1
万座自然保护官事务所	上信越高原	群马县吾妻郡襁恋村大字三原 679–3 襁恋村商工会会馆 2 层
妙高高原自然保护官事务所	妙高户隐连山	新潟县妙高市大字关川 2279–2
户隐自然保护官事务所	妙高户隐连山	长野县长野市户隐丰冈 9794–128
松本自然环境事务所	中部山岳	长野县松本市安云 124–7
立山自然保护官事务所	中部山岳	富山县中新川郡立山町前沢新町 282
上高地自然保护官事务所	中部山岳	长野县松本市安云 4468
平汤自然保护官事务所	中部山岳	岐阜县高山市奥飞弹温泉乡平汤 763–12
近畿地方环境事务所		大阪府大阪市中央区大手前 1–7–31
熊野自然保护官事务所	吉野熊野	和歌山县新宫市绿之丘 2–4–20
吉野自然保护官事务所	吉野熊野	奈良县吉野郡吉野町上市 2294–6
田边自然保护官事务所	吉野熊野	和歌山县田边市中屋敷町 24–49 田边市社会福利中心 3 层
竹野自然保护官事务所	山荫海岸	兵库县丰冈市竹野町竹野 3662–4
浦富自然保护官事务所	山荫海岸	鸟取县岩美郡岩美町浦富字出逢 1098–3
神户自然保护官事务所	濑户内海	兵库县神户市中央区海岸通 29
中国四国地方环境事务所		冈山县冈山市北区下石井 1–4–1 冈山第二合同厅舍 11 层
冈山自然保护官事务所	濑户内海	联络处：中国地区四国地方环境事务所
广岛事务所	濑户内海	广岛县广岛市中区上八丁掘 6 番 30 号广岛合同厅舍 3 号馆 1 层
米子自然环境事务所	大山隐岐	鸟取县米子市东町 124–16 米子地方合同厅舍 4 层
松江自然保护官事务所	大山隐岐	岛根县松江市向岛町 134 号 10 松江地方合同厅舍 5 层
隐岐自然保护官事务所	大山隐岐	岛根县隐岐郡隐岐之岛町城北町 55
高松事务所		香川县高松市寿町 2–1–1 高松第一生命大厦新馆 6 层
松山自然保护官事务所	濑户内海	爱媛县松山市若草町 4–3
土佐清水自然保护官事务所	足褶宇和海	高知县土佐清水市天神町 11–7
九州地方环境事务所		熊本县熊本市西区春日 2–10–1 熊本地方合同厅舍 B 栋 4 层
佐世保自然保护官事务所	西海	长崎县佐世保市木场田町 2–19 佐世保合同厅舍 5F
五岛自然保护官事务所	西海	长崎县五岛市东滨町 2–1–1 福江地方合同厅舍 2F
云仙自然保护官事务所	云仙天草	长崎县云仙市小滨町云仙 320
天草自然保护官事务所	云仙天草	熊本县天草市港町 10–2

2017 年 3 月 31 日

官署名	担当国家公园名	所在地
阿苏自然环境事务所	阿苏九重	熊本县阿苏市黑川 1180
九重自然保护官事务所	阿苏九重	大分县玖珠郡九重町大字田野 260-2
虾之自然保护官事务所	雾岛锦江湾	宫崎县虾之市末永 1495-5
鹿儿岛自然保护官事务所	雾岛锦江湾	鹿儿岛县鹿儿岛市东郡元町 4-1 鹿儿岛第二地方合同厅舍 2F
屋久岛自然保护官事务所	屋久岛	鹿儿岛县熊毛郡屋久岛町安房前岳 2739-343
那霸自然保护环境事务所		冲绳县那霸市桶川 1-15-15 那霸第一地方合同厅舍 1 层
奄美自然保护官事务所	奄美群岛	鹿儿岛县大岛郡大和村思胜字腰之田 551（奄美野生生物保护中心内）
德之岛自然保护官事务所	奄美群岛	鹿儿岛县大岛郡天城町平土野 2691-1 天城町役场 4F
山原自然保护官事务所	山原	冲绳县国头郡国头村字比地 263-1（山原野生生物保护中心内）
庆良间自然保护官事务所 （座间味事务所）	庆良间诸岛	冲绳县岛郡座间味 95 座间味村离岛振兴综合中心 2 层
庆良间自然保护官事务所 （渡嘉敷事务室）	庆良间诸岛	冲绳县岛郡渡嘉敷村渡嘉敷 183 渡嘉敷村办事处 2 层
石垣自然保护官事务所	西表石垣	冲绳县石垣市八岛町 2-27（国际珊瑚礁研究监测中心内）
西表自然保护官事务所	西表石垣	冲绳县八重山郡竹富町字古见（西表野生生物保护中心内）

44. 自然公园财团概要

自然公园财团，在国家公园的利用者集中的区域，对公园设施进行维持和管理、美化和清洁，以及对自然进行解说，并提供一系列自然相关信息的一般财团法人。

从 20 世纪 50 年代中期到 60 年代中期，国家公园的利用者急剧增多，由于垃圾问题和拥挤状况引发的利用质量下降成为很大的问题。自然公园财团正是为了应对这些问题，凭借国家、地方公共团体以及民间的捐赠，于 1979 年正式成立（最初的名称是自然公园美化管理财团）。对公共停车场的使用者收取停车费，以这种形式寻求合作、获取开展事业的资金来源，这也是首次采取利用者负担公园管理费用的模式。现日本全国有 20 处地区（其中一处为国定公园内）的基地都有自然公园财团的分部。

除了作为主要业务的公共设施管理和美化清扫之外，自然公园财团还开展自然观察会及野外活动项目的实施，并致力于发行当地相关信息的杂志等为利用者提供服务的措施。

（照片）由各支部制作、发行的信息杂志（公园导览手册）

事务所实施地区（支部）一览表

支部名	国家公园名	支部名	国家公园名
知床	知床	日光	日光
川汤	阿寒	草津	上信越高原
阿寒湖		箱根	富士箱根伊豆
支笏湖	支笏洞爷	上高地	中部山岳
登别		鸟取	山阴海岸、大山隐岐
昭和新山		鸣门	濑户内海
大沼	大沼（国定公园）	云仙	云仙天草
十和田	十和田八幡平	阿苏	阿苏九重
八幡平		虾野	雾岛锦江湾
净土平	磐梯朝日	高千穗河原	

一般财团法人 自然公园财团（本部事务局）
101-0051 东京都千代田区神田神保町 2-2-31 第 36 荒井大厦 2 楼
电话：03-3556-0818
FAX：03-3556-0817

45. 休闲度假村概要

作为国家公园和国定公园等利用基地的休闲度假村，是将酒店、餐厅等营业设施与园地、停车场、公共厕所等公共设施整合在一起的区域。根据地区的不同，有的还会配备露营地、滑雪场、游客中心等。现在日本全国已经开设了 37 处休闲度假村，年利用人数达 374 万人，年住宿人数达到 135 万人（均为

2015 年数据）。

1960 年，以国民休闲度假村的构想为基准，在国家、地方自治体（都道府县・市町村）以及民间团体［（财）国民休闲度假村协会，现为（一财）休闲度假村协会］的合作及责任分担之下对休闲度假村开展了整顿工作。负责运营管理的（一财）休闲度假村协会，提供了一种聚焦于地区的自然及其历史和文化的"亲身体验项目"。目的在于通过对本地区及其他地区的贡献活动，建造根植于当地又有地区特色的娱乐休闲地。

休闲度假村一览表

休闲度假村名（县名）	自然公园名	休闲度假村名（县名）	自然公园名
支笏湖（北海道）	支笏洞爷（国家）	能登千里滨（石川县）	能登半岛（国定）
岩手纲张温泉（岩手县）	十和田八幡平（国家）	越前三国（福井县）	越前加贺海岸（国定）
乳头温泉乡（秋田县）		近江八幡（滋贺县）	琵琶湖（国定）
陆中宫古（岩手县）	三陆复兴（国家）	南纪胜浦（和歌山县）	吉野熊野（国家）
气仙沼大岛（宫城县）		竹野海岸（兵库县）	山阴海岸（国家）
羽黑（山形县）	磐梯朝日（国家）	南淡路（兵库县）	濑户内海（国家）
里磐梯（福岛县）		纪州加太（和歌山县）	
那须（栃木县）	日光（国家）	大久野岛（广岛县）	
日光汤元（栃木县）		赞岐五色台（香川县）	
孺恋鹿沢（群马县）	上信越高原（国家）	濑户内东子（爱媛县）	
奥武藏（埼玉县）	奥武藏（县立）	奥大山（鸟取县）	大山隐岐（国家）
馆山（千叶县）	南房总（国定）	蒜山高原（冈山县）	
妙高（新潟县）	妙高户隐连山（国家）	吾妻山旅馆（广岛县）	比婆道后帝释（国定）
佐渡（新潟县）	佐渡弥彦米山（国定）	帝释峡（广岛县）	
乘鞍高原（长野县）	中部山岳（国家）	志贺岛（福冈县）	玄海（国定）
南伊豆（静冈县）	富士箱根伊豆（国家）	云仙（长崎县）	云仙天草（国家）
富士（静冈县）		南阿苏（熊本县）	阿苏住（国家）
伊良湖（爱知县）	三河湾（国定）	指宿（鹿儿岛县）	雾岛锦江湾（国家）
茶臼山高原（爱知县）	天龟三河（国定）		

一般财团法人 休闲度假村协会（本部事务所）
110-8601 东京都台东区东上野 5-1-5 日新上野大厦 5F
电话：03-3845-8651
FAX：03-3845-8658

后 记

　　《国家公园论》（注：日文原著书名）的出版，是在国家公园面临"拐点"这一背景之下策划出来的。国家公园虽然是日本自然保护制度的根基，但一直以来都有指摘称其影响力与知名度日渐衰减。目前我们还找不到能够替代它的其他制度，我们面临的严峻形势与其说是国家公园的问题，不如说是关于日本自然保护的整体问题。

　　通过发掘"风景"这一理念，并制作出《国家公园法》这一工具，日本近代的自然保护首次得以实现。"理念"与"工具"本来就是一体的，《国家公园法》将风景的理念具象化，二者共同作用，逐步向世人普及并渗透。

　　《国家公园法》制定于世界大萧条两年后的1931年。该制度在那样的时代能够融入自然保护的新思想并将之实现，不得不说是一个奇迹。《国家公园法》就是在这样复杂的形势下出台的。从最初开始《国家公园法》就包含了地方的振兴政策和观光政策，有此方向也是必然的结果。

　　本书以国家公园研究会始于2013年的研究工作为框架。从自然公园财团接手国家公园协会的工作以来，首个期限长且内容丰富的项目就是国家公园研究会。鹿儿岛大学的任期结束回到东京的小野寺浩氏首先提议，阿部随后加入，暂且以两年为限，召集以环境省职员为中心的相关人员在一起讨论，并将讨论成果在每月出版的《国家公园》杂志上发表。已经出版的各期杂志记载了日本国家公园制度创设至今的历史，作为研究会讨论和撰稿的资料发挥了充分作用。

　　研究会不限制参与者范围、十分开放。虽然最终作为环境省职员的撰稿人都是助理以上的专家级人物，但是很多刚进入环境省不久的新职员也参加了研究会。在包含准备阶段和本书的出版碰头会在内的共计33次会议中，平均每次有七八人出席会议，总计约250人次参加了讨论。虽然没到刊载的程度，但有入职5年的年轻职员在环境省的研修中讨论并整理出国家公园的未来愿景。还有3位年轻职员在繁忙的工作中抽出时间，帮助录入了资料篇刊载的数据。

一直以来，环境省的自然工程师（护林员／自然保护官）在团队内部的联结意识就十分深厚。前辈和后辈的分别很明显，前辈们在会议和酒席上常常谈到自己的经验或英勇故事，以及作为现地护林员的言行举止和工作方法，后辈们从中边学习边成长，这也是组织体制长久以来的习俗。虽然随着时代的发展，最近这样的情况有所改变，但是参加本次研究会的年轻新入职员们或多或少借着研究会的参与感受到了这种氛围。

如果只是这些内容，那恐怕就变成只有圈内人才知道的事了。然而，外部人士也参加了座谈会、采访和撰稿工作，我们从他们那里学到了组织、体制内的人注意不到的视角，以及作为政府官员的使命感的重要性等很多东西。

作为研究会成果发表场所的《国家公园》杂志创刊于1929年，1943年杂志更名为《国土与健民》，1944年到1947年休刊，且因战争有过一段曲折的经历，然而87年后的今天仍在刊印，其在日本也算是一本悠久历史的杂志了。

5年前，杂志也曾面临停刊的危机。从杂志创刊开始一直负责发行的国家公园协会于2012年3月因为各种原因解散。但是，相关人员认为《国家公园》杂志作为发表有关自然公园调查研究成果的载体，同时也是向世人征求行政政策意见的载体，是不能消失的。因此，连同800余册的期刊一起，这本杂志被交接给了自然公园财团。

纵观1929年第一期到2016年最新发行的一期杂志，我们会发现关于国家公园和自然保护行政管理的变迁一目了然。同时，我们也能联想到从昭和初年到平成的现在，日本这个国家经历了怎样激荡的时代。

国家公园的工作均从实地开始。不了解实地，就无法制订出鲜活的制度及预算。如果大家能够通过本书稍稍理解这种想法，我将倍感欣慰。

最后，我再次向研究会相关的所有人员表示衷心的敬意。

2016 年 12 月

一般财团法人自然公园财团专务理事　阿部宗广

■作者介绍（以刊发顺序为准）

小野寺浩

1973 年进入环境署工作。在国家公园当地工作后，任环境省国立公园课长、规划课长，2005 年以自然环境局局长的身份辞去官职，至 2010 年在鹿儿岛大学环境科学担当校长助理。现任（公共财团）屋久岛环境财团理事长，大正大学地区构想研究所教授。

阿部宗广

1977 年进入环境署工作。在中部山岳国立公园等地工作后，曾任环境省计划课长等职，2000 年任关东地区环境事务所所长。2010 年退休，任（财）自然公园基金会秘书长（事务局局长）。2012 年起任（一财）自然公园财团专务理事。

渡边纲男

1978 年进入环境厅工作。曾任环境省东北海道地区自然保护事务所长、自然环境计划课长、审议官等职，2011 年起任自然环境局长。2012 年辞去官职，目前在自然环境研究中心和联合国大学工作。

中岛庆二

1984 年进入环境厅工作。除在日光汤元、尾濑、阿苏、大雪山、那霸的国家公园工作外，还担任自然接触推进室长时的生态旅游推进会议、野生生物课长时的鸟兽保护法修改等工作。自 2015 年起辞去官职，目前在（公财）全球环境战略研究机构工作。

鸟居敏男

1984 年进入环境厅工作。除了在国家公园当地工作外，还在自然环境局负责野生生物、鸟兽、自然公园等工作。曾任东北地方环境事务所所长，2016 年 6 月起任大臣官房会计课长。

番匠克二

1993 年进入环境省工作。作为九州地方环境事务所国家公园保护整备课长参与了阿苏草原再生事业的启动工作。曾担任第三次生物多样性国家战略工作、日光自然环境事务所长等职，2016 年起任珍稀物种保护推进室长。农学博士。

野村环

1999 年进入环境署。曾在自然保护局计划课、国家公园课、综合环境政策局工作。在东北地区办事处、石垣自然保护办公室、中部地区环境办公室负责国家公园、自然再生等工作，2016 年 9 月起在福岛环境再生办公室中间储藏设施滨通办事处工作。

河野通治

1995 年进入环境省工作。除了在陆中海岸、那霸和知床工作外，他还在本省负责国家公园、南极、生物多样性和野生动物等工作。他还被调往林野厅和长崎县厅工作。2015 年 4 月起任环境省国家公园课课长助理。

岩浅有记

2003 年进入环境省工作。负责自然环境局以及当地的自然公园、珍稀物种保护和自然再生项目。被调往国土交通省国土政策局时，作为环境负责人参与国土形成计划以及国土利用计划的修订工作。2016 年 5 月起任关东地区环境事务所国家公园课长助理。

冈本光之

1985 年进入环境厅工作。除了负责中部山岳等国家公园的现场工作、借调福井县自然保护任科长等外，还负责自然公园设施整备评估、与自然接触及环境教育等工作。曾任国家公园管理员的人事负责人，2014 年 7 月起任环境省国家公园课长。

长田启

1995 年进入环境厅工作。曾负责珍稀物种保护措施、外来物种对策、生物多样性国家战略等的制定工作，并于 2010 年 6 月起在佐渡自然保护官事务所担任当地负责人 3 年，从事朱鹮野生回归事业。2015 年 4 月起任鹿儿岛县自然保护课长。

枝松克巳

1948 年出生于广岛县。曾任休闲开发中心（财团法人）研究员等，后任 Metz 股份有限公司研究所负责人。专业领域是地域规划，特别是自然地域和离岛的持续性开发方法的研究。作为地区建设规划师，致力于阿苏的草原再生、奄美群岛的地区产业活性化等工作。

田中俊德

1983 年出生于鹿儿岛县。在大阪大学学习历史学后，在京都大学大学院学习环境政策专业。博士（地球环境学）。曾入职联合国教科文组织本部世界遗产中心、北海道大学大学院法学研究科等，后任东京大学大学院新领域创成科学研究科特任助教。专业是环境政策·治理论。

【座谈会出席人员介绍】

佐藤友美子

1975 年进入三得利股份有限公司。1989 年参与建立三 得利不易流行研究所，1998 年任该研究所部长，2008 年任三得利财团高级研究员，2013 年起供职于追手门学院大学，现任地区创造学部教授、成熟社会研究所所长。

下村彰男

1978 年毕业于东京大学农学系林学科。曾在株式会社 Rakku 规划研究所工作，1985 年起在东京大学工作。2001 年起任东京大学大学院农学生命科学研究科教授（森林风景规划学研究室）。专业是风景园林学、旅游规划、生态旅游、各地区的文化景观等方面的研究。

永山悦子

东京都出身。毕业于庆应义塾大学法学部法律专业。1991 年进入每日新闻社工作。2002 年起入职东京总社科学环境部，2013 年至 2016 年任科学环境部副部长。从 2003 年春之后的一年内，在环境省记者俱乐部采访世界自然遗产等。现任医疗福利部副部长。

笹冈达男

1976 年进入环境厅工作。在阿苏和上信越高原的国家公园工作后，曾任环境省生物多样性中心主任、国家公园课长、中部地区自然保护事务所所长、林野厅研究保护课课长等职，2007 年辞去官职。同年任休假村协会（财团法人）常务理事。2016 年起入职东京环境工科专门学校。